Nouveau programme 2006

5e

Sciences de la Vie et de la Terre

Sous la direction de

Christian Camara

Écrit par des professeurs de collège et de lycée

Jean-Michel Gardarein

Claudine Gaston

Laetitia Torrent-Desrayaud

Avec la collaboration de **Jean-Pierre Gallerand**

et la participation de **Claudine Véron** et **Olivier Darceot**

Professeurs de SVT

Bréal éditions

1, rue de Rome - 93561 Rosny-sous-Bois

Nous tenons à remercier chaleureusement Mme Blandine Cassagne, conservatrice de la Réserve naturelle des sites géologiques de l'Essonne, M. Stéphane Madec, radiologue de l'école vétérinaire de Nantes, M. Jean-Michel Mazin, directeur de recherche au CNRS, M. Jean-Louis Perez, ingénieur-géologue au CETE Méditerranée, M. Bernard Riou, conservateur du Musée de Paléontologie de la Voulte, ainsi que M. Gabriel Vignard, géologue, pour leur gentillesse, leur disponibilité et leur aide.
Nous remercions aussi la société Pierron pour le matériel utilisé dans certaines photographies d'expérience.

Édition : Sandrine Le Flohic
Maquette et couverture : Joëlle Parreau
Mise en pages : René Dambron, Sophie Martinet
Fabrication : Miren Zapirain
Illustrations : Paul Cresp (Graffito), René Dambron
Iconographie : Valérie Lagier, Miren Zapirain, Teddy Cart

ISBN 10 : 2 7495 0593 3
ISBN 13 : 978 2 7495 0593 0
Dépôt légal : avril 2006

Avant-propos

Nous sommes heureux de vous présenter notre manuel de **Sciences de la Vie et de la Terre pour la classe de 5e**, conforme au nouveau programme et destiné à tous les élèves. Dans la continuité du programme de 6e, la classe de 5e privilégie l'observation, le questionnement et l'expérience. La démarche d'investigation scientifique ainsi mise en place se double d'exigences accrues en termes de raisonnement, de rigueur et d'autonomie. Pour nombre d'élèves, l'acquisition de ces compétences nécessite un accompagnement et un soutien constants tout au long de l'année. C'est pourquoi notre ouvrage, conçu pour le travail en classe et à la maison, est un outil destiné à la fois aux professeurs, aux élèves et aux parents.

Forts d'une solide pratique de terrain, notre réflexion s'est nourrie de notre expérience quotidienne de l'enseignement. Nous n'ignorons rien des difficultés actuelles des élèves avec le français et le calcul, des obstacles conceptuels liés aux notions étudiées, et plus généralement des problèmes que rencontrent les enfants à cet âge pour organiser leur pensée et leur travail. Les choix pédagogiques faits dans ce manuel – simplicité, proximité, modernité – ne constituent en aucun cas un renoncement ou une absence d'ambition, mais reflètent plutôt la volonté de n'abandonner aucun élève en route et d'amener collectivement la classe à progresser.

Dans chaque chapitre, vous trouverez :

- une **Ouverture**, pour introduire les problématiques des activités ;
- des **Activités**, très structurées, pour traiter les notions aux programmes et initier les élèves à la démarche scientifique ;
- une double page **Bilan**, pour résumer les notions essentielles à connaître ;
- un **Dossier Sciences**, pour éveiller la curiosité des élèves ;
- des **Exercices**, variés et adaptés à tous les niveaux, pour raisonner et progresser.

Nous espérons que ce manuel sera un outil de travail efficace et agréable pour les élèves et leurs professeurs. Nous accueillerons en outre avec grand intérêt toutes les remarques et suggestions que vous ne manquerez pas de nous faire parvenir à l'adresse **infos@editions-breal.fr**.

Les auteurs et l'éditeur

Présentation

Dans chaque chapitre

Ouverture

Une grande photo pour introduire la problématique du chapitre.

La présentation de chaque activité, pour lancer la réflexion de la classe.

Activités

Le problème à résoudre.

« Je réalise » et « Je m'informe », pour t'aider à acquérir les méthodes de base.

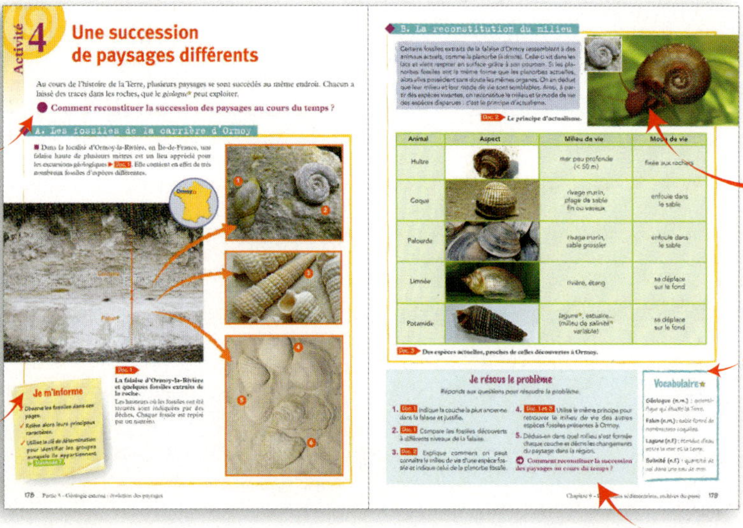

Des documents variés, pour que tu apprennes à observer une photo, lire un tableau, exploiter un graphique…

Les définitions des mots les plus compliqués.

Un questionnaire progressif, pour t'initier à la démarche scientifique et t'aider à résoudre le problème.

Bilan

Un résumé de chaque activité, pour récapituler les notions que tu as découvertes.

L'enchaînement des chapitres, pour t'aider à comprendre la progression du cours.

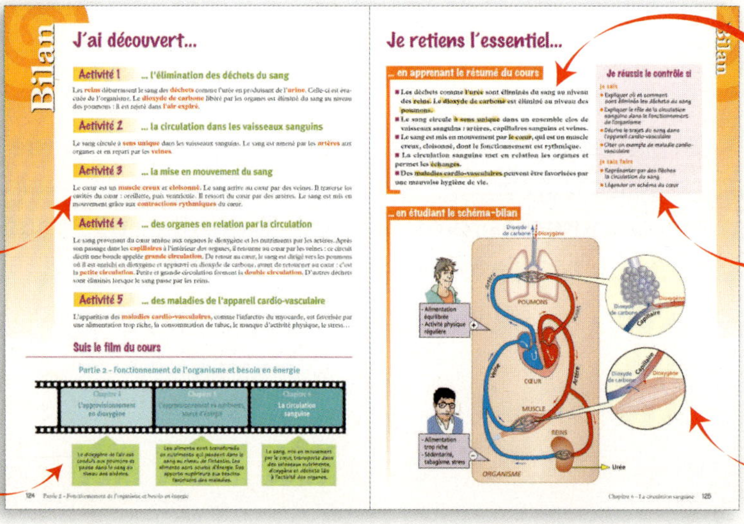

La leçon que tu dois apprendre.

Ce que tu dois savoir et savoir faire pour réussir ton contrôle.

Le schéma-bilan t'aidera à mieux comprendre.

du manuel

Dossier Sciences

Des petits articles pour éveiller ta curiosité et te donner envie d'en savoir plus !

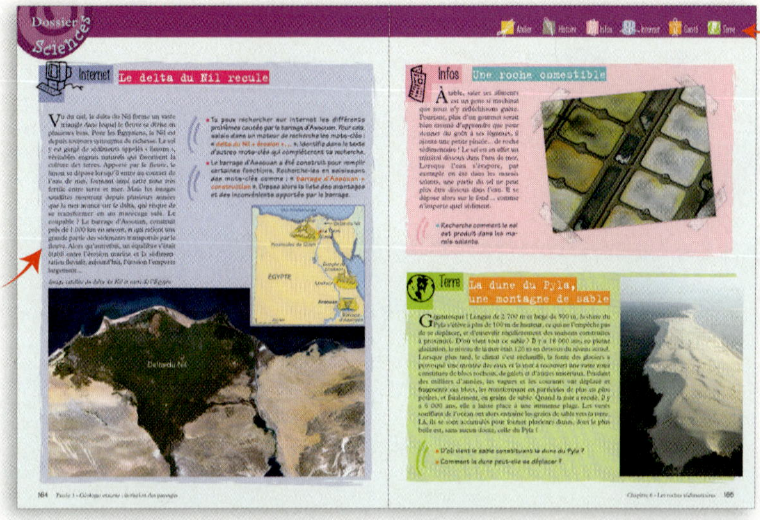

Tu découvriras plusieurs thèmes : éducation à la santé et à l'environnement, histoire des sciences, recherche sur Internet...

Exercices

Des exercices simples, pour tester rapidement ta connaissance du cours.

Tu feras cet exercice avec un ordinateur. Mais c'est toujours des SVT !

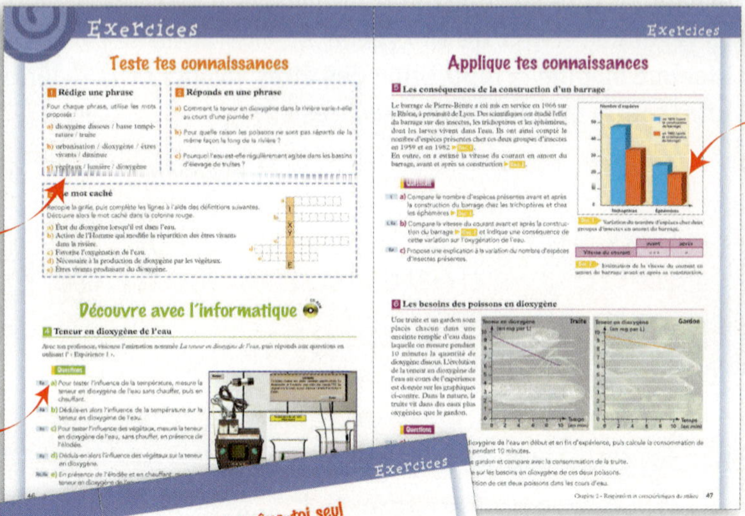

Des exercices variés, pour que tu appliques tes connaissances.

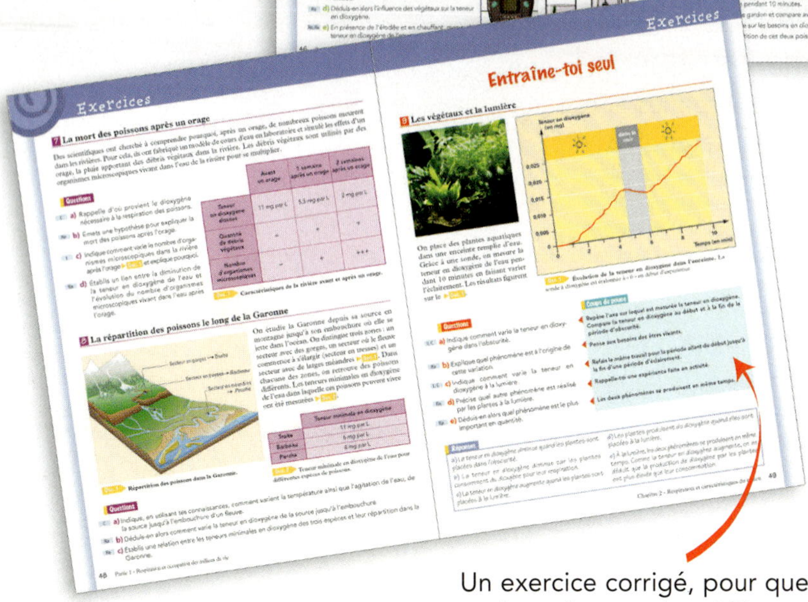

Un exercice corrigé, pour que tu t'entraînes seul, guidé par les « coups de pouce », et que tu vérifies tes réponses.

En fin d'ouvrage

➜ Des **fiches méthodes** pour t'aider à maîtriser les compétences et les outils indispensables en SVT.

➜ Un **lexique** pour te rappeler les définitions des mots les plus compliqués.

Sommaire

Partie 1 – Respiration et occupation des milieux de vie

Chapitre 1 ▪ La respiration des êtres vivants 12

Activité 1 : La respiration, des échanges gazeux 14
Activité 2 : L'unité de la respiration 16
Activité 3 : Respirer dans l'air 18
Activité 4 : Respirer dans l'eau 20
Activité 5 : Respiration et occupation des milieux 22

Chapitre 2 ▪ Respiration et caractéristiques du milieu 32

Activité 1 : Respiration et répartition des êtres vivants 34
Activité 2 : Les végétaux, source de dioxygène 36
Activité 3 : L'Homme modifie la répartition des êtres vivants de la rivière 38
Activité 4 : Lutter contre la pollution des rivières 40

Partie 2 – Fonctionnement de l'organisme et besoin en énergie

Chapitre 3 ▪ L'organisme en activité 54

Activité 1 : Des changements liés à l'activité physique 56
Activité 2 : Des échanges entre les organes et le sang 58
Activité 3 : Des échanges variables selon l'activité 60
Activité 4 : Activité et énergie libérée 62

Chapitre 4 ▪ L'approvisionnement en dioxygène 72

Activité 1 : Le prélèvement du dioxygène dans l'air 74
Activité 2 : Le devenir de l'air dans l'appareil respiratoire 76
Activité 3 : Des échanges entre l'air et le sang 78
Activité 4 : Les maladies respiratoires 80

Chapitre 5 ▪ L'approvisionnement en nutriments, source d'énergie 90

Activité 1 : Le trajet des aliments dans l'organisme 92
Activité 2 : Des aliments aux nutriments 94
Activité 3 : L'absorption des nutriments 96
Activité 4 : Apports et dépenses d'énergie 98
Activité 5 : L'équilibre énergétique de l'organisme 100

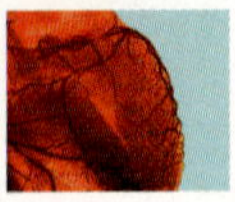

Chapitre 6 ▪ La circulation sanguine ... 112

Activité 1 : L'élimination des déchets du sang ... 114
Activité 2 : La circulation dans les vaisseaux sanguins ... 116
Activité 3 : La mise en mouvement du sang ... 118
Activité 4 : Des organes en relation par la circulation ... 120
Activité 5 : Des maladies de l'appareil cardio-vasculaire ... 122

Partie 3 – Géologie externe : évolution des paysages

Chapitre 7 ▪ Le modelé des paysages ... 136

Activité 1 : Des paysages modelés par l'eau ... 138
Activité 2 : L'eau et la formation des reliefs ... 140
Activité 3 : L'eau et la transformation des roches ... 142
Activité 4 : Le devenir des particules de l'érosion ... 144

Chapitre 8 ▪ Les roches sédimentaires ... 154

Activité 1 : Le dépôt des sédiments ... 156
Activité 2 : Des sédiments à la roche sédimentaire ... 158
Activité 3 : Une succession de roches sédimentaires ... 160

Chapitre 9 ▪ Les roches sédimentaires, archives du passé ... 170

Activité 1 : Des fossiles dans les roches sédimentaires ... 172
Activité 2 : La formation des fossiles ... 174
Activité 3 : Reconstituer un paysage ancien ... 176
Activité 4 : Une succession de paysages différents ... 178

Chapitre 10 ▪ L'action de l'Homme dans son environnement ... 188

Activité 1 : Le prélèvement des matériaux de construction ... 190
Activité 2 : Une exploitation contrôlée ... 192
Activité 3 : Les glissements de terrain ... 194

MÉTHODE

1 : L'ExAO ... 204
2 : Construire et analyser un graphique ... 205
3 : Dissection de l'appareil digestif d'une souris ... 206
4 : Réaliser et observer une préparation au microscope ... 208
5 : Faire un dessin d'observation ... 209
6 : Faire un exposé ... 210
7 : Trouver des informations sur Internet ... 211
8 : Clé d'identification de quelques fossiles ... 212
9 : Clé d'identification de quelques roches ... 213

Lexique ... 214

Partie 1

Respiration et occupation des milieux de vie

Confluence du Rhône et de l'Arve, dans le canton de Genève.

■ Chapitre 1
La respiration des êtres vivants

■ Chapitre 2
Respiration et caractéristiques du milieu

Je connais déjà

Notre environnement

Deux endroits du collège, la cour et le coin nature.

→ Trouve-t-on les mêmes êtres vivants dans la cour du collège et dans le coin nature ?

→ Peux-tu en citer quelques-uns ?

→ Quelles sont les caractéristiques qui changent entre ces deux milieux ?

→ Quelles en sont les conséquences ?

Le brochet et l'orque

Le brochet et l'orque vivent tous les deux dans l'eau. L'un est un poisson et l'autre un mammifère marin.

→ Ont-ils des points communs ?

→ Ont-ils des différences ?

Des bulles s'échappent...

Ouvrir une bouteille de boisson gazeuse cause parfois une surprise.

→ Les bulles, est-ce solide, liquide ou gazeux ?

→ Voit-on des bulles dans la bouteille avant son ouverture ?

→ D'où viennent ces bulles : de l'extérieur ou de l'intérieur de la bouteille ?

Le besoin d'air

Au cours de nos sorties dans notre environnement proche, nous avons récolté des animaux.

En classe, nous avons réalisé des élevages, mais ceux-ci ne pouvaient réussir qu'à certaines conditions.

→ Quelle précaution faut-il prendre pour que les blattes puissent vivre dans leur bocal ?

→ Pourquoi a-t-on pris cette précaution ?

→ Est-ce la même chose pour d'autres êtres vivants comme un escargot, une souris... ?

→ Et pour un poisson ?

Boire, c'est vital

L'eau est le milieu de vie de certains êtres vivants, mais c'est aussi un liquide indispensable à tous. L'Homme utilise l'eau pour de nombreuses activités puis la rejette.

→ Connais-tu des activités pour lesquelles l'Homme prélève de l'eau ?

→ Quels problèmes sont posés par les rejets des eaux usées dans des cours d'eau ?

→ As-tu déjà observé une rivière polluée ? Que peut-on y voir ?

Je me souviens

→ L'environnement peut être décrit par ses caractéristiques comme la température.

→ Les êtres vivants sont divers et peuvent être classés selon leurs caractères.

→ Ils sont répartis selon les conditions du milieu.

→ L'air qui nous entoure contient des gaz et permet la respiration.

→ Des gaz sont aussi présents à l'état dissous dans les liquides.

Chapitre 1

La respiration des êtres vivants

···➔ Quelle est la nature des échanges gazeux et comment sont-ils réalisés ?

Contrairement au poisson, le plongeur ne peut pas rester longtemps sous l'eau. À l'air libre, ce serait l'inverse. L'homme et le poisson ont besoin de réaliser des échanges avec leur milieu.

Activités 1 et 2

Par temps froid, on peut voir s'échapper un souffle d'air des narines du cerf. Ce phénomène n'est pas toujours aussi visible, pourtant il a lieu en permanence.

Activités 3 et 4

S'il arrive au requin de remonter à la surface, contrairement à la baleine, ce n'est jamais pour prendre de l'air !

Activité 5

Les animaux occupent des milieux différents dans lesquels ils respirent.

Activité 1

La respiration, des échanges gazeux

Se nourrir ou respirer sont des manifestations de la vie. Il est facile d'observer un animal en train de se nourrir, mais il est moins évident d'affirmer qu'il respire.

➔ Comment se manifeste la respiration chez un être vivant ?

A. Une consommation de dioxygène

■ En observant une souris, on remarque des frémissements de son museau, comme si elle aspirait et rejetait de l'air ▶ Doc. 1. Pour comprendre la signification de ces mouvements, on mesure la *teneur*★ en dioxygène de l'air dans une *enceinte*★ contenant une souris ▶ Doc. 2. Les résultats s'affichent sur l'écran d'un ordinateur ▶ Doc. 3.

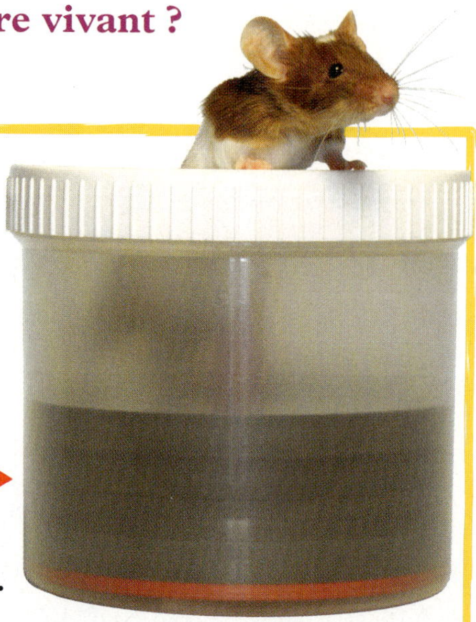

Doc. 1 **L'animal observé : une souris.**

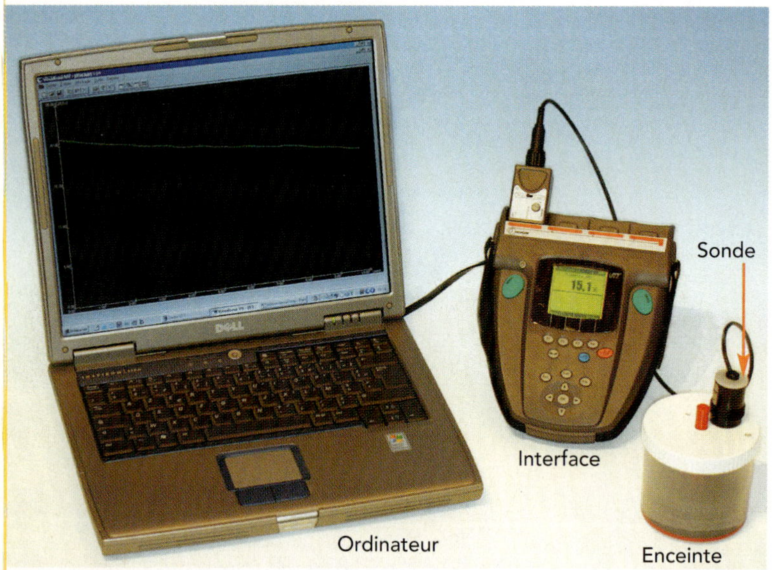

Doc. 2 **Le dispositif ExAO.** On réalise une mesure avec une souris dans l'enceinte et une autre mesure sans.

L'Expérimentation Assistée par Ordinateur (ou ExAO)

Un capteur à dioxygène, appelé sonde, mesure en permanence la teneur de ce gaz dans l'air de l'enceinte. Les valeurs sont transmises à un ordinateur qui construit un graphique en même temps qu'il reçoit les mesures. Ce graphique représente les variations de la teneur en dioxygène de l'air au cours du temps.

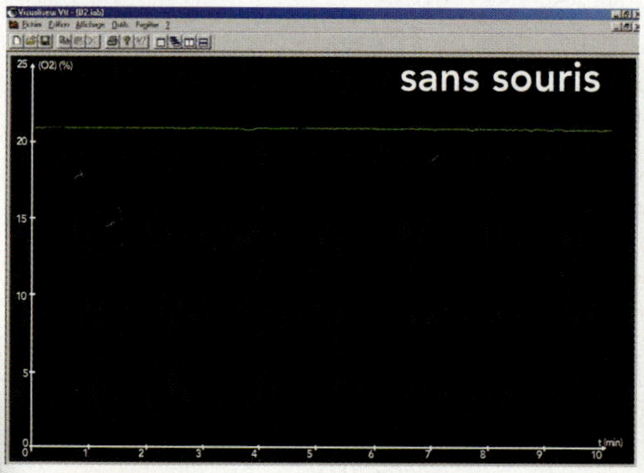

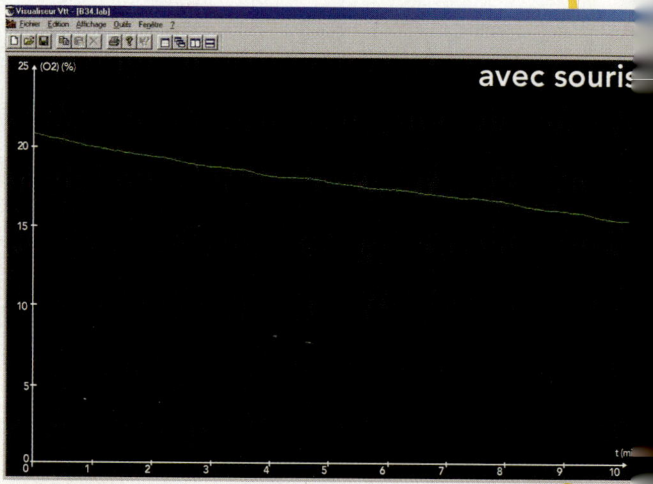

Doc. 3 **Résultats des mesures : sans souris (à gauche) et avec souris (à droite).** Le symbole « O2 » est la notation scientifique du dioxygène.

Je m'informe

✓ Repère la grandeur représentée sur l'axe horizontal et son unité.

✓ Repère la grandeur représentée sur l'axe vertical et son unité.

✓ Détermine la teneur en dioxygène au début, puis à la fin de la mesure.

B. Un rejet de dioxyde de carbone

■ Un autre gaz présent dans l'air est le dioxyde de carbone. Pour savoir s'il intervient dans la respiration, on réalise un test à l'eau de chaux ▶ Doc. 4 et 5. Le mode d'emploi de ce test est donné dans l'encadré ci-dessous.

Doc. 4

Une souris dans un flacon hermétique, en présence d'eau de chaux.

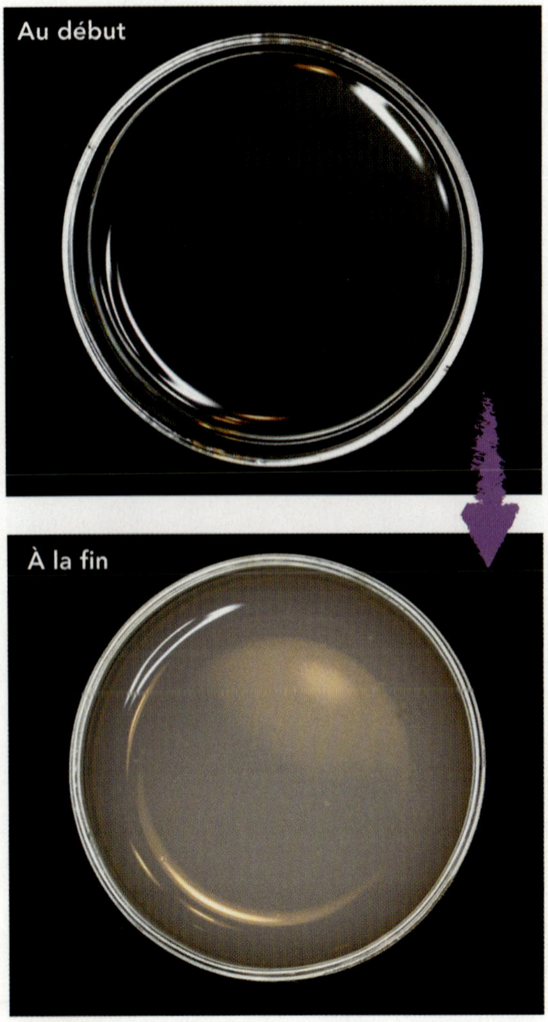

Doc. 5

L'eau de chaux, en début et en fin d'expérience.

Mode d'emploi

Test à l'eau de chaux

Produit	**Eau de chaux**
But	Détecter le dioxyde de carbone grâce à l'aspect du produit
Résultat positif	Le produit se trouble en présence de dioxyde de carbone
Résultat négatif	Le produit reste translucide en l'absence de dioxyde de carbone
Précautions	Ne pas avaler le produit

Je résous le problème

Réponds aux questions pour résoudre le problème.

1. Doc. 1, 2 et 3 Décris comment la teneur en dioxygène varie au cours du temps avec la souris dans l'enceinte.

2. Doc. 3 Compare ce résultat avec celui obtenu sans souris dans l'enceinte et explique la différence.

3. Doc. 4 et 5 Compare l'aspect de l'eau de chaux au début et en fin d'expérience puis interprète ce résultat.

4. Doc. 3 et 5 Récapitule les *échanges gazeux*★ réalisés par la souris.

➔ **Comment se manifeste la respiration chez un être vivant ?**

Vocabulaire ★

Teneur (n.f.) : proportion (en %) ou quantité d'un gaz dans un autre gaz ou un liquide.

Enceinte (n.f.) : milieu clos, isolé de l'extérieur.

Échange gazeux : transfert de gaz entre l'organisme et le milieu.

Activité 2

L'unité de la respiration

En respirant, la souris réalise des échanges de gaz avec l'air. Les animaux vivant dans l'eau et les végétaux respirent aussi.

Comment respirent tous les êtres vivants ?

A. La respiration chez le poisson rouge

■ L'eau dans laquelle vit le poisson rouge contient du dioxygène, mais sous forme *dissoute*☆. Pour vérifier si le poisson y prélève du dioxygène, on mesure pendant 10 minutes la *teneur*☆ en dioxygène de l'eau ▶ Doc. 1 et 2. On recherche par ailleurs la présence de dioxyde de carbone dans l'eau ▶ Doc. 3.

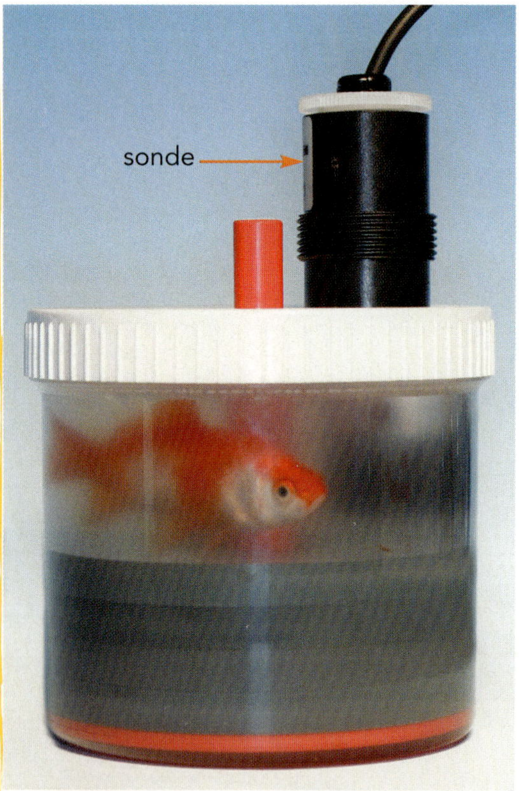

Doc. 1

Une Expérimentation Assistée par Ordinateur.

On place un poisson dans l'enceinte remplie d'eau. La sonde mesure en permanence (pendant 10 minutes) la teneur en dioxygène dissous dans l'eau.

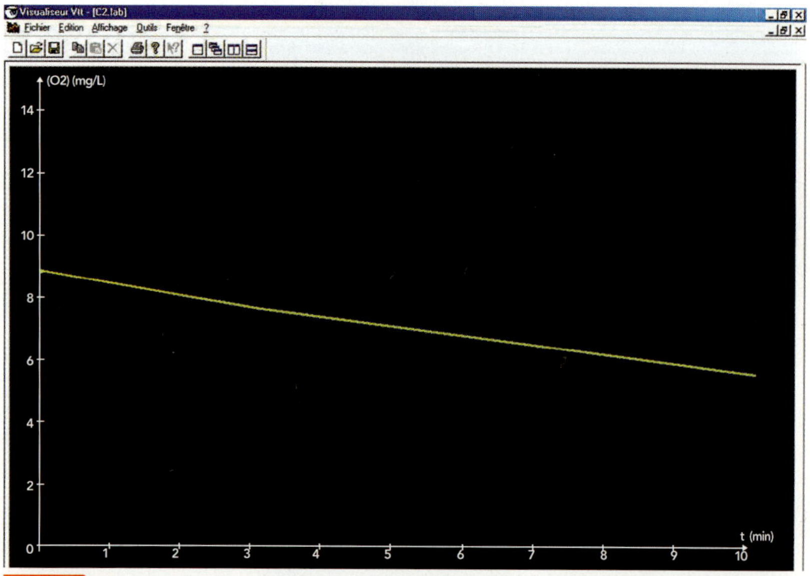

Doc. 2 **Variation de la teneur en dioxygène de l'eau.** On mesure la quantité de dioxygène (en mg) dissous dans 1 L d'eau.

Doc. 3 **Test à l'eau de chaux.** Il est réalisé sur de l'eau prélevée dans l'enceinte, avant le séjour du poisson (à gauche) et après (à droite).

B. La respiration chez les végétaux

■ Pour mettre en évidence une respiration chez les végétaux, on place des grains de blé germés dans un bocal fermé, en présence d'eau de chaux. Un *oxymètre*★ permet de mesurer la teneur en dioxygène (en %) dans l'air du bocal ▶ Doc. 4. Les résultats sont observés deux heures après ▶ Doc. 5.

Je communique

✓ Complète la première colonne du tableau à l'aide du ▶ Doc. 4.

✓ Complète la seconde colonne du tableau à l'aide du ▶ Doc. 5.

	Début	Fin
Aspect eau de chaux		
Teneur en dioxygène		

Doc. 4 **Le début de l'expérience.**

Doc. 5 **Les résultats après deux heures.**

Je résous le problème

Réponds aux questions pour résoudre le problème.

1. Doc. 1 et 2 Décris comment varie la teneur en dioxygène de l'eau.
2. Doc. 1 et 2 Explique l'origine de cette variation.
3. Doc. 1 et 2 Compare l'aspect de l'eau de chaux avant et après le séjour du poisson et interprète le résultat.
4. Doc. 4 Précise ce que l'on cherche à montrer dans cette expérience.
5. Doc. 4 et 5 Compare les teneurs en dioxygène au début et à la fin de l'expérience et explique la différence constatée.
6. Doc. 4 et 5 Compare l'aspect de l'eau de chaux au début et à la fin de l'expérience et explique la différence.

➔ **Comment respirent tous les êtres vivants ?**

Vocabulaire ★

Dissous (adj.) : se dit d'un gaz mélangé et réparti dans l'eau.

Teneur (n.f.) : proportion (en %) ou quantité d'un gaz dans un autre gaz ou un liquide.

Oxymètre (n.m.) : appareil mesurant la teneur en dioxygène d'un milieu.

Activité 3

Respirer dans l'air

Comme la souris, la grenouille et le criquet respirent dans l'air. Ils possèdent tous les deux des organes respiratoires, même si ce ne sont pas les mêmes.

Comment les animaux respirent-ils dans l'air ?

A. La respiration de la grenouille

Doc. 1 **Une grenouille.** Elle remonte régulièrement à la surface.

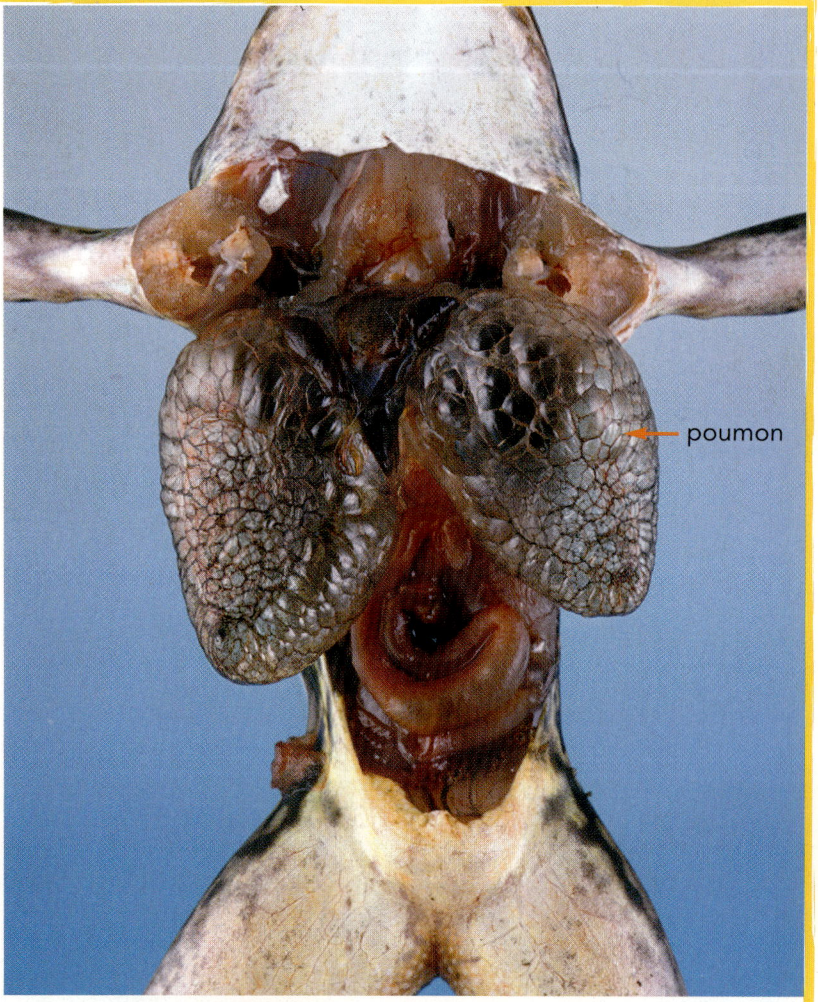

Doc. 2 **Une *dissection*★ de grenouille.** On a soufflé dans une paille introduite dans la gorge de la grenouille pour observer les organes qui se remplissent d'air.

Je communique

- ✓ Décalque le contour de la grenouille ou dessine le poumon.
- ✓ Indique l'air entrant par une flèche rouge et l'air sortant par une flèche bleue.
- ✓ Complète en ajoutant les légendes sur les flèches :
  - « air riche en dioxygène et pauvre en dioxyde de carbone »
  - « air appauvri en dioxygène et enrichi en dioxyde de carbone ».

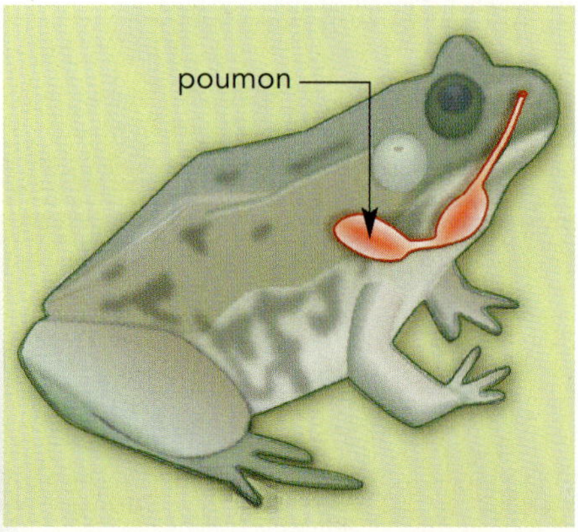

Doc. 3 **La respiration de la grenouille.** De l'air entre dans son organisme, arrive aux poumons, puis parcourt le chemin inverse. L'air qui ressort des poumons n'est plus le même que l'air qui est entré : il s'est appauvri en dioxygène et enrichi en dioxyde de carbone.

B. La respiration du criquet

■ L'*abdomen*★ d'un criquet se gonfle et se dégonfle de façon régulière. Il est percé de petites ouvertures, les stigmates ▶ Doc. 4. Pour comprendre comment il respire, disséquons un criquet. On observe sous les stigmates des filaments, appelés trachées ▶ Doc. 5. On analyse l'air entrant et sortant des stigmates ▶ Doc. 6.

Doc. 4 **L'abdomen du criquet.** Lorsqu'on bouche les stigmates, le criquet meurt d'*asphyxie*★.

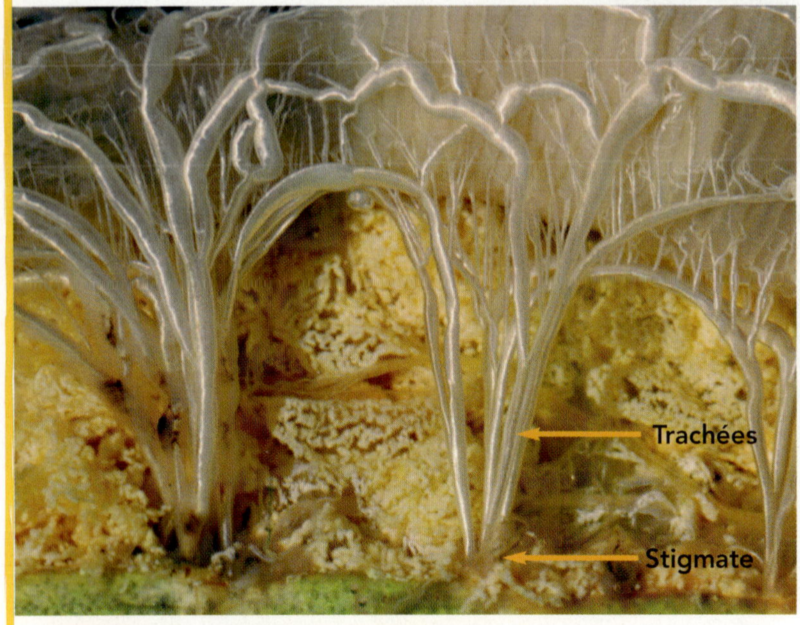

Doc. 5 **Une dissection de l'abdomen du criquet.** On observe les trachées reliées aux stigmates.

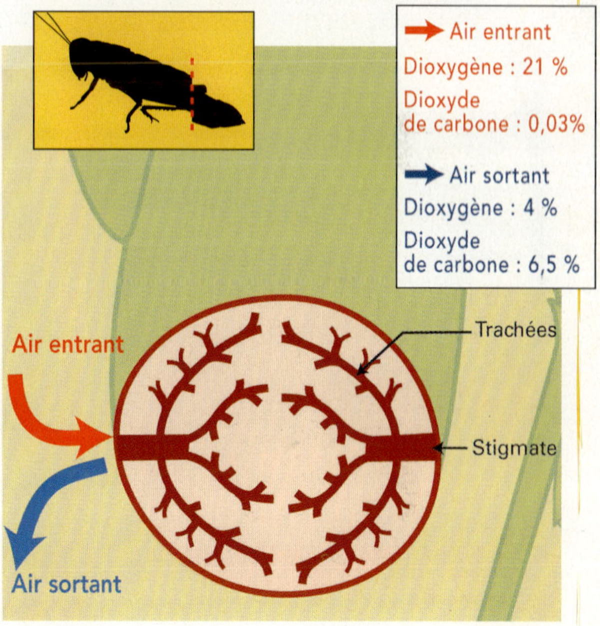

Doc. 6 **Les échanges gazeux du criquet.** On mesure les gaz dans l'air entrant et sortant.

Je résous le problème

Réponds aux questions pour résoudre le problème.

1. Doc. 1 Propose une explication aux remontées fréquentes de la grenouille à la surface.
2. Doc. 2 et 3 Indique où arrive l'air prélevé par la grenouille.
3. Doc. 2 et 3 Retrouve deux arguments montrant le rôle des poumons dans la respiration.
4. Doc. 4 et 5 Indique le rôle des stigmates.
5. Doc. 6 Compare la composition de l'air entrant et sortant des trachées.
6. Doc. 5 et 6 Indique alors quel peut être le rôle des trachées.

➜ **Comment les animaux respirent-ils dans l'air ?**

Vocabulaire ★

Dissection (n.f.) : *séparation des différentes parties d'un organisme.*

Abdomen (n.m.) : *extrémité du corps.*

Asphyxie (n.f.) : *arrêt de la respiration par manque de dioxygène pouvant entraîner la mort.*

Activité 4
Respirer dans l'eau

Le poisson et la moule n'ont pas besoin de sortir de l'eau pour rester en vie. Pourtant, comme la grenouille ou le criquet, ils respirent.

Comment les animaux respirent-ils dans l'eau ?

A. Une circulation d'eau

■ Le comportement des poissons dans un aquarium semble bien étrange : ils n'arrêtent pas d'ouvrir et de fermer la bouche. Une expérience permet de découvrir le rôle de ces mouvements ▶ Doc. 1. La dissection de la tête du poisson montre des organes inconnus chez les animaux qui respirent dans l'air ▶ Doc. 2.

Doc. 1

Une expérience avec de l'eau colorée.
De l'eau colorée est déposée devant la bouche d'un poisson (à gauche). On observe quelques instants après (à droite).

Je communique

✓ Dessine ou décalque la tête du poisson ▶ Doc. 1.

✓ Place les légendes : bouche, opercule.

✓ Représente par des flèches le sens de circulation de l'eau dans la tête du poisson.

Doc. 2

Les *branchies*☆. Avec une paire de ciseaux, on a découpé la plaque située en arrière de la tête du poisson, appelée *l'opercule*☆. On observe sous cette plaque des organes de couleur rouge : les branchies.

B. Des échanges au niveau des branchies

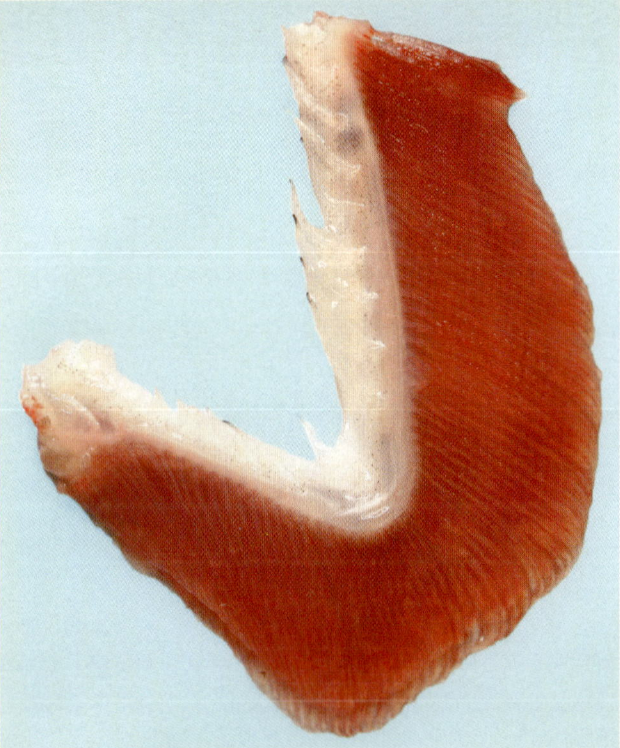

■ De nombreux animaux aquatiques, comme le poisson ou la moule, possèdent des branchies ▶ Doc. 3 et 5. L'analyse des gaz dissous dans l'eau qui traverse les branchies permet de comprendre leur rôle ▶ Doc. 4. On observe chez la moule les branchies en détail ▶ Doc. 5.

Doc. 3

Une branchie de poisson. On observe la présence de nombreux petits filaments entre lesquels l'eau passe.

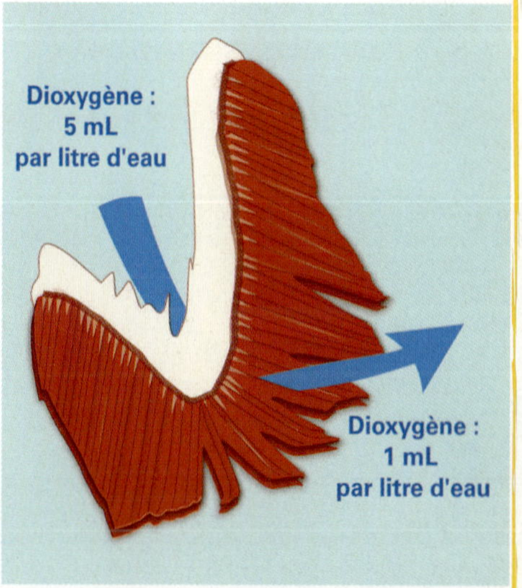

Doc. 4

Quantité de dioxygène dissous dans l'eau, avant et après avoir traversé la branchie.

Doc. 5

Une moule ouverte et détail de la branchie.

Je réalise

- ✓ Ouvre une moule crue et localise les branchies.
- ✓ Découpe un fragment de branchie.
- ✓ Dépose ce fragment sur une lame dans une goutte d'eau salée.
- ✓ Recouvre d'une lamelle et observe au microscope.

Je résous le problème

Réponds aux questions pour résoudre le problème.

1. Doc. 1 Décris le trajet de l'eau colorée dans la tête du poisson en utilisant les mots "bouche" et "opercule".
2. Doc. 2 Indique quel organe est traversé par le courant d'eau.
3. Doc. 4 Donne un argument montrant que la branchie est un organe respiratoire.
4. Doc. 3 et 5 Trouve des ressemblances entre les branchies de la moule et celles du poisson.
5. Doc. 3 et 5 Explique ce qui peut favoriser les échanges gazeux dans la structure de la branchie.

➔ **Comment les animaux respirent-ils dans l'eau ?**

Vocabulaire ☆

Branchie (n. f.) : organe respiratoire de nombreux animaux aquatiques.

Opercule (n. m.) : plaque mobile située en arrière de la bouche.

Activité 5

Respiration et occupation des milieux

Dans la rivière ou autour de celle-ci, vivent de nombreux êtres vivants. Tous n'occupent pas le même milieu. Ils n'ont pas non plus le même comportement respiratoire.

➜ **Comment la diversité des organes et des comportements respiratoires permet-elle l'occupation des milieux ?**

La loutre

Classification : Vertébré, mammifère
Milieu de vie : eau
Organes respiratoires : poumons
Comportement : remonte régulièrement à la surface

L'escargot

Classification : *Mollusque*☆
Milieu de vie : air
Organes respiratoires : poumon

Le dytique

Classification : Insecte
Milieu de vie : eau
Organes respiratoires : trachées
Comportement : remonte régulièrement à la surface pour mettre de l'air en réserve sous ses ailes

Le brochet

Classification : Vertébré, poisson osseux
Milieu de vie : eau
Organes respiratoires : branchies

Le nénuphar

Classification : Végétal, plante à fleurs
Milieu de vie : eau et air
Organes respiratoires : aucun, mais ne peut pas vivre sans dioxygène

La libellule

Classification : Insecte
Milieu de vie : air
Organes respiratoires : trachées

Le martin-pêcheur

Classification : Vertébré, oiseau

Milieu de vie : air

Organes respiratoires : poumons

Comportement : plonge sous l'eau durant quelques secondes pour se nourrir

Le hérisson

Classification : Vertébré, mammifère

Milieu de vie : air

Organes respiratoires : poumons

Comportement : nage parfois dans l'eau

Le têtard *(larve★ de la grenouille)*

Classification : Vertébré, amphibien

Milieu de vie : eau

Organes respiratoires : branchies

La Grenouille

Classification : Vertébré, amphibien

Milieu de vie : eau ou air

Comportement : remonte régulièrement à la surface

Organes respiratoires : poumons

Je résous le problème

Réponds aux questions pour résoudre le problème.

1. Construis un tableau à quatre colonnes et écris le nom de chaque être vivant dans la première colonne.
2. Complète la seconde colonne en indiquant le milieu de vie de chaque être vivant.
3. Complète la troisième colonne avec son organe respiratoire.
4. Indique enfin dans la quatrième colonne le milieu dans lequel il respire.
5. Explique par quel comportement un animal vivant dans l'eau peut respirer dans l'air.
6. Explique comment la grenouille peut continuer à respirer après avoir changé de milieu au cours de son développement.

➔ **Comment la diversité des organes et des comportements respiratoires permet-elle l'occupation des milieux ?**

Vocabulaire ★

Larve (n. f.) : premier stade de développement de l'animal, dont la forme est différente de l'adulte.

Mollusque (n. m.) : animal au corps mou et possédant une coquille.

Bilan

J'ai découvert...

Activités 1 et 2 ... la respiration, des échanges gazeux

En respirant, la souris réalise des **échanges de gaz** avec son milieu : elle **prélève du dioxygène** dans l'air et rejette du **dioxyde de carbone**.
Les animaux qui vivent dans l'eau, comme le poisson rouge, et les végétaux, comme le blé, respirent aussi. Chez les animaux comme chez les végétaux, la respiration se manifeste par les **mêmes échanges gazeux**.

Activité 3 ... respirer dans l'air

La grenouille respire dans l'air grâce à ses **poumons**. En se remplissant et en se vidant d'air, les poumons réalisent les échanges gazeux.
Chez le criquet, l'air entre par des **stigmates**, puis circule dans tout le corps à l'intérieur de **trachées** ramifiées. Les trachées sont les organes respiratoires du criquet qui permettent les échanges gazeux.

Activité 4 ... respirer dans l'eau avec des branchies

Les animaux vivant dans l'eau, comme le poisson ou la moule, respirent grâce à des **branchies**. L'eau circule entre les branchies, qui captent le dioxygène dissous et libèrent du dioxyde de carbone. Ces échanges gazeux sont facilités par les **nombreux filaments** constituant les branchies.

Activité 5 ... respiration et occupation des milieux

La diversité des organes respiratoires (poumons, trachées et branchies) permet aux êtres vivants d'occuper des **milieux de vie différents**. Grâce à leur **comportement respiratoire**, certains vivent dans un milieu mais respirent dans un autre.

Suis le film du cours...

Partie 1 – Respiration et occupation des milieux de vie

PARTIE 1
Je connais déjà

Chapitre 1
La respiration des êtres vivants

Chapitre 2
Respiration et caractéristiques du milieu

L'air qui nous entoure contient des gaz et permet la respiration. Des gaz sont aussi présents à l'état dissous dans des liquides.

Tous les êtres vivants réalisent des échanges gazeux. Ils occupent des milieux différents grâce à leurs organes et comportements respiratoires.

Je retiens l'essentiel...

... en apprenant le résumé du cours

- Les êtres vivants réalisent des **échanges gazeux** respiratoires : ils consomment du **dioxygène** et rejettent du **dioxyde de carbone.**
- Les organes respiratoires des animaux vivant dans l'air sont les **poumons** ou les **trachées.**
- Les animaux aquatiques respirent avec des **branchies.**
- Les êtres vivants occupent des **milieux différents** grâce à des organes et des comportements respiratoires différents.

Je réussis le contrôle si

je sais

- Définir la respiration
- Reconnaître qu'un être vivant respire
- Relier un organe respiratoire à un milieu de respiration
- Expliquer la relation entre un comportement respiratoire et un milieu de vie

je sais faire

- Lire un graphique représentant les échanges gazeux
- Réaliser un test à l'eau de chaux, un montage ExAO

... en étudiant le schéma-bilan

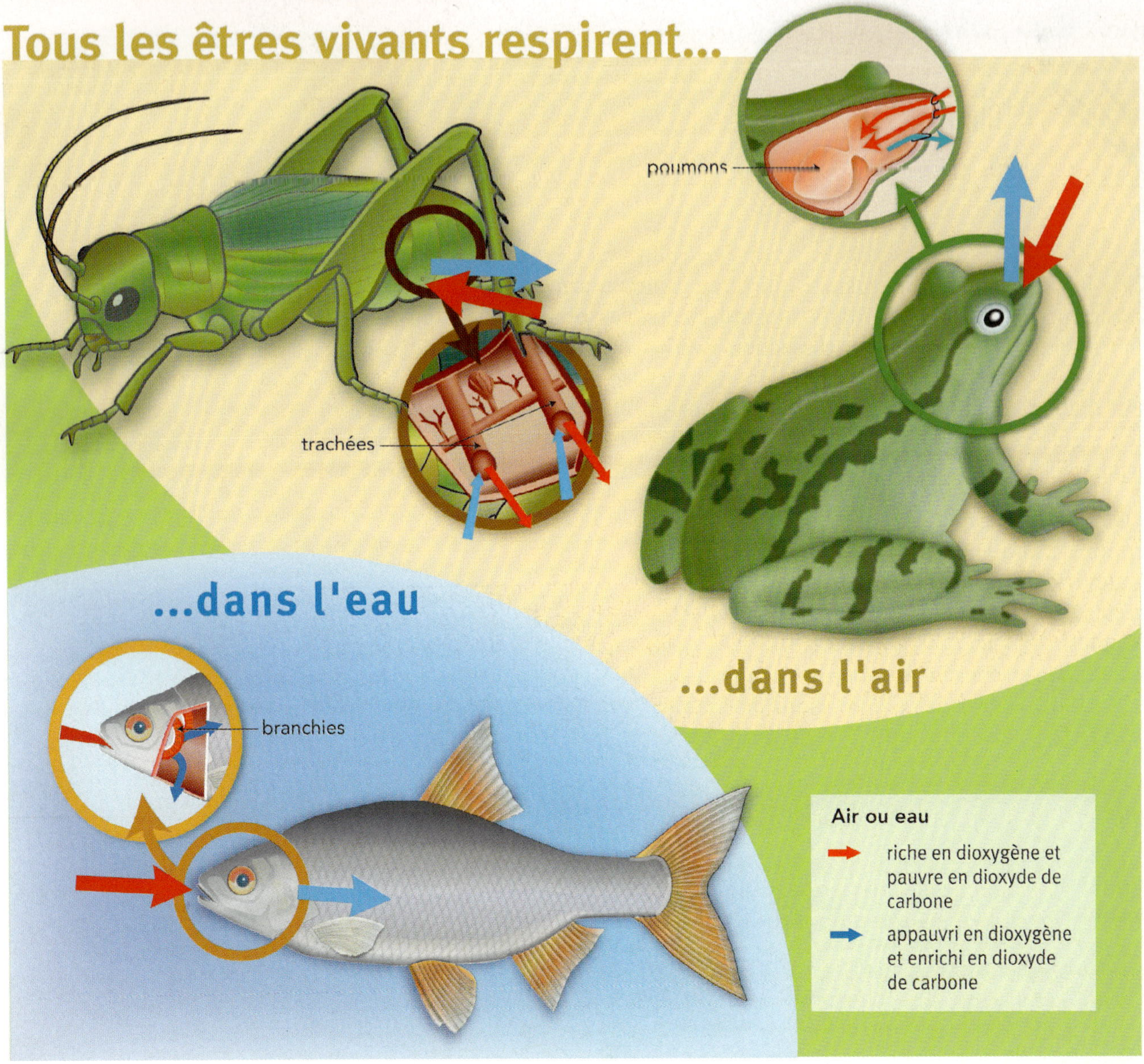

Infos — Le scaphandre de l'argyronète

L'argyronète est un animal singulier : c'est la seule araignée capable de vivre sous l'eau alors qu'elle possède des poumons. Comment fait-elle pour réussir cet exploit ? Elle utilise un scaphandre qu'elle se fabrique elle-même ! Son corps est recouvert de courts filaments, les soies, qui ont la propriété de repousser l'eau. Ainsi, lorsque l'argyronète plonge, elle est isolée de l'eau, entourée d'une bulle d'air dans laquelle elle puise le dioxygène pour respirer. Et la plupart du temps, l'argyronète n'a même pas besoin de remonter pour se réapprovisionner en dioxygène. Le gaz dissous dans l'eau passe en permanence dans sa bulle d'air et renouvelle ses réserves respiratoires.

- **Trouve un argument, à partir du comportement de l'argyronète, montrant qu'elle ne possède pas de branchies.**

Atelier — Disséquer l'appareil respiratoire d'une langoustine

La langoustine est un crustacé qui vit en milieu marin. Pour comprendre comment elle respire dans son milieu, tu vas observer son appareil respiratoire en pratiquant une dissection.

Tout d'abord examine le corps de la langoustine. Il est entouré d'une carapace rigide. Recherche la présence éventuelle d'organes respiratoires à sa surface. Si tu n'en trouves pas, il faut alors chercher à l'intérieur du corps.

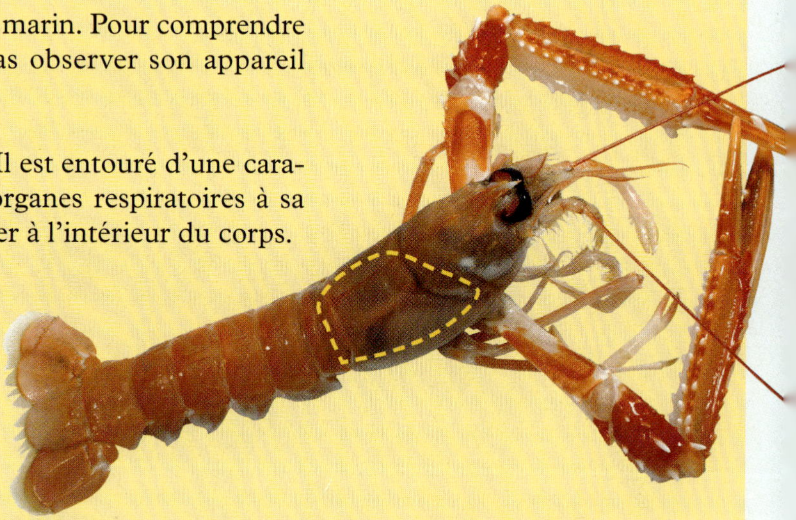

- Découpe la carapace au niveau du thorax comme indiqué sur le dessin.
- Enlève le morceau de carapace et manipule délicatement les organes maintenant visibles.
- Décris-les et cherche des points communs avec d'autres organes étudiés dans ce chapitre.
- Pour mieux observer, place la langoustine dans une cuvette remplie d'eau. Que font alors ces organes ? Complète ta description.

Maintenant que tu as localisé les organes respiratoires, tu dois comprendre comment ils fonctionnent.

- **Recherche le trajet possible du courant d'eau qui les traverse. Observe pour cela les ouvertures par lesquelles l'eau pourrait atteindre ces organes.**
- **Fais un schéma de la langoustine disséquée sur lequel tu indiqueras par une flèche bleue le trajet de l'eau. Trace une double flèche, car il n'est pas possible de connaître le sens de circulation de l'eau à partir de cette dissection.**

Internet

Le cachalot et le calamar géant

Le cachalot est l'animal de tous les records. Avec ses 70 tonnes et ses 15 mètres de long pour les plus imposants d'entre eux, c'est le plus gros carnivore marin. C'est aussi le seul capable de plonger à 2 000 mètres de profondeur et de rester sous l'eau pendant 90 minutes.

Là, il lui arrive de se retrouver nez à nez avec son ennemi héréditaire : le calamar géant, long d'une vingtaine de mètres ! Commence alors un combat sans merci où le plus souvent le cachalot triomphe. Pourtant, le calamar a un avantage qui lui permet parfois d'échapper au cachalot. Certains disent même qu'il arrive à sortir vainqueur du combat si, lorsqu'il remonte à la surface avec le cachalot, il bouche avec ses tentacules le trou situé au-dessus de la tête de celui-ci. Le cachalot lâche alors prise et… le calamar peut s'enfuir !

un calamar géant

- Quel avantage possède le calamar géant sur le cachalot ?

Pour t'aider, recherche sur Internet le groupe auquel appartient le calamar et celui auquel appartient le cachalot en saisissant dans un moteur de recherche :
« calamar + classification » puis « cachalot + classification ».

un cachalot

Recherche ensuite des caractéristiques de la respiration dans chacun de ces groupes en saisissant : « [nom du groupe de l'animal] + respiration ».
La connaissance du mode de respiration doit te permettre de répondre à la question posée.

- Pourquoi le calamar géant peut-il s'échapper en bouchant le trou situé au-dessus de la tête du cachalot ?

Pour t'aider, identifie le rôle du trou situé au-dessus de la tête du cachalot. Saisis dans un moteur de recherche :
« tête + cachalot ».

Exercices

Teste tes connaissances

1 Rédige une phrase

Pour chaque phrase, utilise les mots proposés :

a) eau / branchies / poisson / respirer

b) poumon / trachées / air / respirer

c) êtres vivants / dioxygène / dioxyde de carbone

2 Réponds en une phrase

a) Comment montrer qu'un être vivant dégage du dioxyde de carbone ?

b) Qu'est-ce que la respiration ?

c) Qu'est-ce qu'une trachée chez un insecte ?

3 Qui a raison ?

Retrouve si les affirmations sont vraies ou fausses et justifie ton choix.

Le professeur demande : « Comment les poissons peuvent-ils respirer dans l'eau ? ». Trois élèves répondent :

a) « C'est parce qu'ils sortent de temps à autre la tête hors de l'eau. »

b) « C'est parce que l'eau contient du dioxygène dissous. »

c) « C'est parce que leurs branchies leur permettent de prélever du dioxygène. »

Découvre avec l'informatique

CD-ROM

4 Les échanges gazeux chez le criquet

Avec ton professeur, visionne l'animation nommée *La respiration du criquet*, puis réponds aux questions.

Lance l'expérience 1 (dioxygène)

I a) Relève la teneur en dioxygène en début d'expérience et en fin d'expérience.

I b) Indique comment la teneur en dioxygène varie durant l'expérience.

Ra c) Explique le phénomène mis en évidence par cette expérience.

Lance l'expérience 2 (dioxyde de carbone)

Ra d) Trouve un protocole pour tester si le criquet rejette du dioxyde de carbone.

I, Ra e) Indique le résultat et interprète-le.

C f) Récapitule les échanges gazeux réalisés au cours de la respiration du criquet.

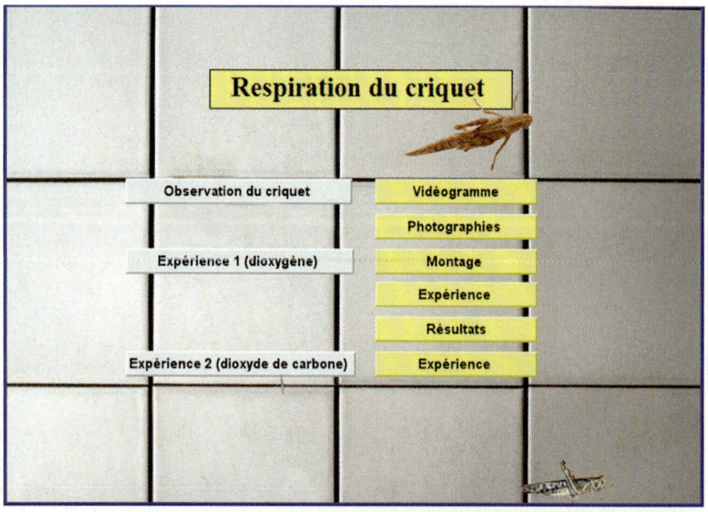

Applique tes connaissances

5 La respiration de la limnée

La limnée est un animal vivant en eau douce. Elle remonte régulièrement à la surface de l'eau, s'y maintenant un court moment avant de replonger vers le fond. Son corps est percé d'un orifice ouvert lorsque l'animal est en surface, mais fermé lorsqu'il est en profondeur. Cet orifice est relié à un organe creux à l'intérieur du corps de l'animal. De l'air entre et sort de cet organe. Des mesures ont montré que l'air sortant est appauvri en dioxygène et enrichi en dioxyde de carbone.

Questions

Ra **a)** Explique pourquoi l'orifice est ouvert quand l'animal est en surface.

I, Ra **b)** Identifie l'organe respiratoire de la limnée.

Ra **c)** Explique alors le comportement de la limnée.

C **d)** Dessine l'animal et représente par une paire de flèches les échanges gazeux.

6 Une souris dans un flacon

On place une souris dans un flacon hermétique. Un tube relié à un petit récipient qui contient un liquide coloré traverse le bouchon du flacon.

Dans le fond du flacon, on a versé de l'eau de chaux.

Les deux dessins représentent le dispositif au début et à la fin de l'expérience.

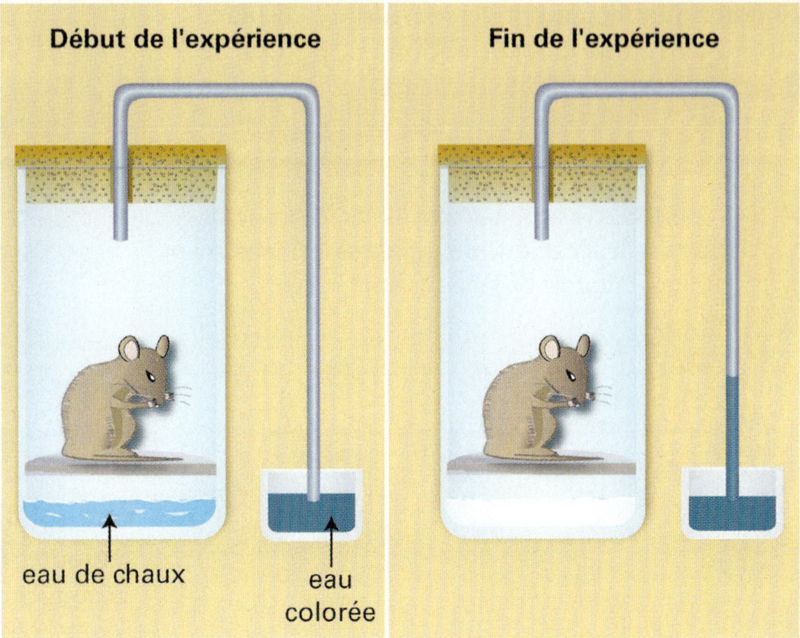

Questions

I **a)** Décris les résultats de l'expérience.

Ra **b)** Explique la variation constatée pour l'eau de chaux.

Le liquide coloré remonte dans le tube lorsque la quantité de gaz présent dans le flacon diminue.

Ra **c)** Explique pourquoi la présence de la souris entraîne une variation du niveau du liquide coloré.

On refait la même expérience en remplaçant la souris par des morceaux de carotte.

Ra **d)** Indique quels sont les deux résultats attendus et explique la réponse.

7 La respiration du requin

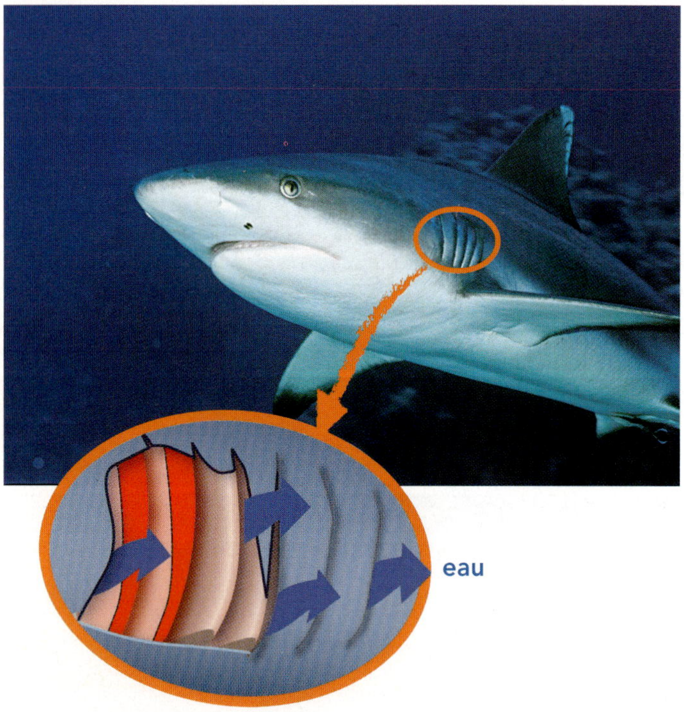

Le requin est un animal marin. Contrairement aux poissons, il ne possède pas d'opercule, mais des fentes, situées en arrière de la bouche. De l'eau sort en permanence de ces fentes lorsque l'animal nage. Le schéma montre la structure située sous les fentes.

Questions

Ra **a)** Indique l'origine possible de l'eau sortant des fentes.

Des mesures ont montré que l'eau sortant de ces fentes est appauvrie en dioxygène par rapport à l'eau de mer.

Ra **b)** Propose une explication à cet appauvrissement en dioxygène.

I **c)** Identifie la structure présente sous les fentes du requin.

Ra **d)** Explique alors comment le requin respire.

8 La notonecte, un insecte aquatique

La notonecte est un insecte vivant dans les eaux douces. Cet animal ne sort jamais de l'eau, mais remonte régulièrement vers la surface. Il place alors l'extrémité de son abdomen, percée de deux orifices, à la limite de l'eau ▶ Doc. 1.

Questions

I, Ra **a)** À partir de tes connaissances sur les insectes comme le criquet, identifie ces orifices et indique à quels organes ils sont reliés.

Ra **b)** Indique dans quel milieu un tel appareil respiratoire est capable de réaliser des échanges de gaz.

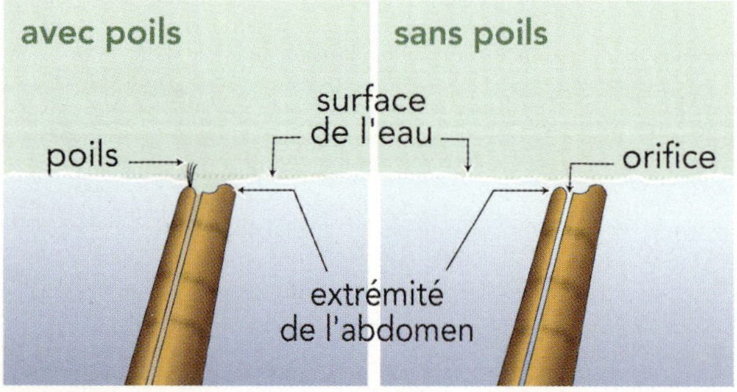

Doc 2 **Un orifice avec poils (à gauche) et sans poils (à droite).**

Doc. 1 **La notonecte, un insecte aquatique.**

Les orifices situés à l'extrémité de l'abdomen sont entourés de poils. On réalise une expérience consistant à couper ces poils et à placer l'extrémité de l'abdomen dans la même position que lorsque l'animal remonte en surface. Les résultats sont donnés sur le ▶ Doc. 2.

I **c)** Compare la position de l'eau autour de l'abdomen de l'animal dans les deux cas.

Ra **d)** Explique comment ces poils interviennent dans la respiration de l'animal.

Entraîne-toi seul

9 Les organes respiratoires de la grenouille

On a observé que des grenouilles sont capables de rester plusieurs mois sous l'eau, sans remonter à la surface. Cette observation a intrigué des scientifiques qui ont décidé de mener une série d'expériences pour résoudre ce problème.

- **Expérience 1 :** Une grenouille est placée dans un récipient rempli d'eau et recouvert par une plaque en verre ▶ Doc. 1.

  Témoin : Un autre récipient, rempli d'eau mais sans grenouille, est placé dans les mêmes conditions.
- **Expérience 2 :** On ferme cette fois-ci le récipient par un film en plastique. Seule la tête de la grenouille dépasse du film ▶ Doc. 1.
- **Expérience 3 :** La grenouille est replacée dans les mêmes conditions que pour l'expérience 1, mais ses narines sont bouchées avec du coton.

On réalise après quelques heures un test à l'eau de chaux avec l'eau de chaque récipient ▶ Doc. 2.

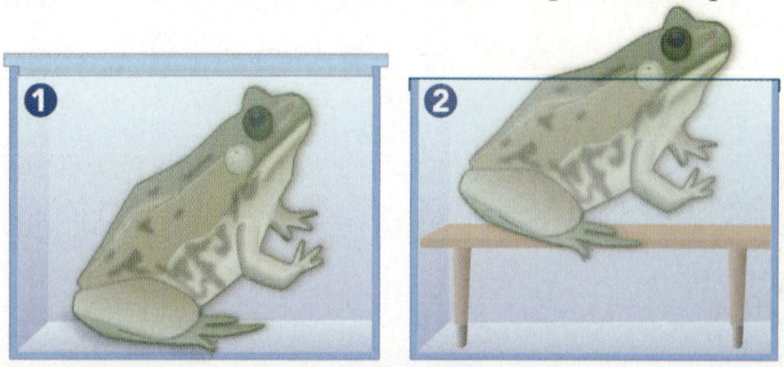

Doc. 1 Expériences 1 (à gauche) et 2 (à droite).

	Témoin	Expérience 1	Expérience 2	Expérience 3
Trouble de l'eau de chaux	non	oui	oui	oui

Doc. 2 Résultat de l'expérience avec l'eau de chaux.

Questions

I **a)** Compare le résultat de l'expérience témoin avec celui de l'expérience 1 et explique la différence.

Ra **b)** Connaissant les organes respiratoires de la grenouille, indique en quoi ce résultat est surprenant.

Ra **c)** Propose une hypothèse pour expliquer comment l'eau de chaux a pu être troublée dans l'expérience 2.

I, Ra **d)** Compare les résultats de l'expérience 3 avec celui de l'expérience 2 et indique si cela confirme l'hypothèse.

Ra **e)** Explique alors comment la grenouille peut passer plusieurs mois immobile au fond de l'eau en hiver.

Coups de pouce

- a) Observe les conditions de chacune des expériences.
- c) Recherche quelle partie de la grenouille est au contact de l'eau.
- d) Recherche quel mode de respiration est éliminé par ce dispositif.
- e) Mets en relation le comportement de la grenouille en hiver et ce mode de respiration.

Réponses

a) L'eau de chaux est troublée uniquement dans le récipient contenant la grenouille. Elle rejette du dioxyde de carbone dans l'eau et donc respire.

b) La grenouille possède des poumons et pourtant elle semble respirer dans l'eau alors que ces organes permettent de respirer uniquement dans l'air.

c) Seule la partie du corps présente dans l'eau peut avoir rejeté du dioxyde de carbone. Ce rejet s'est fait à travers la peau de la grenouille. La peau est donc ici un organe respiratoire.

d) Puisque les narines sont bouchées, ce n'est pas la respiration par les poumons qui est responsable du trouble de l'eau de chaux. Cela confirme l'existence d'une respiration par un autre organe, comme la peau.

e) La grenouille peut respirer dans l'eau par la peau (en plus de la respiration avec les poumons). Cela lui permet de passer une partie de l'hiver sous l'eau.

Chapitre 2

Respiration et caractéristiques du milieu

➜ **Comment les êtres vivants de la rivière sont-ils répartis en fonction des caractéristiques du milieu ?**

La rivière est le milieu de vie de nombreux êtres vivants. Pourtant, l'Homme y prélève de l'eau qu'il rejette après l'avoir utilisée.

Activité 1

Le pêcheur sait bien que selon le poisson qu'il veut attraper, il devra se placer à un endroit ou à un autre de la rivière.

Activité 2

Les poissons de la rivière se regroupent parfois autour des végétaux. Dans un aquarium, il est conseillé de placer des plantes.

Activité 3

Dans une rivière, on ne trouve pas les mêmes êtres vivants de part et d'autre d'une ville.

Activité 4

Parfois, des poissons morts flottent sur la rivière ou sont échoués sur le bord, victimes de la pollution. Il existe pourtant des moyens de protéger la qualité de l'eau.

Activité 1

Respiration et répartition des êtres vivants

D'une rivière à l'autre, ou d'un endroit à l'autre de la rivière, on ne trouve pas les mêmes poissons.

Comment expliquer la répartition des êtres vivants de la rivière ?

A. Des êtres vivants et des milieux différents

■ Un pêcheur sait bien que l'on ne trouve pas la truite et le gardon au même endroit dans une rivière ! La truite vit dans les cours d'eau où le courant est fort ▶ Doc. 1. Le gardon préfère les eaux calmes des rivières qui coulent dans les plaines ▶ Doc. 2. Pour comprendre cette répartition, on a déterminé les *besoins*☆ en dioxygène de la truite et du gardon ▶ Doc. 3.

Doc. 1 **La truite dans son *milieu*☆.**

Température	Agitation de l'eau
16°C	importante

Doc. 2 **Le gardon dans son milieu.**

Température	Agitation de l'eau
23°C	faible

Doc. 3 **Les besoins en dioxygène de la truite et du gardon.** Lorsque la teneur en dioxygène est inférieure aux valeurs indiquées, le milieu ne fournit pas assez de dioxygène pour assurer la survie de l'animal.

	Truite	Gardon
Teneur minimale en dioxygène de l'eau	7 mg/L *	4 mg/L

* Dans le tableau, l'unité « mg/L » se lit « milligramme (mg) par (/) litre (L) ». La valeur 1 mg/L signifie qu'il y a 1 mg de dioxygène dans 1 L d'eau.

B. Température et agitation de l'eau

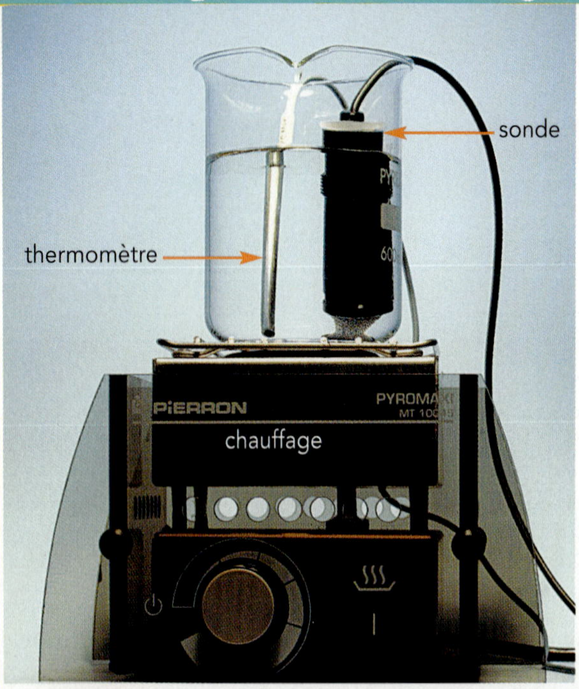

Doc. 4 **Dispositif expérimental.** On mesure la teneur en dioxygène de l'eau en fonction de la température.

■ Pour comprendre comment la teneur en dioxygène varie d'un endroit à l'autre d'une rivière, on chauffe de l'eau et on mesure la quantité de dioxygène dissous à différentes températures ▶Doc. 4 et 5. On s'intéresse aussi au rôle que joue l'agitation de l'eau ▶Doc. 6.

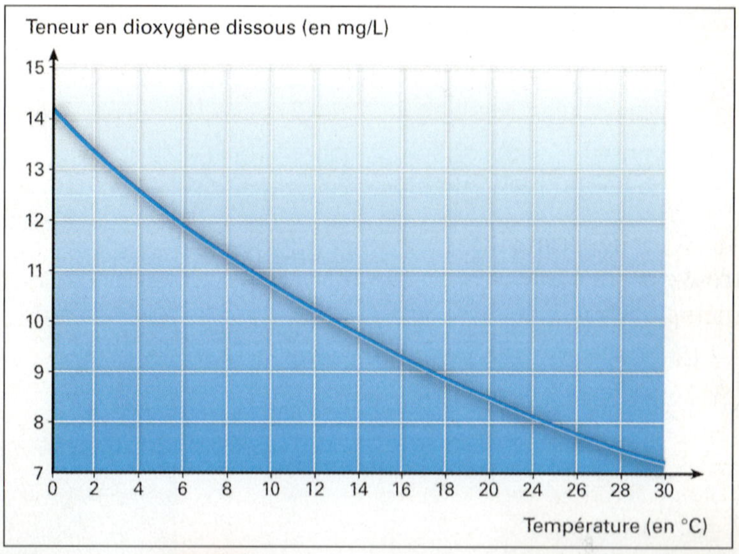

Doc. 5 **Les résultats de la mesure : variation de la teneur en dioxygène de l'eau en fonction de la température.**

Doc. 6 **Élevage de truites.** Dans les élevages de truites, on a remarqué que, dans une eau trop calme, la truite peut mourir d'*asphyxie*★. Pour cette raison, l'eau est agitée en permanence.

Je m'informe

✓ Repère sur l'axe horizontal du ▶Doc. 5 les valeurs des températures mesurées dans les milieux de vie de la truite et du gardon ▶Doc. 1 et 2.

✓ Retrouve sur le graphe les valeurs en dioxygène correspondant à chaque température.

✓ Indique alors la teneur en dioxygène de l'eau dans les milieux de vie de la truite et du gardon.

Je résous le problème

Réponds aux questions pour résoudre le problème.

1. **Doc. 1 et 2** Compare les milieux de vie de la truite et du gardon.
2. **Doc. 3** Compare les besoins en dioxygène de ces deux espèces.
3. **Doc. 4 et 5** Indique comment varie la teneur en dioxygène avec la température de l'eau.
4. **Doc. 3 et 5** Explique alors l'influence de la température sur la répartition de la truite et du gardon.
5. **Doc. 6** Indique l'effet de l'agitation de l'eau sur la teneur en dioxygène.

➔ **Comment expliquer la répartition des êtres vivants de la rivière ?**

Vocabulaire ★

Besoin (n.m.) : ce qui est indispensable à la vie (exemple : les besoins en dioxygène des poissons).

Milieu (n. m.) : lieu de vie d'un être vivant.

Asphyxie (n. f.) : arrêt de la respiration par manque de dioxygène pouvant entraîner la mort.

Activité 2

Les végétaux, source de dioxygène

Dans un aquarium, on place souvent des plantes pour que la qualité de l'eau s'améliore : l'eau s'enrichit alors en dioxygène.

Comment les végétaux ont-ils une influence sur *l'oxygénation*★ de l'eau ?

A. Des observations faites dans une rivière

De nombreux végétaux peuplent les rivières ▶ Doc. 1. Lorsqu'ils sont présents en grand nombre, on aperçoit parfois des bulles de gaz remonter à la surface de l'eau ▶ Doc. 2. Pour mieux comprendre, on mesure dans une rivière pendant trois jours la teneur en dioxygène dissous ▶ Doc. 3.

Doc. 1 **Des végétaux *aquatiques*★.**

Doc. 2 **Bulles de gaz remontant à la surface.**

Je m'informe

- ✓ Repère la grandeur représentée sur l'axe horizontal et celle représentée sur l'axe vertical.
- ✓ Retrouve la teneur en dioxygène mesurée à 12h et à 24h chaque jour.
- ✓ Indique quand la teneur en dioxygène est la plus grande.

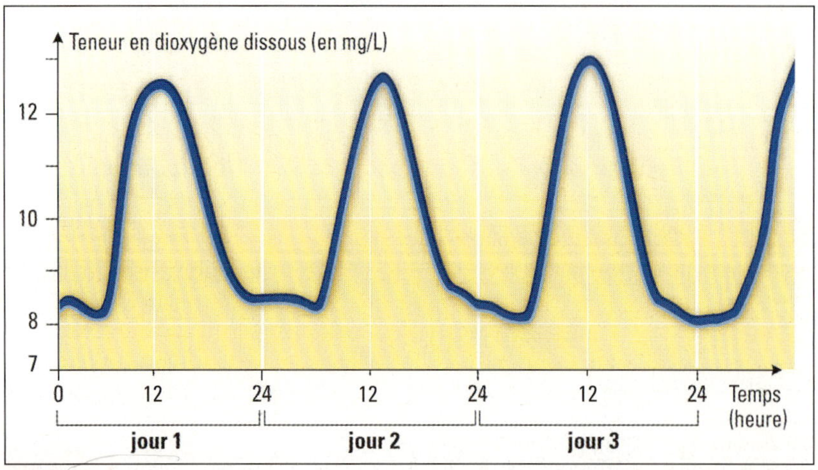

Doc. 3 **Variation de la teneur en dioxygène de l'eau d'une rivière.**

B. Des expériences pour comprendre l'action des végétaux

■ Une plante aquatique, l'élodée, est placée sous un entonnoir recouvert d'un tube à essai rempli d'eau. On réalise deux montages : l'un à la lumière (tube 1), l'autre dans l'obscurité (tube 2) ▶ Doc. 4. Au bout d'une heure, le cache est enlevé ▶ Doc. 5. On réalise ensuite un test pour rechercher la présence de dioxygène ▶ Doc. 6.

Doc. 4 **En début d'expérience.**

Doc. 5 **En fin d'expérience.**

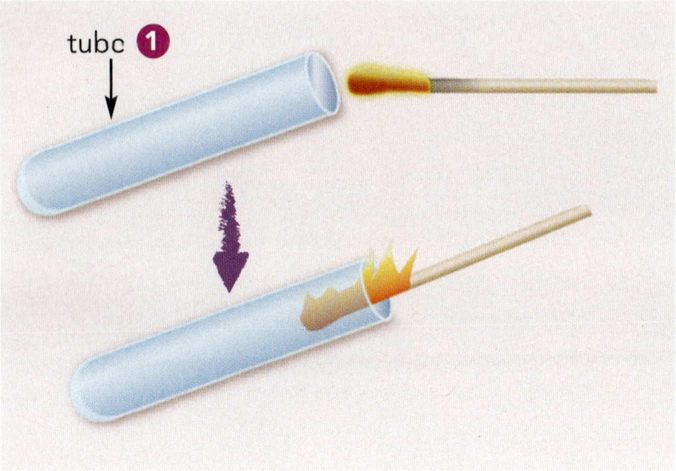

Doc. 6 **Test avec une allumette.**

On cherche à identifier le gaz produit dans le tube placé à la lumière. Pour cela, on introduit une allumette *incandescente*☆ dans le tube. On sait que le dioxygène favorise les *combustions*☆.

Formation d'une bulle de gaz.

Je résous le problème

Réponds aux questions pour résoudre le problème.

1. **Doc. 1 et 2** Émets une hypothèse sur l'origine du gaz.
2. **Doc. 3** Indique à quel moment de la journée la teneur en dioxygène est maximale.
3. **Doc. 4 et 5** Compare les résultats obtenus à la lumière et à l'obscurité.
4. **Doc. 6** Identifie le gaz produit dans le tube placé à la lumière.
5. **Doc. 4 et 5** Indique à quelle condition cette production a lieu.

➔ **Comment les végétaux ont-ils une influence sur l'oxygénation de l'eau ?**

Vocabulaire ☆

Oxygénation (n. f.) : enrichissement en dioxygène.

Aquatique (adj.) : qui vit dans l'eau.

Incandescent (adj.) : qui brûle sans flamme.

Combustion (n. f.) : fait de brûler.

Activité 3

L'Homme modifie la répartition des êtres vivants de la rivière

La rivière est peuplée par de nombreux êtres vivants. Lorsqu'elle traverse une ville, ce ne sont pas les mêmes espèces que l'on retrouve de part et d'autre.

➔ Comment la répartition des êtres vivants est-elle modifiée par les activités humaines ?

■ Pour comprendre l'effet des activités humaines, on a identifié des espèces vivant dans la rivière en *amont*☆ et en *aval*☆ de la ville ▶ Doc. 1 et 2. Pour ces différentes espèces, on a déterminé les besoins en dioxygène ▶ Doc. 3 et 4. En outre, on mesure en amont et en aval la teneur en dioxygène de l'eau ▶ Doc. 5 et 6. On recherche aussi les sources de pollution liées aux activités humaines ▶ Doc. 7.

Doc. 1 **Espèces vivant dans la rivière en amont de la ville.**

AMONT

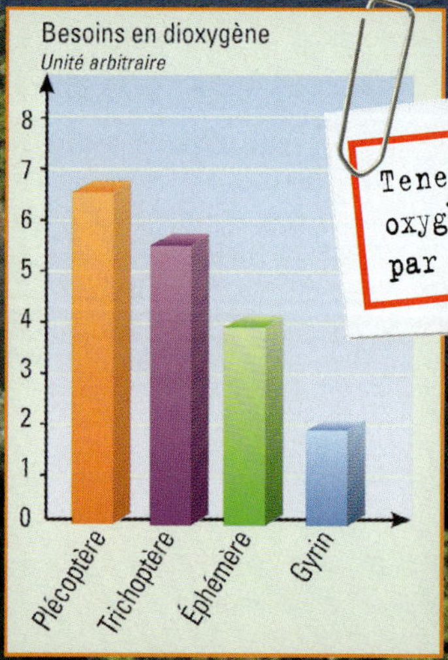

Doc. 3 **Besoins en dioxygène des animaux en amont.**

Doc. 5 **Teneur en dioxygène de l'eau en amont.**

Teneur en dioxygène : 9,8 mg par litre d'eau

L'eau de pluie en tombant se charge de la fumée provenant des voitures et des usines. Elle *ruisselle*☆ sur la chaussée et emporte avec elle les déchets et autres saletés qui s'y trouvent. Elle rejoint ensuite la rivière.

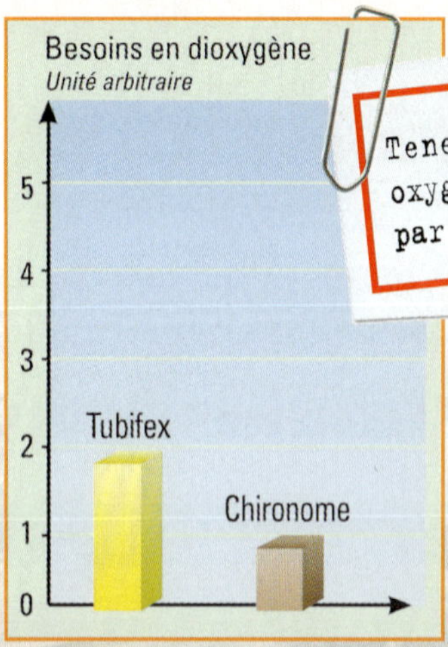

Doc. 4 **Besoins en dioxygène des animaux en aval.**

Teneur en dioxygène : 4 mg par litre d'eau

Doc. 6 **Teneur en dioxygène de l'eau en aval de la ville.**

AVAL

Doc. 7 **Une ville sur la rivière : ses activités humaines, ses industries, ses rejets de déchets...**

Doc. 3 **Espèces vivant dans la rivière en aval de la ville.**

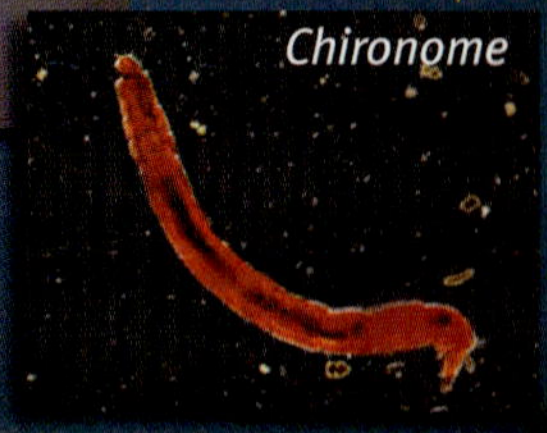

Je résous le problème

Réponds aux questions pour résoudre le problème.

1. **Doc. 1 et 2** Compare les êtres vivants dans la rivière en amont et en aval de la ville.
2. **Doc. 5 et 6** Compare ensuite la teneur en dioxygène de l'eau en amont et en aval.
3. **Doc. 7** Recherche une explication à cette différence.
4. **Doc. 3 et 4** Compare les besoins en dioxygène des deux groupes d'êtres vivants en amont et en aval.
5. Propose alors une explication à leur répartition.

➜ **Comment la répartition des êtres vivants est elle modifiée par les activités humaines ?**

Vocabulaire ☆

Amont (n. m.) : situé vers la source de la rivière (on remonte le courant).

Aval (n. m.) : situé vers la zone où débouche la rivière (on descend le courant).

Ruisseler (vb.) : couler à la surface du sol.

Activité 4

Lutter contre la pollution des rivières

Il faut souvent du temps et beaucoup de moyens pour dépolluer une rivière. Il serait pourtant plus simple d'éviter cette pollution ou de la limiter.

Comment l'action de l'Homme peut-elle limiter la pollution d'une rivière ?

A. Une dégradation de la qualité de l'eau

Un rejet accidentel d'eau polluée a lieu dans une rivière ▶ Doc. 1. Une station de surveillance, située en aval, détecte le polluant chimique dans l'eau et mesure l'évolution de la teneur en dioxygène ▶ Doc. 2.
On cherche par ailleurs l'existence d'autres causes de dégradation de la qualité de l'eau de la rivière ▶ Doc. 3.

Doc. 1 **Une rivière polluée.**

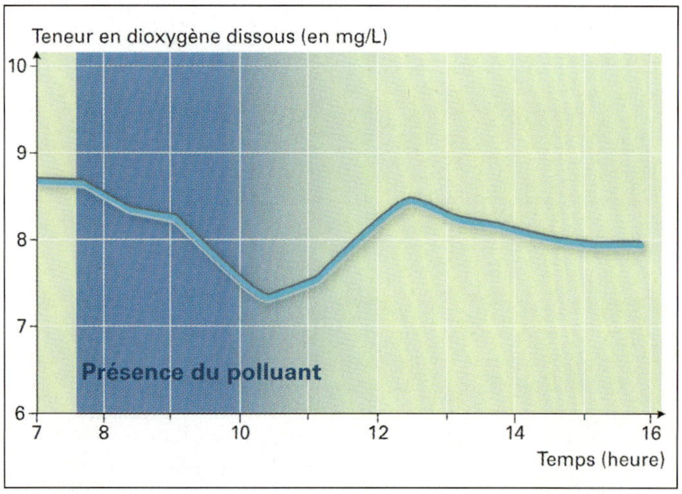

Doc. 2 **Variation de la teneur en dioxygène de l'eau lors d'une pollution.**

Doc. 3 **Teneurs en dioxygène de deux eaux.** On place dans un flacon de l'eau ayant ruisselé sur la chaussée et dans un autre de l'eau du robinet. Les teneurs en dioxygène sont égales au début. Après huit jours, on mesure à nouveau celles-ci dans chaque flacon en utilisant un test coloré. La valeur correspondant à une couleur est donnée en mg/L.

Je m'informe

- ✓ Repère la grandeur représentée sur l'axe horizontal ▶ Doc. 2.
- ✓ Repère la grandeur représentée sur l'axe vertical.
- ✓ Recherche quel événement précède la baisse de la teneur en dioxygène de l'eau.

B. Protéger la qualité des eaux

■ Les *eaux usées*★ sont évacuées des habitations par des canalisations ▶ Doc. 4.
L'eau de pluie semble propre, et pourtant elle se charge parfois de polluants dans l'atmosphère et de déchets sur le sol. Aussi, l'eau de pluie est souvent collectée et recueillie dans des bassins de *décantation*★ ▶ Doc. 5 et 6.

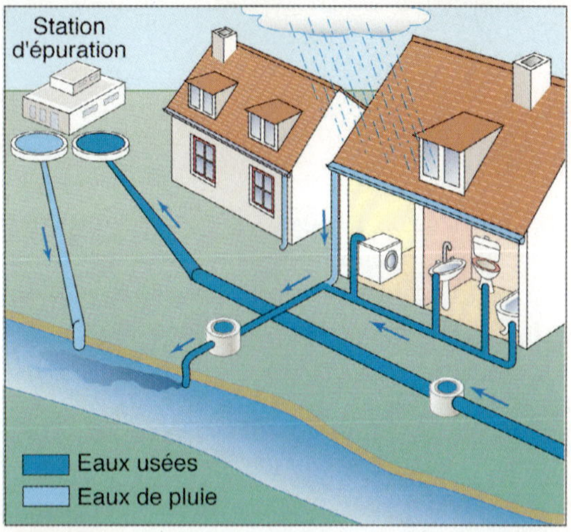

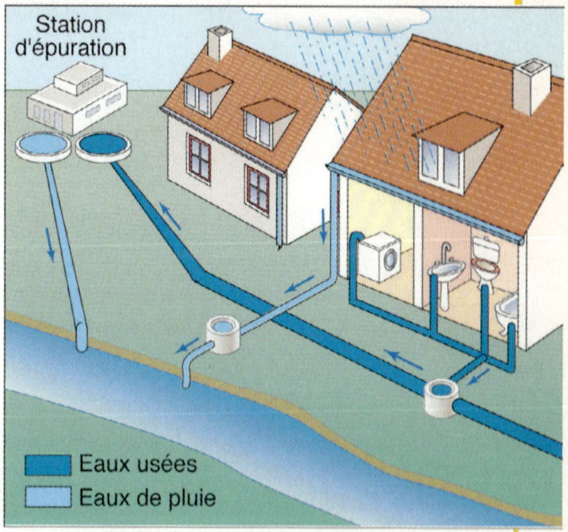

Doc. 4 **Deux types de raccordement des eaux usées et des eaux de pluie.**

Doc. 5 **Un bassin de décantation d'eau de pluie.**
L'eau de pluie tombée sur le sol est dirigée vers des bassins. Les déchets qu'elle contient se déposent au fond du bassin avec le temps. L'eau pourra ensuite être renvoyée à la rivière.

Je réalise

- ✓ Dans un tube à essai, mélange de l'eau et de la terre.
- ✓ Laisse reposer le contenu du tube pendant quelques heures.
- ✓ Décris le résultat.

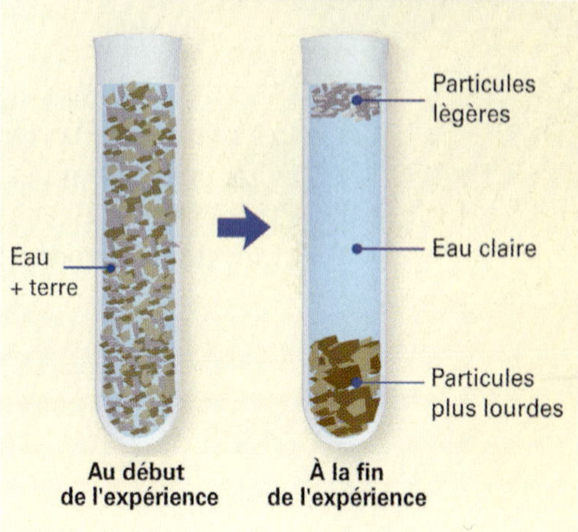

Doc. 6 **Expérience de décantation.**

Je résous le problème

Réponds aux questions pour résoudre le problème.

1. **Doc. 1 et 2** Décris la variation de la teneur en dioxygène de l'eau lors d'une pollution.
2. **Doc. 3** Montre que l'eau de pluie peut dégrader la qualité de l'eau des rivières.
3. **Doc. 4** Explique quel est le type de raccordement le moins polluant.
4. **Doc. 5 et 6** Décris le résultat de l'expérience et déduis-en le rôle des bassins de décantation.

➜ **Comment l'action de l'Homme peut-elle limiter la pollution d'une rivière ?**

Vocabulaire ★

Eaux usées : eaux polluées, qui proviennent des habitations (douche, vaisselle, lessive…) ou de l'industrie.

Décantation (n. f.) : dépôt de particules au fond de l'eau.

Bilan

J'ai découvert...

Activité 1 ... respiration et répartition des êtres vivants

La truite vit dans des rivières aux eaux froides et agitées contrairement au gardon. La teneur en dioxygène dissous y est plus grande, ce qui lui permet de satisfaire ses besoins élevés en dioxygène. **L'agitation de l'eau** et les basses **températures** favorisent l'**oxygénation** de l'eau.

Activité 2 ... les végétaux, source de dioxygène

Les **végétaux produisent du dioxygène**. Cette production a lieu uniquement à la **lumière**. Elle augmente **l'oxygénation** de l'eau et influence la répartition des êtres vivants de la rivière.

Activité 3 ... l'Homme modifie la répartition des êtres vivants de la rivière

De part et d'autre de la ville, les êtres vivants qui peuplent la rivière ne sont pas les mêmes. La teneur en dioxygène dissous dans l'eau diminue après la traversée de la ville en raison des nombreux **rejets** liés aux **activités humaines** (industries, déchets ménagers…).

Activité 4 ... lutter contre la pollution des rivières

Les rejets dans la rivière entraînent une **pollution** et diminuent la teneur en dioxygène dissous. Pour éviter ces pollutions, **les déchets et les eaux usées** ne doivent pas être rejetés dans la rivière.
Des **bassins de décantation**, par exemple, diminuent la pollution. L'eau y est débarrassée de ses déchets avant de retourner à la rivière.

Suis le film du cours...

Partie 1 – Respiration et occupation des milieux de vie

Partie 1 Je connais déjà	Chapitre 1 La respiration des êtres vivants	Chapitre 2 Respiration et caractéristiques du milieu
L'air qui nous entoure contient des gaz et permet la respiration. Des gaz sont aussi présents à l'état dissous dans des liquides.	Tous les êtres vivants réalisent des échanges gazeux. Ils occupent des milieux différents grâce à leurs organes et comportements respiratoires.	Différents facteurs font varier la teneur en dioxygène des milieux, et donc la répartition des êtres vivants.

Je retiens l'essentiel…

… en apprenant le résumé du cours

- **Les êtres vivants sont répartis dans la rivière selon leurs besoins en dioxygène.**
- **L'oxygénation de l'eau dépend, entre autre, de la température, de l'agitation et de la pollution.**
- **Les végétaux rejettent du dioxygène s'ils reçoivent de la lumière.**
- **Certaines activités humaines polluent l'eau, ce qui modifie la répartition des êtres vivants. L'Homme peut néanmoins adopter des mesures pour limiter cette pollution.**

Je réussis le contrôle si

je sais

- Expliquer quels facteurs modifient la teneur en dioxygène de l'eau
- Expliquer la répartition des êtres vivants selon la teneur en dioxygène
- Donner des exemples d'activités polluant les rivières
- Donner des exemples de moyens pour limiter la pollution des rivières

je sais faire

- Mesurer la teneur en dioxygène de l'eau
- Lire un graphique représentant la variation de la teneur en dioxygène

… en étudiant le schéma-bilan

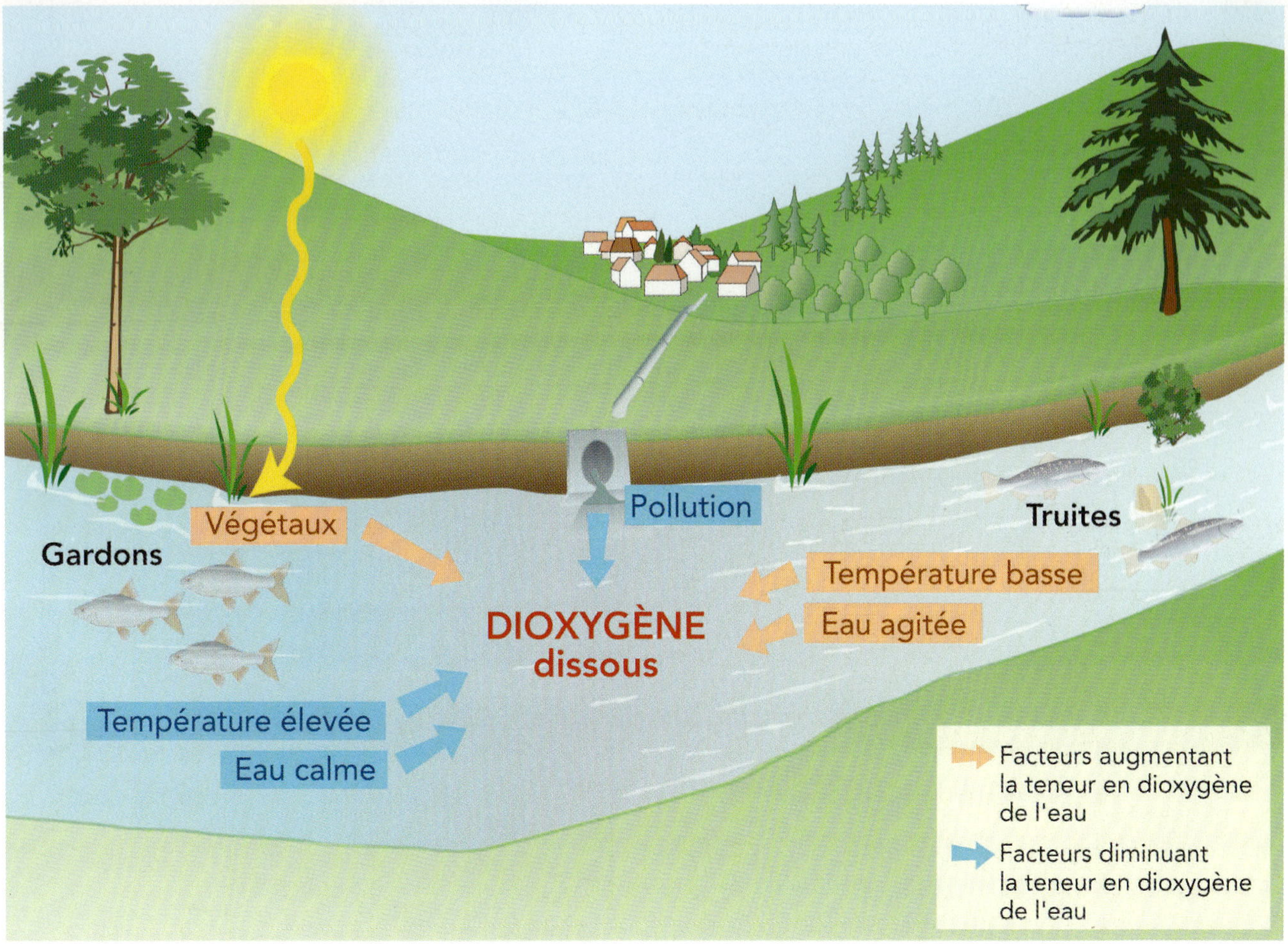

Internet

Quelle est la qualité de l'eau dans ta région ?

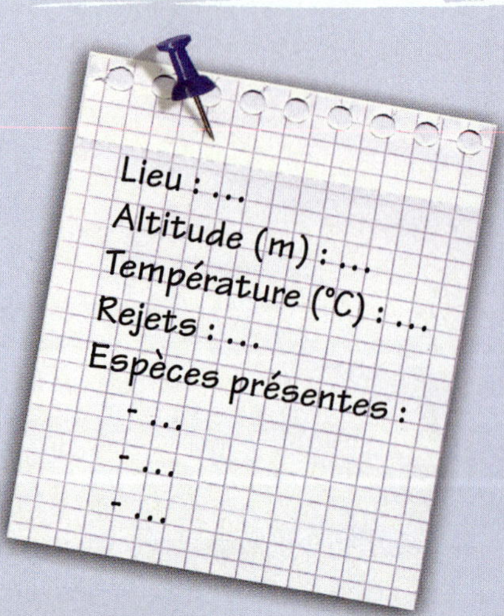

Selon les endroits le long d'une rivière, la qualité de l'eau n'est pas la même. Tu peux réaliser une enquête sur le cours d'eau le plus proche de ton collège.

→ Où chercher des informations ?

Des informations affichées à la Mairie ou publiées dans la presse locale constituent une première piste. Mais il existe aussi des organismes spécialisés, les Agences de l'eau, qui gèrent les ressources aquatiques dans chaque région. Tu trouveras de nombreux renseignements, ainsi que des dossiers destinés aux élèves, sur leur site Internet : http://www.lesagencesdeleau.fr/

Enfin, cherche auprès du Conseil Supérieur de la Pêche (sans oublier les associations de pêcheurs ou de protection de la nature qui suivent de près la qualité de l'eau) : http://www.csp.environnement.gouv.fr/

→ Quelles informations collecter ?

- Décalque sur une carte de ta région la partie de la rivière que tu veux étudier. Sur ton calque, note quelques points d'altitude, les villes ou villages traversés, ainsi que la présence d'industries susceptibles de polluer l'eau. Tu peux aussi, accompagné par un adulte, te rendre en différents points de la rivière pour mesurer la température de l'eau.
- En utilisant les pistes données plus haut, recherche maintenant les êtres vivants présents en différents points de la rivière (par exemple, les espèces de poissons) et note leur répartition sur ta carte. Recherche aussi des données sur leurs besoins (température, besoins en dioxygène…).

→ Comment faire la synthèse de tes informations ?

Il te reste à mettre en relation toutes ces informations. La répartition des êtres vivants dans la rivière te permettra de déduire la qualité de l'eau selon l'endroit. Si certains endroits sont pollués, détermine les causes de cette pollution et propose des idées pour la diminuer.

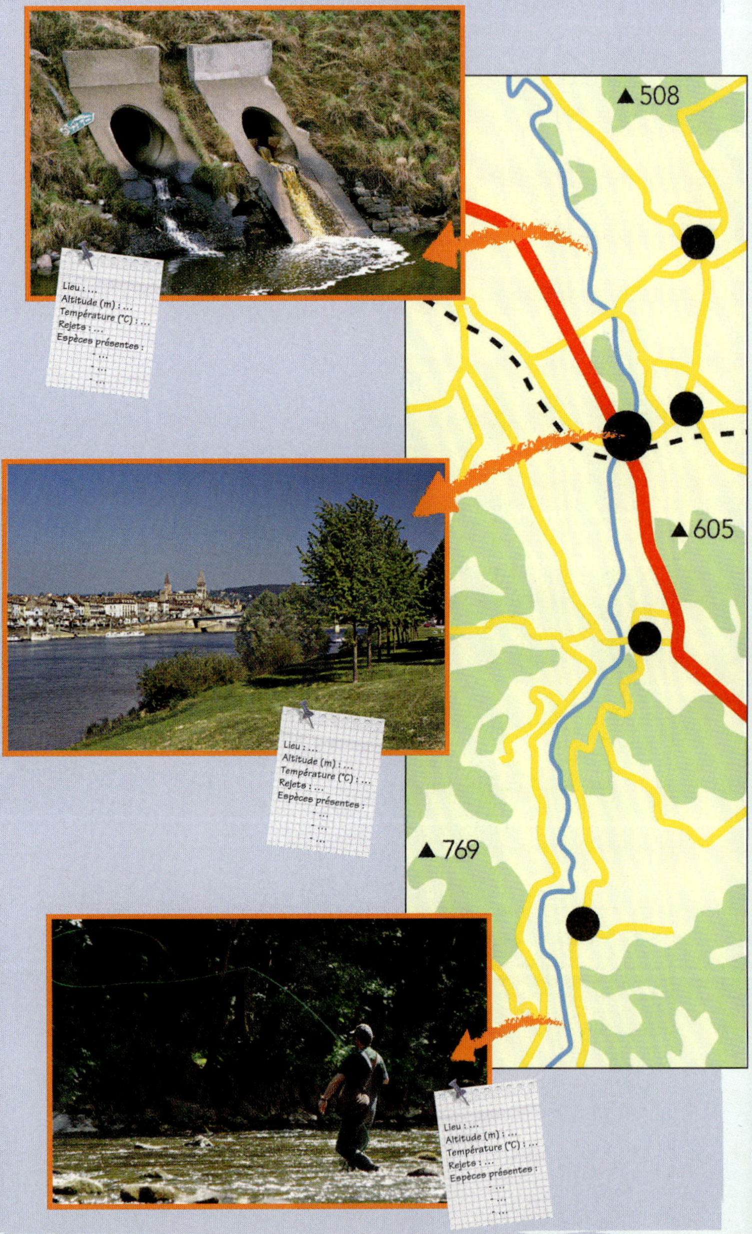

Infos

Changement de sexe chez les poissons

L'alerte a été donnée il y a une dizaine d'années par des chercheurs anglais : certains poissons, comme le gardon, changeaient de sexe, les mâles devenant des femelles ! Ce curieux phénomène avait lieu seulement chez les gardons vivant en aval des stations d'épuration, d'où l'idée que la pollution pouvait en être responsable. Des chercheurs français réalisèrent la même étude sur une espèce de poissons, les chevaines, pêchés dans le Rhône en aval de Lyon et dans la Seine en aval de Paris. Ils ne furent pas si surpris de constater que les testicules de certains chevaines se transformaient en ovaires : les mâles étaient en train de devenir des femelles ! Des études sont en cours pour évaluer l'ampleur du phénomène, car une inquiétude est apparue : et si cela entraînait une diminution de la reproduction chez les espèces touchées ?

- *Quelle est la cause probable du changement de sexe chez les chevaines ?*
- *Explique alors le risque pour cette espèce de poissons.*

Terre

Des truites pour détecter la pollution

Les stations d'épuration traitent les eaux usées avant de les rejeter dans la rivière. Cette eau est parfois encore un peu polluée, ce qui peut être difficile à déceler. Un pêcheur de truites, qui n'a pas les yeux dans sa poche, a fait une curieuse observation : à proximité d'une station d'épuration, les truites deviennent moins actives. « Pourquoi ne pas utiliser la sensibilité de ces poissons pour détecter une pollution naissante ? », se sont dit des chercheurs. Ils ont alors conçu une sorte d'aquarium alimenté par l'eau de la station d'épuration après son traitement. À l'intérieur, des capteurs électroniques détectent en permanence les mouvements des truites. Dès que leur comportement est anormal, l'alarme est déclenchée et d'autres analyses sont effectuées avant de rejeter l'eau dans la rivière.

- *Explique la méthode utilisée pour détecter la pollution.*
- *À ton avis, quel peut être l'intérêt de cette méthode ?*

Teste tes connaissances

1 Rédige une phrase

Pour chaque phrase, utilise les mots proposés :

a) dioxygène dissous / basse température / truite

b) urbanisation / dioxygène / êtres vivants / diminue

c) végétaux / lumière / dioxygène

2 Réponds en une phrase

a) Comment la teneur en dioxygène dans la rivière varie-t-elle au cours d'une journée ?

b) Pour quelle raison les poissons ne sont pas répartis de la même façon le long de la rivière ?

c) Pourquoi l'eau est-elle régulièrement agitée dans les bassins d'élevage de truites ?

3 Le mot caché

Recopie la grille, puis complète les lignes à l'aide des définitions suivantes. Découvre alors le mot caché dans la colonne rouge.

a) État du dioxygène lorsqu'il est dans l'eau.
b) Action de l'Homme qui modifie la répartition des êtres vivants dans la rivière.
c) Favorise l'oxygénation de l'eau.
d) Nécessaire à la production de dioxygène par les végétaux.
e) Êtres vivants produisant du dioxygène.

Découvre avec l'informatique

CD-ROM

4 Teneur en dioxygène de l'eau

Avec ton professeur, visionne l'animation nommée *La teneur en dioxygène de l'eau*, puis réponds aux questions en utilisant l'« Expérience 1 ».

Questions

Re a) Pour tester l'influence de la température, mesure la teneur en dioxygène de l'eau sans chauffer, puis en chauffant.

Ra b) Déduis-en alors l'influence de la température sur la teneur en dioxygène de l'eau.

Re c) Pour tester l'influence des végétaux, mesure la teneur en dioxygène de l'eau, sans chauffer, en présence de l'élodée.

Ra d) Déduis-en alors l'influence des végétaux sur la teneur en dioxygène.

Re, Ra e) En présence de l'élodée et en chauffant, mesure la teneur en dioxygène de l'eau et explique les résultats.

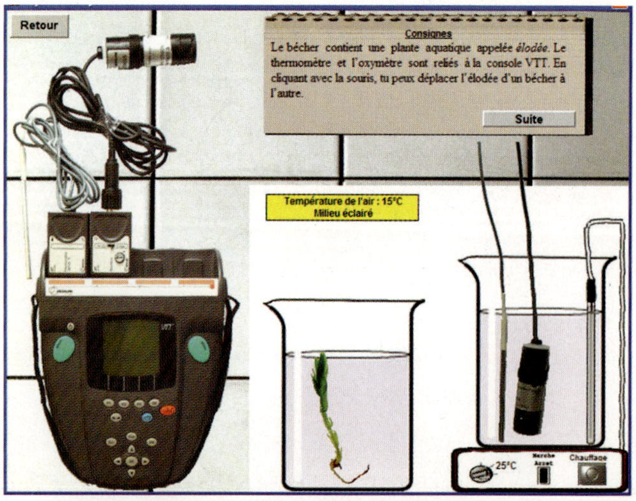

Applique tes connaissances

5 Les conséquences de la construction d'un barrage

Le barrage de Pierre-Bénite a été mis en service en 1966 sur le Rhône, à proximité de Lyon. Des scientifiques ont étudié l'effet du barrage sur des insectes, les trichoptères et les éphémères, dont les larves vivent dans l'eau. Ils ont ainsi compté le nombre d'espèces présentes chez ces deux groupes d'insectes en 1959 et en 1982 ▶ Doc. 1.
En outre, on a estimé la vitesse du courant en amont du barrage, avant et après sa construction ▶ Doc. 2.

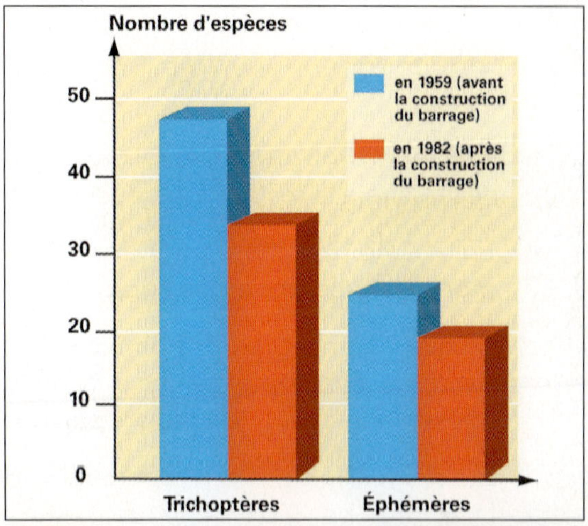

Doc. 1 Variation du nombre d'espèces chez deux groupes d'insectes en amont du barrage.

	avant	après
Vitesse du courant	+++	+

Doc. 2 Estimation de la vitesse du courant en amont du barrage avant et après sa construction.

Questions

I **a)** Compare le nombre d'espèces présentes avant et après la construction du barrage chez les trichoptères et chez les éphémères ▶ Doc. 1.

I, Ra **b)** Compare la vitesse du courant avant et après la construction du barrage ▶ Doc. 2 et indique une conséquence de cette variation sur l'oxygénation de l'eau.

Ra **c)** Propose une explication à la variation du nombre d'espèces d'insectes présentes.

6 Les besoins des poissons en dioxygène

Une truite et un gardon sont placés chacun dans une enceinte remplie d'eau dans laquelle on mesure pendant 10 minutes la quantité de dioxygène dissous. L'évolution de la teneur en dioxygène de l'eau au cours de l'expérience est donnée sur les graphiques ci-contre. Dans la nature, la truite vit dans des eaux plus oxygénées que le gardon.

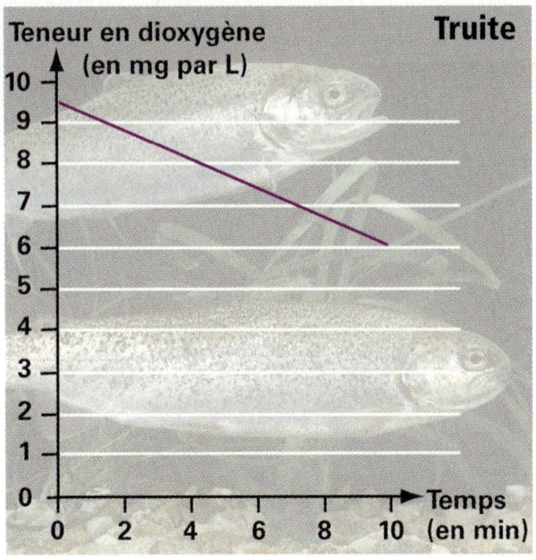

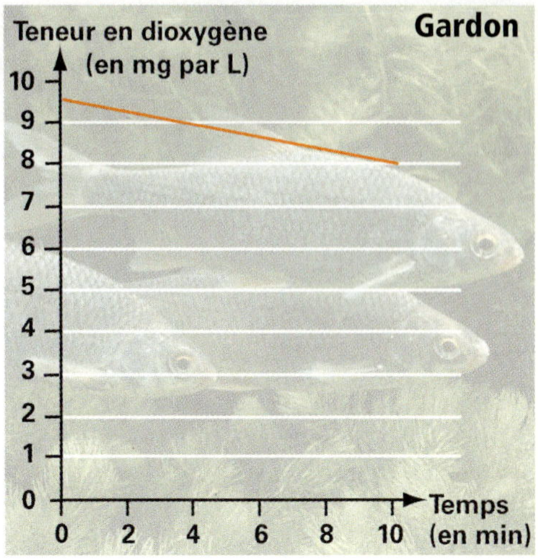

Questions

I **a)** Indique la teneur en dioxygène de l'eau en début et en fin d'expérience, puis calcule la consommation de dioxygène de la truite pendant 10 minutes.

I **b)** Refais ce calcul pour le gardon et compare avec la consommation de la truite.

Ra **c)** Propose une hypothèse sur les besoins en dioxygène de ces deux poissons.

Ra **d)** Explique alors la répartition de ces deux poissons dans les cours d'eau.

7 La mort des poissons après un orage

Des scientifiques ont cherché à comprendre pourquoi, après un orage, de nombreux poissons meurent dans les rivières. Pour cela, ils ont fabriqué un modèle de cours d'eau en laboratoire et simulé les effets d'un orage, la pluie apportant des débris végétaux dans la rivière. Les débris végétaux sont utilisés par des organismes microscopiques vivant dans l'eau de la rivière pour se multiplier.

Questions

C **a)** Rappelle d'où provient le dioxygène nécessaire à la respiration des poissons.

Ra **b)** Émets une hypothèse pour expliquer la mort des poissons après l'orage.

I **c)** Indique comment varie le nombre d'organismes microscopiques dans la rivière après l'orage ▶ Doc. 1 et explique pourquoi.

Ra **d)** Établis un lien entre la diminution de la teneur en dioxygène de l'eau et l'évolution du nombre d'organismes microscopiques vivant dans l'eau après l'orage.

	Avant un orage	1 semaine après un orage	2 semaines après un orage
Teneur en dioxygène dissous	11 mg par L	5,5 mg par L	2 mg par L
Quantité de débris végétaux	–	++	+
Nombre d'organismes microscopiques	–	+	+++

Doc. 1 **Caractéristiques de la rivière avant et après un orage.**

8 La répartition des poissons le long de la Garonne

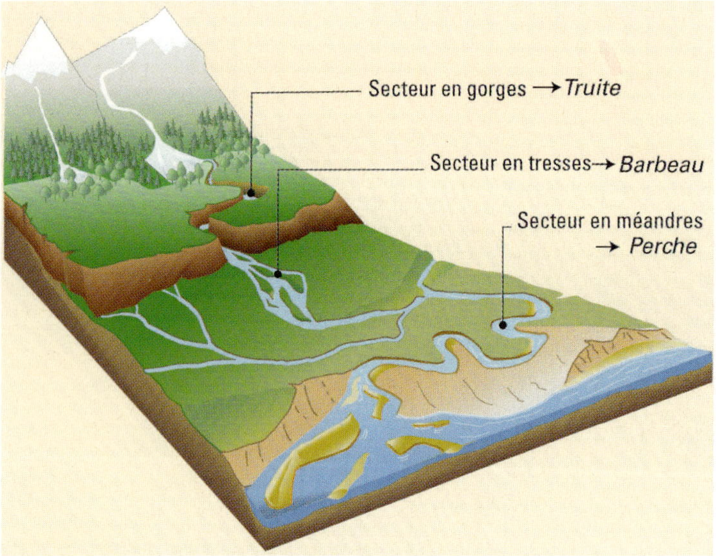

Doc. 1 **Répartition des poissons dans la Garonne.**

On étudie la Garonne depuis sa source en montagne jusqu'à son embouchure où elle se jette dans l'océan. On distingue trois zones : un secteur avec des gorges, un secteur où le fleuve commence à s'élargir (secteur en tresses) et un secteur avec de larges méandres ▶ Doc. 1. Dans chacune des zones, on retrouve des poissons différents. Les teneurs minimales en dioxygène de l'eau dans laquelle ces poissons peuvent vivre ont été mesurées ▶ Doc. 2.

	Teneur minimale en dioxygène
Truite	11 mg par L
Barbeau	6 mg par L
Perche	4 mg par L

Doc. 2 **Teneur minimale en dioxygène de l'eau pour différentes espèces de poissons.**

Questions

C **a)** Indique, en utilisant tes connaissances, comment varient la température ainsi que l'agitation de l'eau, de la source jusqu'à l'embouchure d'un fleuve.

Ra **b)** Déduis-en alors comment varie la teneur en dioxygène de la source jusqu'à l'embouchure.

Ra **c)** Établis une relation entre les teneurs minimales en dioxygène des trois espèces et leur répartition dans la Garonne.

Entraîne-toi seul

9 Les végétaux et la lumière

On place des plantes aquatiques dans une enceinte remplie d'eau. Grâce à une sonde, on mesure la teneur en dioxygène de l'eau pendant 10 minutes en faisant varier l'éclairement. Les résultats figurent sur le Doc. 1.

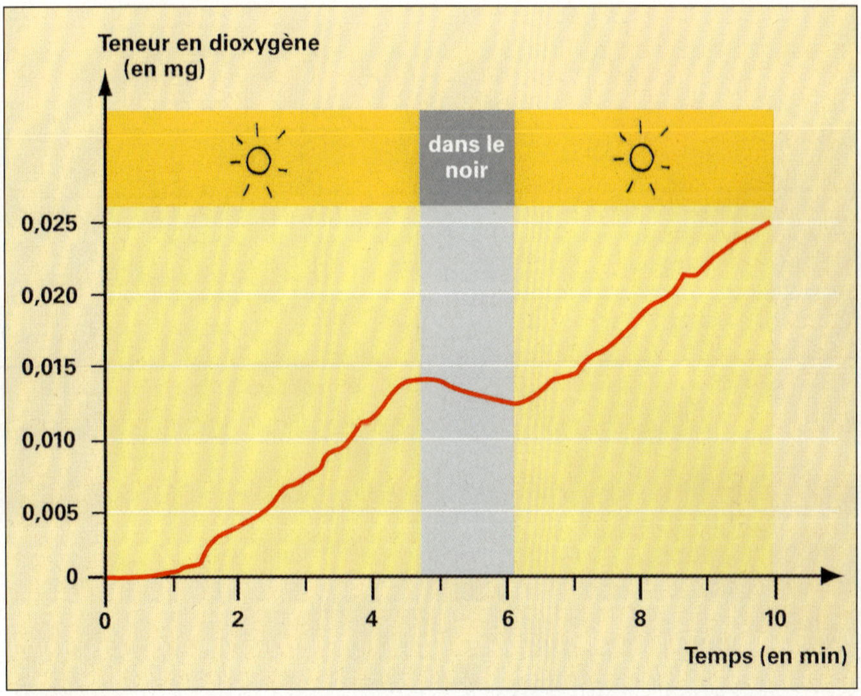

Doc. 1 **Évolution de la teneur en dioxygène dans l'enceinte.** La sonde à dioxygène est étalonnée à « 0 » en début d'expérience.

Questions

I, C **a)** Indique comment varie la teneur en dioxygène dans l'obscurité.

Ra **b)** Explique quel phénomène est à l'origine de cette variation.

I, C **c)** Indique comment varie la teneur en dioxygène à la lumière.

Ra **d)** Précise quel autre phénomène est réalisé par les plantes à la lumière.

Ra **e)** Déduis-en alors quel phénomène est le plus important en quantité.

Coups de pouce

- Repère l'axe sur lequel est mesurée la teneur en dioxygène. Compare la teneur en dioxygène au début et à la fin de la période d'obscurité.
- Pense aux besoins des êtres vivants.
- Refais le même travail pour la période allant du début jusqu'à la fin d'une période d'éclairement.
- Rappelle-toi une expérience faite en activité.
- Les deux phénomènes se produisent en même temps.

Réponses

a) La teneur en dioxygène diminue quand les plantes sont placées dans l'obscurité.

b) La teneur en dioxygène diminue car les plantes consomment du dioxgène pour leur respiration.

c) La teneur en dioxygène augmente quand les plantes sont placées à la lumière.

d) Les plantes produisent du dioxygène quand elles sont placées à la lumière.

e) À la lumière, les deux phénomènes se produisent en même temps. Comme la teneur en dioxygène augmente, on en déduit que la production de dioxygène par les plantes est plus élevée que leur consommation.

Partie 2

Fonctionnement de l'organisme et besoin en énergie

Skieurs s'alimentant lors d'une compétition, dans l'état du Wisconsin aux États-Unis.

- **Chapitre 3**
  L'organisme en activité
- **Chapitre 4**
  L'approvisionnement en dioxygène
- **Chapitre 5**
  L'approvisionnement en nutriments, source d'énergie
- **Chapitre 6**
  La circulation sanguine

Je connais déjà

L'activité

Être actifs ! C'est souvent ce que l'on nous demande…

- ➜ Quels exemples d'activité connais-tu ?
- ➜ Quel sens peut-on donner au mot « activité » ?
- ➜ Que penses-tu de cette affirmation : « Nous sommes actifs lorsque nous dormons » ? Es-tu d'accord ? Quels sont tes arguments ?

Nos aliments

Se nourrir, c'est souvent un plaisir mais aussi une nécessité. En 6e, nous avons étudié les constituants des aliments.

- ➜ À quoi sert cette bandelette que l'on a trempée dans un verre de jus d'orange ?
- ➜ Quel constituant est contenu dans le jus d'orange ?
- ➜ En connais-tu d'autres ? Lesquels ?
- ➜ À quoi servent les aliments que nous consommons ?

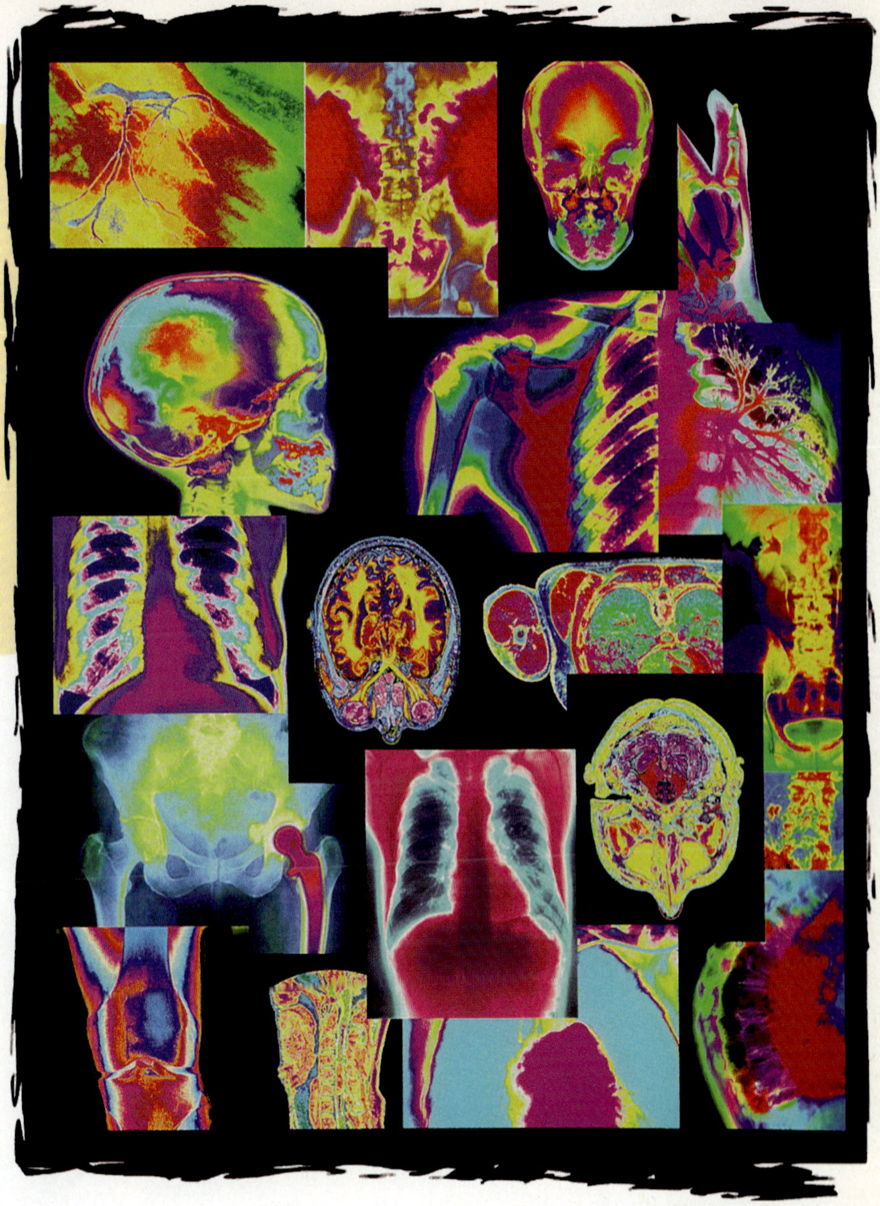

Les organes du corps humain

Le corps humain comporte différents organes qui ont des fonctions très distinctes.

→ Quels organes ou quelles parties du corps reconnais-tu ?

→ Connais-tu leur fonction ?

→ Peux-tu citer d'autres organes ainsi que leur rôle ?

Du bouche à bouche

Apprendre à pratiquer le « bouche à bouche » peut permettre de sauver des vies.

→ En quoi consiste le bouche à bouche ?

→ Sais-tu à quoi sert ce geste ?

→ Connais-tu d'autres gestes vitaux qu'un secouriste doit savoir faire ?

Je me souviens

→ Les êtres vivants se distinguent des objets car ils accomplissent tous certaines fonctions : ils se nourrissent, se reproduisent et échangent avec le milieu.

→ Chaque fonction est accomplie par des organes (cœur, poumons), regroupés en appareils (circulatoire, respiratoire).

→ Pour fonctionner, nos organes ont différents besoins. Ces besoins doivent être ajustés lors d'une activité physique.

→ Nos aliments sont d'origine animale, végétale et minérale. Ils sont transformés dans le tube digestif.

Chapitre 3

L'organisme en activité

Comment est assuré le fonctionnement de l'organisme ?

Jouer au volley demande des efforts, surtout quand on veut gagner à tout prix ! Mais ces efforts consomment beaucoup d'énergie et modifient le fonctionnement de l'organisme.

Activité 1

Certains organes, comme les muscles, sont très actifs au cours d'un effort intense. Mais ce ne sont pas les seuls.

Activités 2 et 3

Le sang circule dans tous les organes, qu'ils soient actifs ou au repos, sinon ils ne peuvent pas fonctionner normalement.

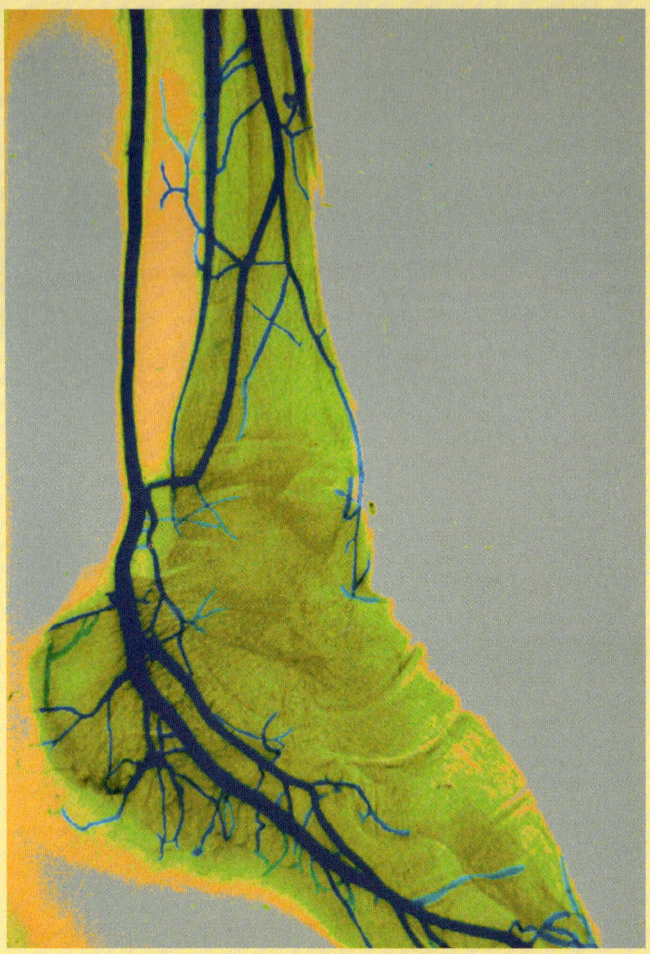

Activité 4

Pas besoin de se couvrir pour courir, même en plein hiver. On est très vite réchauffé !

Activité 1

Des changements liés à l'activité physique

Le sportif sait que les muscles ne suffisent pas pour gagner. Il faut aussi du cœur et du souffle. C'est tout l'organisme qui participe à l'effort.

➔ Comment le fonctionnement de l'organisme est-il modifié pendant l'effort ?

■ Pendant l'effort, le sportif fait travailler certains *organes*☆ plus que d'autres ▶ Doc. 1. En mesurant son rythme cardiaque ▶ Doc. 2 et son rythme respiratoire ▶ Doc. 3, on peut observer certaines modifications. Ce ne sont pas les seules ▶ Doc. 4. Le sportif a aussi un régime alimentaire particulier ▶ Doc. 5.

Doc. 1

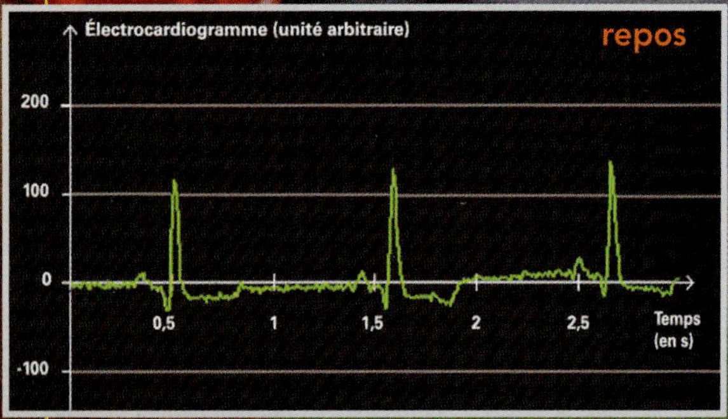

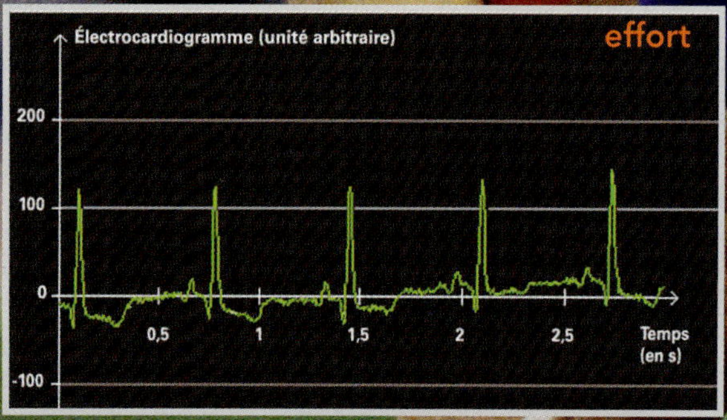

Doc. 2 ***Rythme cardiaque***☆ **au repos (à gauche) et pendant l'effort (à droite).**

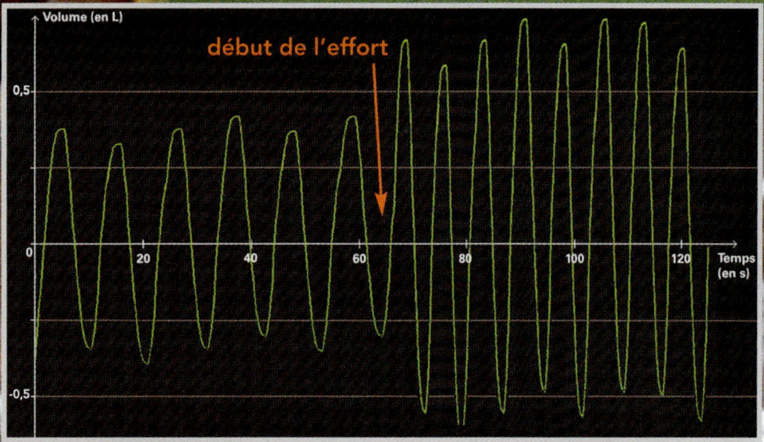

Doc. 3 ***Rythme respiratoire***☆ **au repos et pendant l'effort.**

Je réalise

- ✓ Mesure ton rythme cardiaque en prenant ton *pouls* ☆.
- ✓ Mesure ensuite ton rythme respiratoire.
- ✓ Effectue 10 flexions rapides, puis recommence tes mesures.

Doc. 4 La transpiration, un moyen d'éviter la « surchauffe » de l'organisme.

Doc. 5 Quelques aliments consommés avant l'effort.

Je résous le problème

Réponds aux questions pour résoudre le problème.

1. **Doc. 1** Indique les organes qui sont mis en action lors d'un effort physique.
2. **Doc. 2 et 3** Recherche des changements liés à l'effort.
3. **Doc. 1 à 3** Indique alors les principaux organes dont le fonctionnement est modifié pendant l'effort.
4. **Doc. 4** Indique comment la température du corps varie pendant l'effort.
5. **Doc. 5** Explique pourquoi le sportif choisit ce type d'aliments avant un effort.

➜ **Comment le fonctionnement de l'organisme est-il modifié pendant l'effort ?**

Vocabulaire ☆

Organe (n.m.) : partie du corps qui accomplit une fonction (exemples : cœur, muscles, cerveau, poumons…).

Rythme cardiaque : nombre de battements du cœur par minute.

Rythme respiratoire : nombre de mouvements respiratoires par minute.

Pouls (n.m.) : battements, liés à ceux du cœur, que l'on détecte au niveau du poignet ou du cou.

Activité 2

Des échanges entre les organes et le sang

En activité comme au repos, notre organisme a besoin de respirer et de se nourrir pour que les organes fonctionnent.

Quels sont les besoins des organes et comment sont-ils satisfaits ?

A. Les échanges gazeux des organes

Les organes respirent-ils ? Pour le savoir, on cherche à mettre en évidence, au niveau d'un muscle, un prélèvement de dioxygène ▶ Doc. 1 et 2 et un rejet de dioxyde de carbone ▶ Doc. 3.

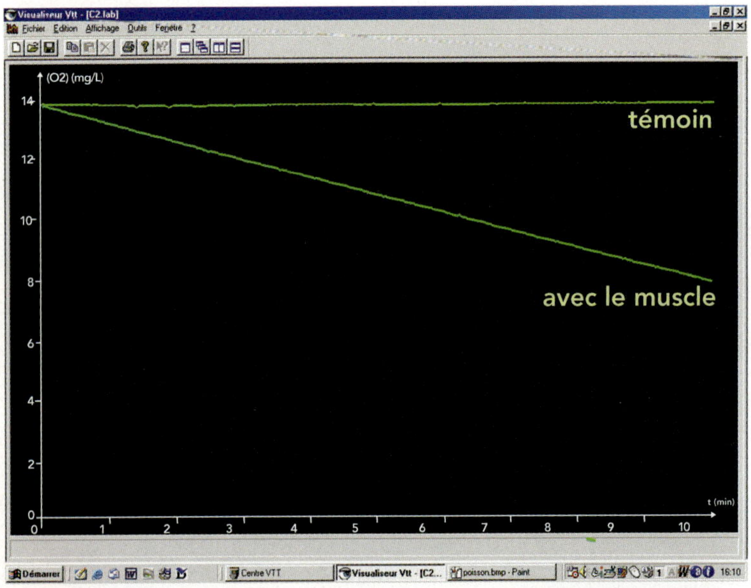

Doc. 2 Mesure de la teneur en dioxygène dans l'enceinte. On effectue une mesure avec le muscle et une mesure témoin (sans le muscle). La notation « (O2)(mg/L) » signifie « teneur en dioxygène, mesurée en milligramme par litre ».

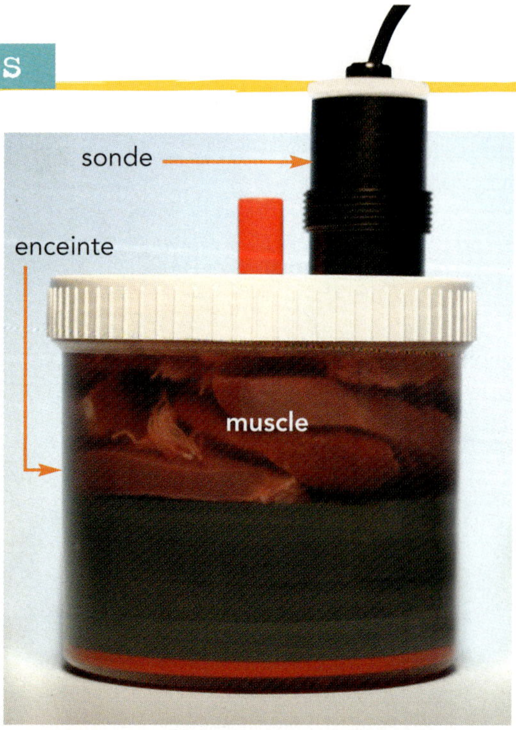

Doc. 1 Dispositif expérimental. Du muscle frais de bœuf (morceaux de viande) est placé dans une enceinte. La teneur en dioxygène est mesurée par une sonde.

Je m'informe

- ✓ Indique les grandeurs représentées sur l'axe horizontal et sur l'axe vertical ▶ Doc. 2.
- ✓ Indique la teneur en dioxygène au début de l'expérience et après 10 min en présence du muscle.
- ✓ Compare avec les résultats obtenus sans le muscle.

Doc. 3 Un muscle en présence d'eau de chaux, au début de l'expérience (à gauche) et à la fin (à droite).

B. Des nutriments pour les organes

■ Les organes se nourrissent-ils ? Avant une compétition, un sportif consomme des aliments riches en certaines substances, comme le *glucose* ☆ ▶ Doc. 4. Pour comprendre pourquoi, on réalise une autre expérience avec un muscle ▶ Doc. 5.

La quantité de glucose présent dans le sang augmente après un repas. Le glucose est un *nutriment*☆, c'est-à-dire un élément provenant de la digestion des aliments. Que se passe-t-il si l'organisme manque de glucose ? Les muscles n'obéissent plus à la volonté, et il devient difficile de faire un effort. Insister peut même provoquer un malaise. Mais en avalant quelques morceaux de sucre, on se sent rapidement beaucoup mieux.

Doc. 4 **Importance du glucose.**

	Quantité de glucose pour 10 mL de liquide	
	Au début de l'expérience	Après 10 minutes
Avec muscle	5 mg	4,4 mg
Sans muscle	5 mg	5 mg

Doc. 5 **Recherche d'une consommation de glucose par le muscle.** Un muscle est placé dans un liquide contenant du glucose. On mesure la quantité de glucose dans le liquide au début de l'expérience, puis après 10 minutes.

C. L'approvisionnement des organes

■ L'observation d'un muscle au microscope montre les vaisseaux sanguins qui l'*irriguent*☆ ▶ Doc. 6. Le rôle du sang peut être déduit en étudiant sa composition ▶ Doc. 7.

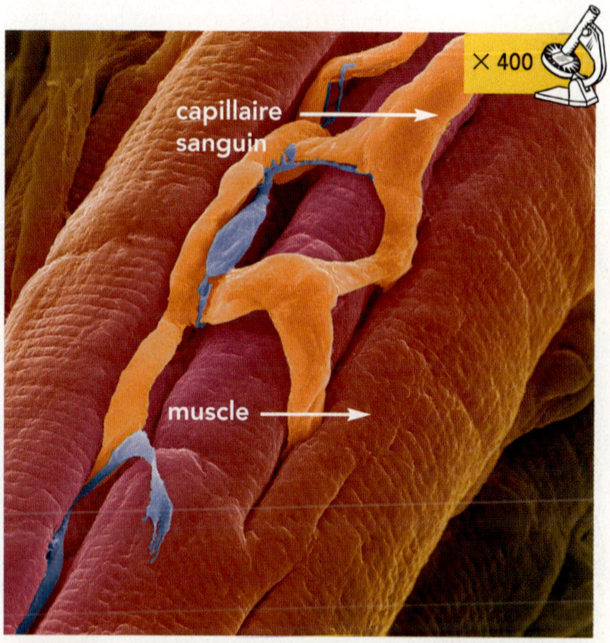

Doc. 6 ***Capillaires***☆ **sanguins dans un muscle, vus au microscope électronique à balayage.**

	Sang entrant (pour 100 mL)	Sang sortant (pour 100 mL)
Dioxygène	20 mL	15 mL
Dioxyde de carbone	49 mL	53 mL
Glucose	90 mg	85 mg

Doc. 7 **Composition du sang à l'entrée et à la sortie d'un muscle au repos.**

Je résous le problème

Réponds aux questions pour résoudre le problème.

1. Doc. 1 et 2 Décris comment varie la teneur en dioxygène en présence du muscle.
2. Doc. 3 Compare l'aspect de l'eau de chaux en début et en fin d'expérience et précise quel gaz est mis en évidence.
3. Doc. 2 et 3 Déduis-en alors quels échanges gazeux sont réalisés par le muscle avec son milieu.
4. Doc. 4 Propose une hypothèse pour expliquer l'importance du glucose.
5. Doc. 5 Indique comment varie la quantité de glucose dans le milieu contenant le muscle et explique cette variation.
6. Doc. 7 Compare la composition du sang arrivant et repartant du muscle.
7. Doc. 6 et 7 Explique alors le rôle du sang.

➔ **Quels sont les besoins des organes et comment sont-ils satisfaits ?**

Vocabulaire ☆

Glucose (n. m.) : constituant des aliments appartenant à la catégorie des glucides.

Nutriment (n. m.) : élément permettant de nourrir les organes.

Irriguer (vb.) : apporter du sang aux organes par les vaisseaux sanguins.

Capillaire (n. m.) : vaisseau sanguin très fin.

Activité 3

Des échanges variables selon l'activité

Pour être actifs, les muscles comme les autres organes doivent recevoir du dioxygène et des nutriments apportés par le sang.

Comment les échanges sont-ils modifiés quand l'activité augmente ?

A. Une modification des échanges

■ Au cours d'un effort, on étudie la consommation de *glucides*☆ ▶ Doc. 1 et les échanges gazeux des muscles ▶ Doc. 2. On peut aussi étudier ces échanges dans un autre organe, comme le cerveau ▶ Doc. 3.

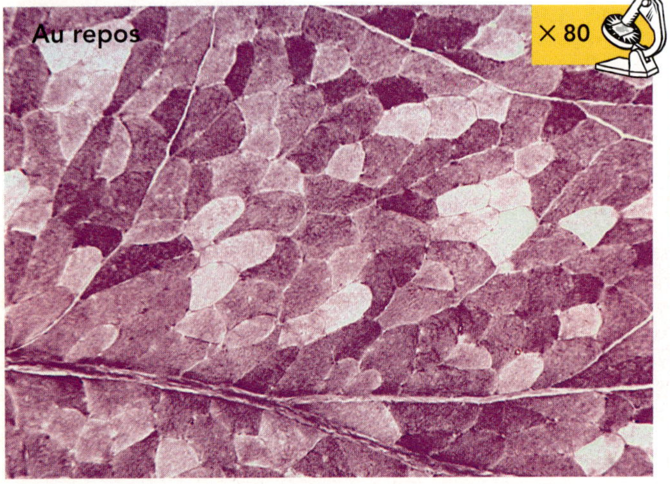

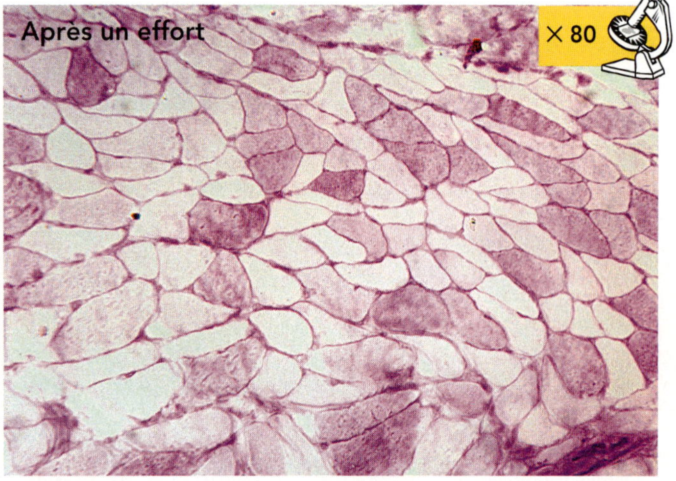

Doc. 1 Deux muscles, au repos (à gauche) et après un effort (à droite). Deux fragments de muscles ont été prélevés chez un individu, au repos et juste après un effort. Ils ont ensuite été colorés avec une substance chimique faisant apparaître en violet les glucides, puis observés au microscope. Plus la couleur est foncée, plus la quantité de glucides est importante.

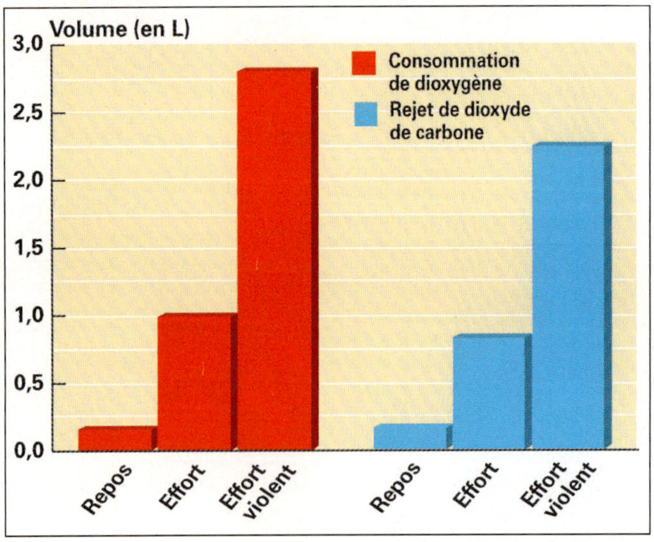

Doc. 2 Consommation de dioxygène et rejet de dioxyde de carbone par les muscles de l'organisme pour différents efforts durant 1 minute.

Je m'informe

- ✓ Calcule la quantité de dioxygène consommé par le cerveau au repos et en activité ▶ Doc. 3.
- ✓ Refais ce calcul pour le glucose.
- ✓ Calcule la quantité de dioxyde de carbone rejeté par le cerveau au repos et en activité.

	Sang arrivant au cerveau (pour 1 L)	Sang sortant du cerveau (pour 1L)	
		au repos	en activité
Dioxygène	195 mL	145 mL	102 mL
Dioxyde de carbone	502 mL	530 mL	593 mL
Glucose	1000 mg	870 mg	835 mg

Doc. 3 Les échanges du cerveau avec le sang. L'activité du cerveau est variable : elle est plus élevée lorsque l'individu résout un problème de mathématiques que lorsqu'il somnole.

B. Une modification de l'irrigation

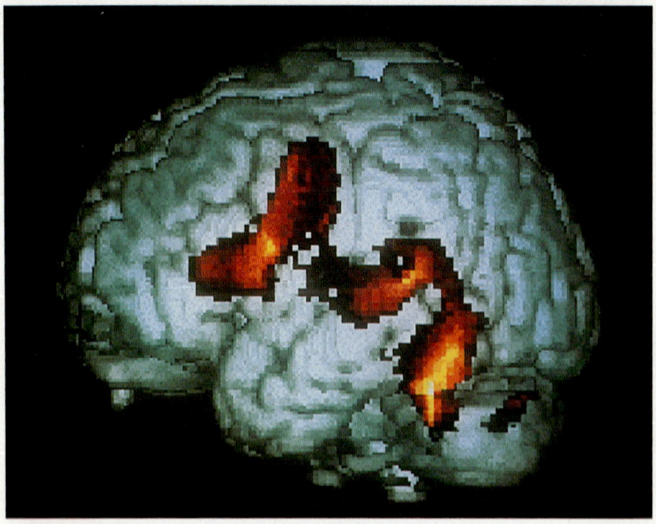

Doc. 4 Le cerveau en activité, image obtenue par tomographie à émission de positons (TEP). Cette personne est en train de lire une succession de mots. On recherche alors, dans la zone du cerveau correspondant au langage, les variations de débit sanguin. Une forte augmentation de celui-ci se traduit par une couleur rouge.

■ Au cours de l'activité, la consommation des organes en dioxygène et en glucose augmente. Pour comprendre comment ces besoins peuvent être satisfaits, on étudie les variations de *débit sanguin*★ du cerveau ▶ Doc. 4 et d'autres organes ▶ Doc. 5.

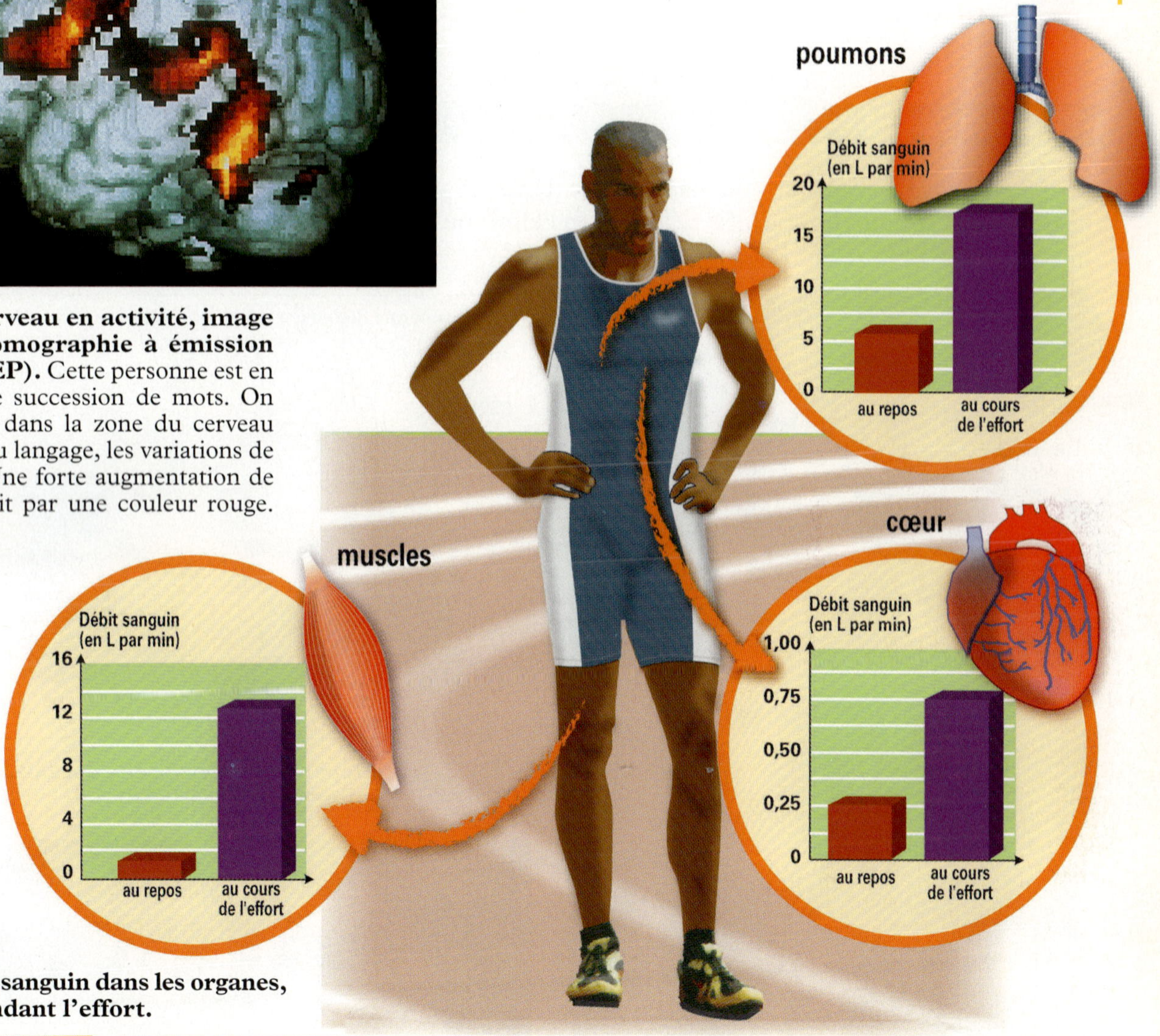

Doc. 5 Débit sanguin dans les organes, au repos et pendant l'effort.

Je résous le problème

Réponds aux questions pour résoudre le problème.

1. Doc. 1 Compare la coloration du muscle au repos et après l'effort et explique ce changement.
2. Doc. 2 Décris comment la consommation en dioxygène et le rejet en dioxyde de carbone du muscle varient au cours de l'effort.
3. Doc. 3 Compare les échanges réalisés entre le cerveau et le sang au repos et en activité.
4. Doc. 1 à 3 Trouve des points communs entre le cerveau et le muscle lorsque leur activité augmente.
5. Doc. 4 Indique les effets de l'activité de cette partie du cerveau sur la circulation sanguine.
6. Doc. 5 Compare le débit sanguin des organes au repos et pendant l'effort.

➔ **Comment les échanges sont-ils modifiés quand l'activité augmente ?**

Vocabulaire ★

Glucide (n. m.) : constituant des aliments, appartenant à la catégorie des sucres, dont fait partie le glucose.

Tomographie à émission de positons : technique d'imagerie médicale montrant les variations de débit sanguin dans le corps.

Débit sanguin : volume de sang traversant un organe pendant une unité de temps.

Activité 4 Activité et énergie libérée

Au cours de l'activité, la consommation de dioxygène et de glucose par les organes est augmentée.

Comment le glucose et le dioxygène permettent-ils l'activité des organes ?

A. Une libération d'énergie

■ Faire un jogging ou courir un marathon ne demande pas le même effort. Un appareil fixé au poignet mesure la dépense d'*énergie*☆ du sportif ▶ Doc. 1 selon l'effort qu'il fournit ▶ Doc. 2. La température corporelle est aussi mesurée ▶ Doc. 3.

Doc. 1 La mesure de la dépense énergétique. En tenant compte de la distance parcourue et de la vitesse, l'appareil calcule la quantité d'énergie dépensée par le sportif. Elle est mesurée en kilocalories ou en kilojoules. La montre indique une dépense d'énergie de 623 kilocalories (kcal).

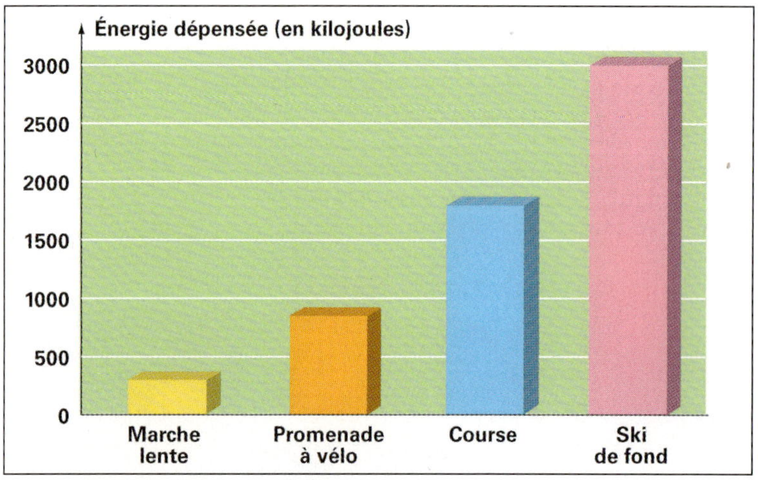

Doc. 2 Dépense d'énergie de l'organisme pour différents efforts durant 1 heure.

Type d'effort	Température corporelle (en °C)
Trés léger	37
Léger	37 - 37,5
Modéré	37,5 - 38
Dur	38 - 38,5
Très dur	38,5 - 39
Extrêmement dur	> 39

Doc. 3 Évolution de la température corporelle selon l'intensité de l'effort.

B. Dioxygène, nutriments et énergie

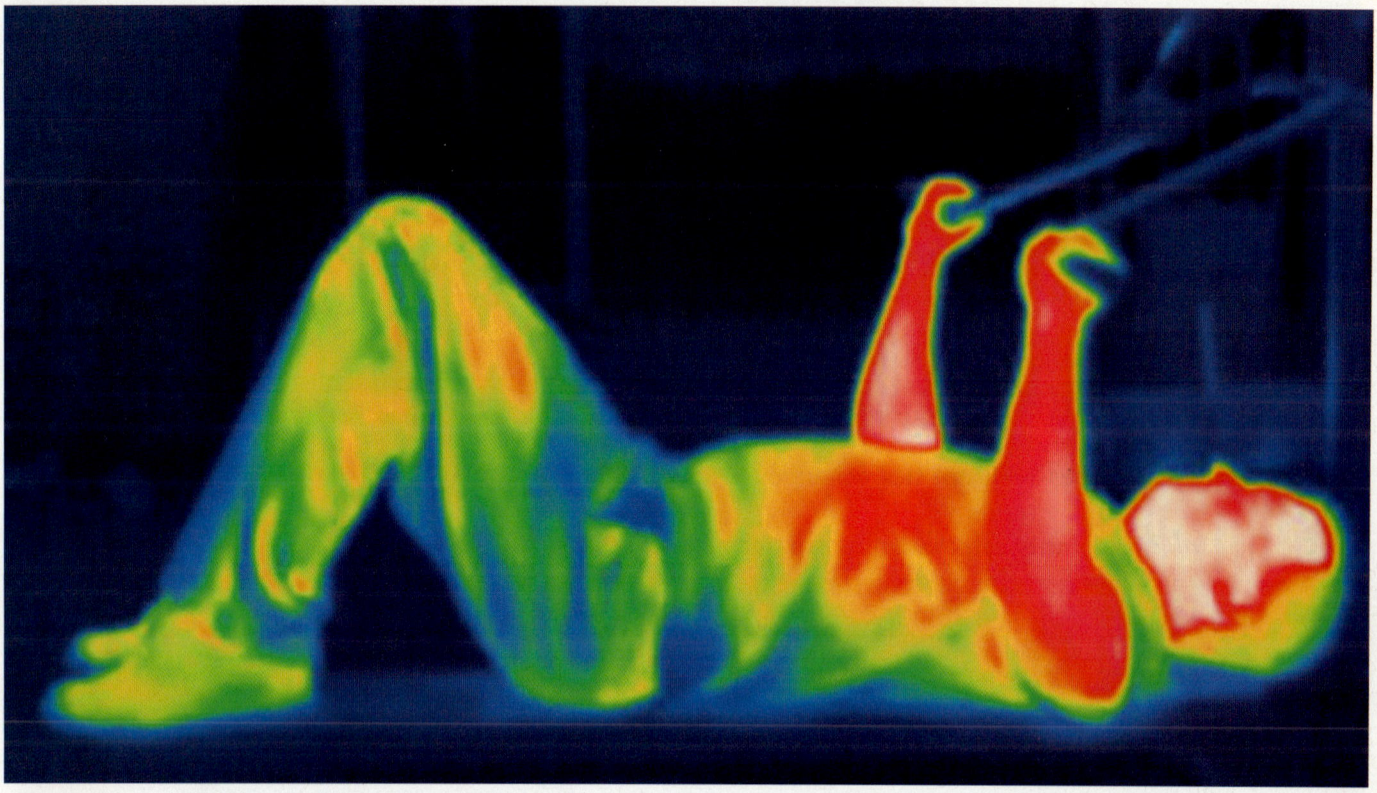

Doc. 4 **Une *thermographie*★ de l'organisme.** Les zones les plus chaudes sont représentées en rouge. Elles renferment les organes qui consomment le plus de glucose et de dioxygène pendant cet effort.

Entre un Homme et une voiture, il y a plus d'un point commun. Les deux sont capables de se déplacer, mais seulement sous certaines conditions : qu'ils disposent d'énergie. Pour la voiture, c'est le carburant : essence ou diesel. Et pour l'homme ? Essayez de courir sans avoir rien mangé depuis plusieurs jours, et vous verrez l'importance des aliments ! Sans eux, aucun effort, aucune dépense d'énergie. Mais pour que l'un et l'autre fonctionnent, il faut aussi du dioxygène. Pour trouver un autre point commun, mettez votre main sur le capot ou sur le front après une course : dans les deux cas, c'est chaud ! Le déplacement s'accompagne d'un dégagement de chaleur… mais aussi d'une production de déchets.

Doc. 5 **Un besoin permanent d'énergie.**

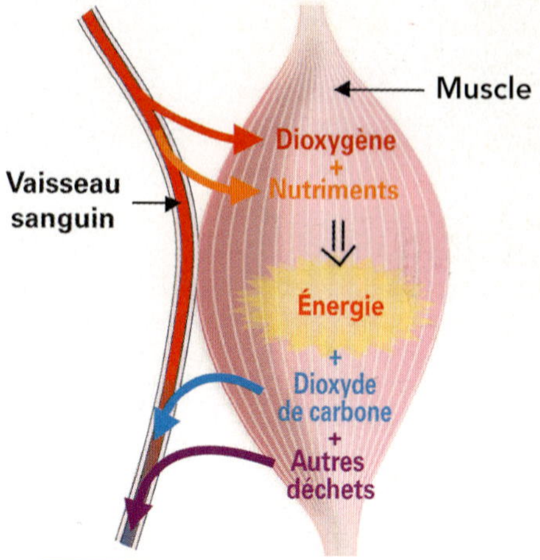

Doc. 6 **L'utilisation du dioxygène et des nutriments.**

Je résous le problème

Réponds aux questions pour résoudre le problème.

1. Doc. 1 et 2 Indique comment varie la dépense d'énergie avec l'effort.
2. Doc. 3 Décris comment varie la température du corps avec l'effort.
3. Doc. 4 Repère quels organes libèrent le plus d'énergie au cours de cet effort.
4. Doc. 4 et 5 Indique les éléments nécessaires à la libération d'énergie.
5. Doc. 6 Précise l'origine du dioxyde de carbone rejeté par les organes.

➜ **Comment le glucose et le dioxygène permettent-ils l'activité des organes ?**

Vocabulaire ★

Énergie (n. f.) : *existe sous plusieurs formes (chaleur, mouvement…) et permet l'activité.*

Thermographie (n. f.) : *image montrant les variations de température à l'intérieur de l'organisme.*

Bilan

J'ai découvert…

Activité 1 … des changements liés à l'activité physique

Au cours de l'effort, les **muscles** travaillent, **les activités cardiaque et respiratoire** augmentent et la **température** corporelle s'élève. La consommation d'**aliments énergétiques** favorise la réalisation de l'effort.

Activité 2 … des échanges entre les organes et le sang

Les organes réalisent des échanges avec le sang : ils y **prélèvent du dioxygène** ainsi que **des nutriments**, et ils y **rejettent du dioxyde de carbone**. Tous les organes sont **irrigués** par de nombreux vaisseaux sanguins qui permettent ces échanges.

Activité 3 … des échanges variables selon l'activité

Au cours de l'activité, les organes **augmentent leurs échanges** avec le sang en prélevant plus de dioxygène et de nutriments, et en rejetant plus de dioxyde de carbone. Cette augmentation est rendue possible par une **augmentation du volume de sang** traversant les organes.

Activité 4 … activité et énergie libérée

Nutriments et dioxygène sont utilisés par les organes pour **libérer de l'énergie** et permettre leur activité. Une partie de l'énergie est libérée sous forme de **chaleur**. Le fonctionnement des organes s'accompagne aussi de la production de déchets, comme le **dioxyde de carbone**.

Suis le film du cours

Partie 2 – Fonctionnement de l'organisme et besoin en énergie

Partie 2 Je connais déjà	Chapitre 3 L'organisme en activité	Chapitre 4 L'approvisionnement en dioxygène
L'Homme respire et se nourrit. Pour fonctionner, les organes ont différents besoins, qui doivent être ajustés lors d'une activité physique.	Pour libérer de l'énergie, les organes consomment du dioxygène et des nutriments apportés par le sang et rejettent du dioxyde de carbone, en quantité variable selon l'activité.	

Je retiens l'essentiel...

.. en apprenant le résumé du cours

- **Le fonctionnement des organes nécessite du dioxygène et des nutriments apportés par le sang.**
- **La consommation de dioxygène et de nutriments augmente avec l'activité.**
- **Dioxygène et nutriments sont utilisés pour libérer de l'énergie.**
- **Le fonctionnement des organes produit du dioxyde de carbone, qui est rejeté dans le sang.**

Je réussis le contrôle si

je sais

- Citer des modifications de l'organisme pendant l'activité
- Citer les besoins des organes
- Décrire la variation de ces besoins selon l'activité
- Expliquer à partir de quoi est libérée l'énergie

je sais faire

- Lire un graphique mesurant la consommation de dioxygène par un muscle
- Comparer la composition du sang arrivant et repartant d'un organe

... en étudiant le schéma-bilan

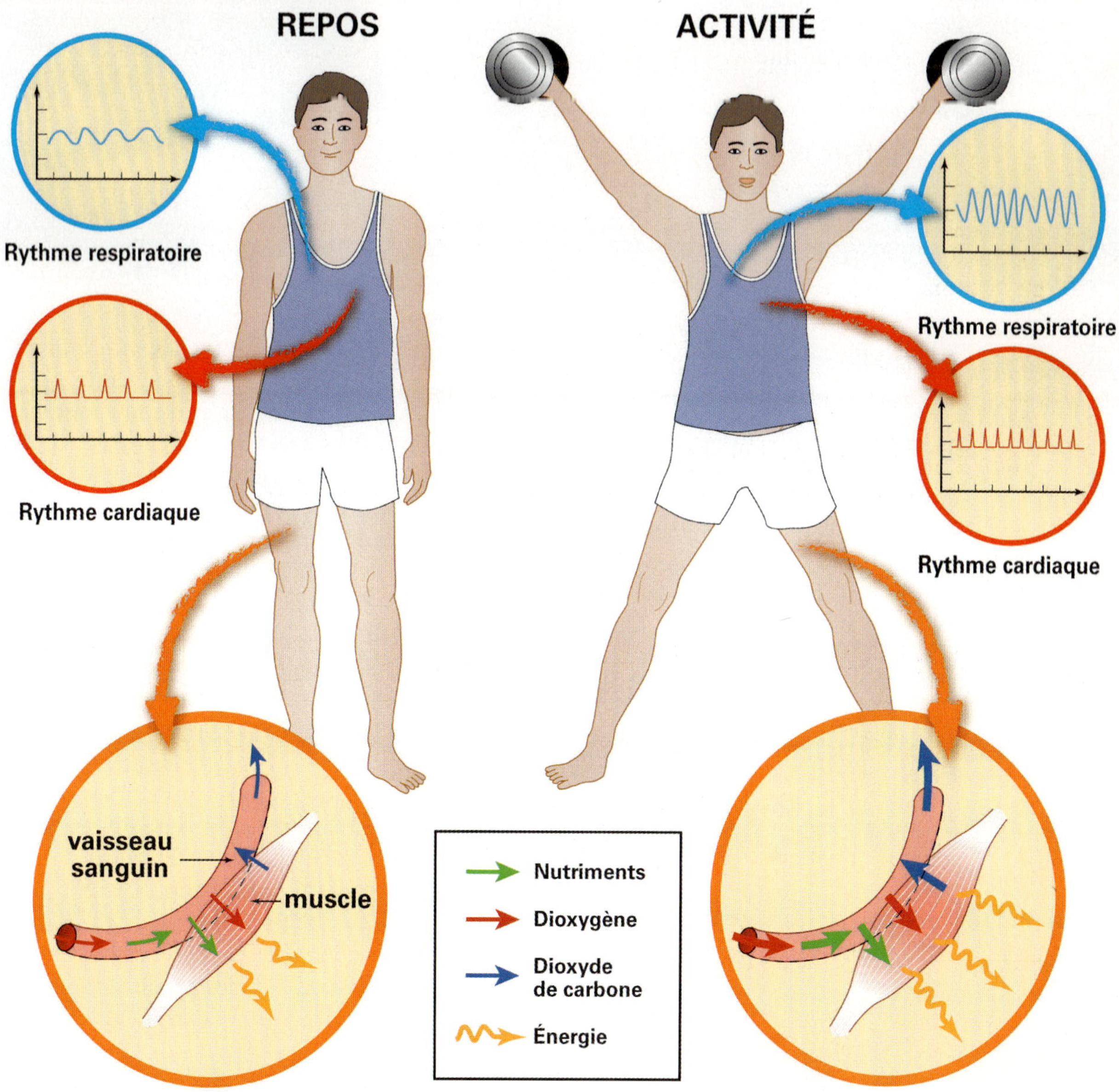

Infos — Provoquer l'hibernation des blessés ?

Pendant l'hiver, la marmotte hiberne. Son organisme semble s'arrêter de fonctionner : sa température descend à 5°C et le sang ne circule plus. L'animal vit au ralenti, ce qui ne l'empêchera pas au printemps suivant de reprendre une vie active. Et c'est ce que ne comprennent pas les scientifiques ! Car lorsqu'une personne est victime d'une hémorragie cérébrale, le sang n'irrigue plus une partie du cerveau, ce qui entraîne sa destruction. « Provoquons une hibernation artificielle chez un animal », a proposé un chercheur. Il a fait respirer un gaz, le sulfure d'hydrogène, à une souris, qui s'est endormie, sa température passant de 37°C à 15 °C et sa respiration diminuant de 90%. Son cerveau ne recevait plus de dioxygène, et pourtant, à son réveil, elle se portait comme un charme ! Alors pourquoi ne pas endormir ainsi la victime d'une hémorragie cérébrale, le temps de réparer le vaisseau endommagé ? Les chercheurs y pensent, mais avant cela, il faudra faire de nombreux autres essais !

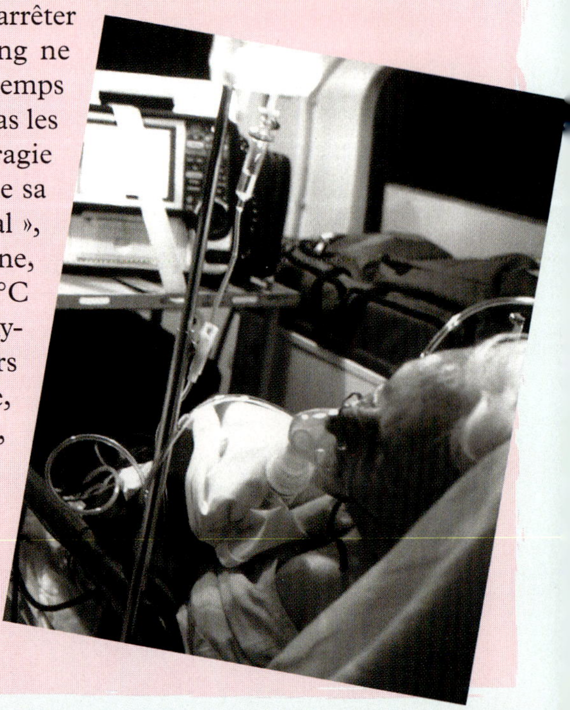

- Explique ce qui est surprenant chez les hibernants.
- Pourquoi les médecins espèrent-ils pouvoir les copier ?

Histoire — Transfusion sanguine et perfusion

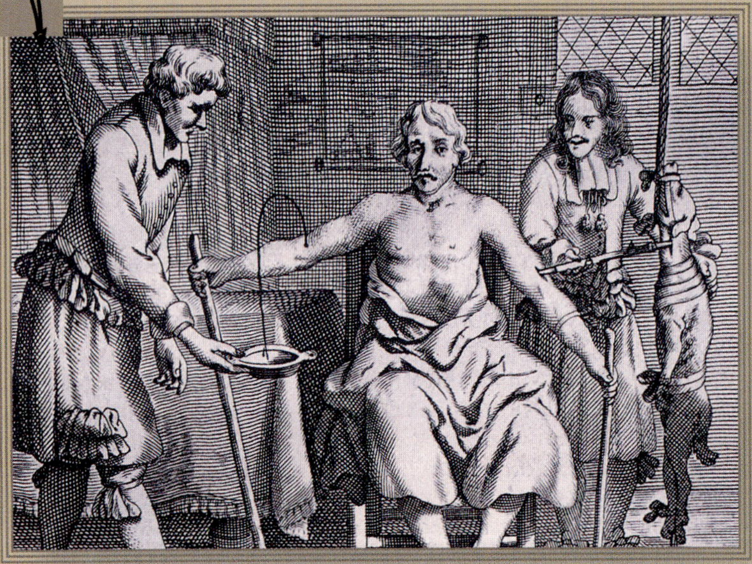

Prélever du sang chez un individu et le réinjecter chez un autre, c'est-à-dire faire une transfusion sanguine, est une idée bien ancienne. Au XVIIe siècle, on pensait rajeunir les vieillards grâce au sang d'individus plus jeunes. Et en 1667, Jean Denis, médecin de Louis XIV, réussit même la première transfusion sanguine… entre un mouton et un homme ! Mais comme les transfusions entraînaient le plus souvent la mort, cette pratique fut vite oubliée. Ce n'est qu'au début du XXe siècle, lorsqu'on comprit qu'il existait des groupes sanguins qui n'étaient pas tous compatibles entre eux, que l'on put enfin développer la transfusion sanguine et sauver de nombreuses vies. Mais attention, il ne faut pas confondre transfusion et perfusion ! Avec cette dernière, ce n'est pas du sang, mais de l'eau, du glucose et des sels minéraux qui sont injectés dans le sang.

- Quand réalise-t-on une transfusion sanguine ?
- Explique la différence entre une transfusion et une perfusion.

Internet Le dopage, qu'est-ce que c'est ?

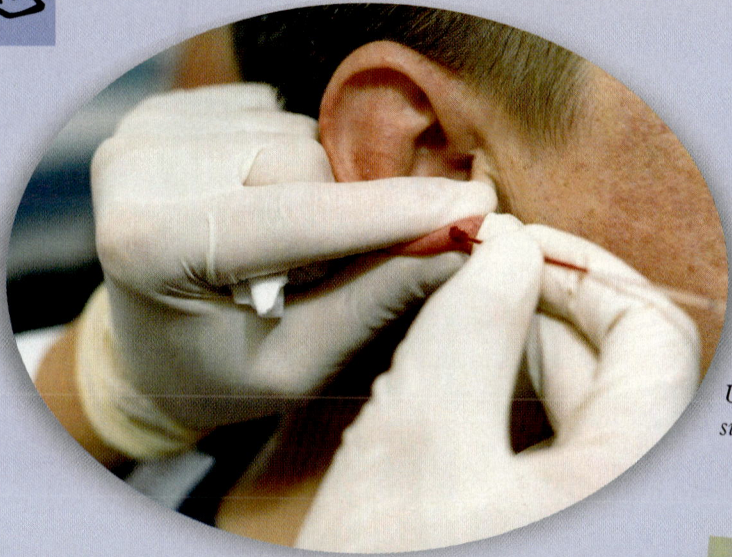

Un prélèvement de sang… sur l'oreille d'un sportif !

Régulièrement, à l'occasion d'une compétition sportive, la presse parle de concurrents déclarés « positifs » au test anti-dopage. Une analyse de sang ou d'urine a pu montrer qu'ils avaient consommé plus ou moins longtemps avant la compétition des substances augmentant leurs performances : des substances dopantes.

- Qu'est-ce que le dopage ? Commence par rechercher la définition de ce mot dans un dictionnaire. Dans un moteur de recherche, saisis le mot : « dopage ». Surfe sur quelques sites pour trouver quels sports sont concernés.
- Recherche maintenant comment agissent les produits dopants. Tu peux saisir, toujours dans un moteur de recherche : « effets du dopage ». Tu découvriras alors les différentes catégories de produits dopants.
- Intéresse-toi à deux catégories de produits : les « agents anabolisants », qui agissent directement sur le muscle, et l'« EPO », qui agit sur ce qui est apporté au muscle. Relève des informations expliquant comment ils peuvent améliorer les performances.
- Examine ensuite les dangers du dopage. Tu peux interroger l'infirmière du collège ou un médecin. Sinon, saisis l'expression « dangers du dopage » dans un moteur de recherche.
- Enfin, tu peux rechercher comment les produits dopants peuvent être décelés dans l'organisme grâce à des tests. Réfléchis à l'expression que tu dois saisir dans un moteur de recherche.

Une affiche pour la lutte contre le dopage en Belgique.

Exercices

Teste tes connaissances

1 Construis une phrase

Pour chaque phrase, utilise les mots proposés :

a) organes / sang / dioxygène / nutriments

b) dioxygène / nutriments / énergie / libérer

c) activité / muscle / consommation de dioxygène

2 Qui a raison ?

Lis le texte et dis si les affirmations sont vraies ou fausses en justifiant ton choix.

Le professeur demande : « Comment les muscles satisfont-ils leur besoin en énergie ? ». Trois élèves répondent :

a) « Ils augmentent leur consommation de dioxygène et de glucose selon l'activité. »

b) « Le débit sanguin du muscle augmente avec l'activité. »

c) « Ils utilisent la chaleur du corps. »

3 Le mot caché

Recopie la grille, puis complète les lignes à l'aide des définitions suivantes.
Découvre alors le mot caché dans la colonne bleue.

a) Transporte le dioxygène et les nutriments.

b) Nourrit les organes.

c) Exemple de nutriment.

d) État qui nécessite plus de dioxygène et de nutriments.

e) Se manifeste par une consommation de dioxygène.

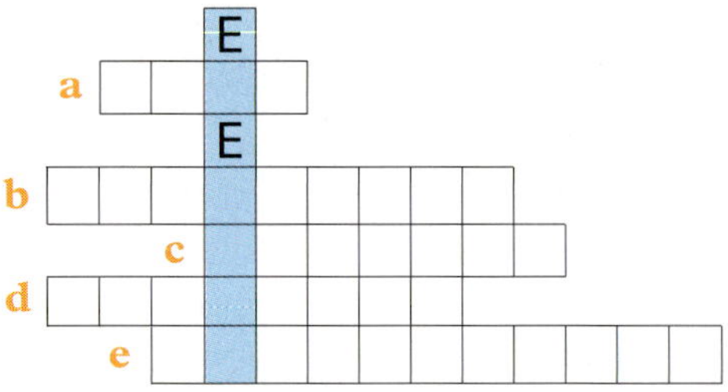

Découvre avec l'informatique

CD-ROM

4 La consommation de glucose

Avec ton professeur, visionne l'animation nommée *La consommation de glucose*, puis réponds aux questions.

Questions

I a) Mesure la teneur en glucose dans le milieu à intervalles de temps réguliers.

C b) Construis un tableau à partir des résultats obtenus.

Ra c) Indique comment varie la teneur en glucose dans le milieu.

Ra d) Explique ces résultats.

Ra e) Propose un montage témoin permettant de vérifier que le muscle est bien responsable des variations constatées.

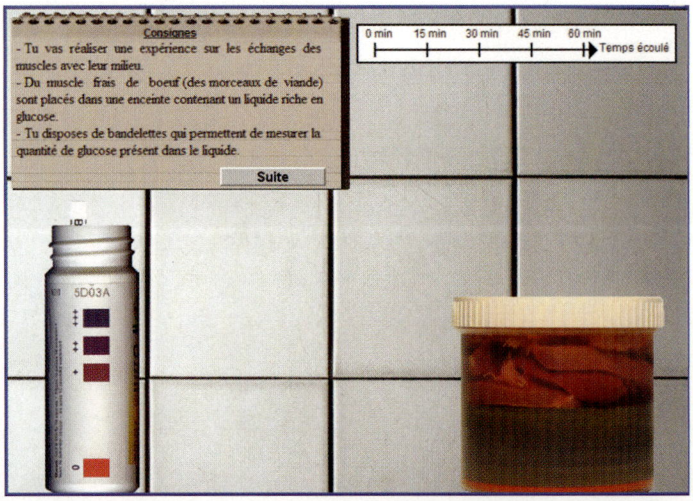

Applique tes connaissances

5 La respiration des organes

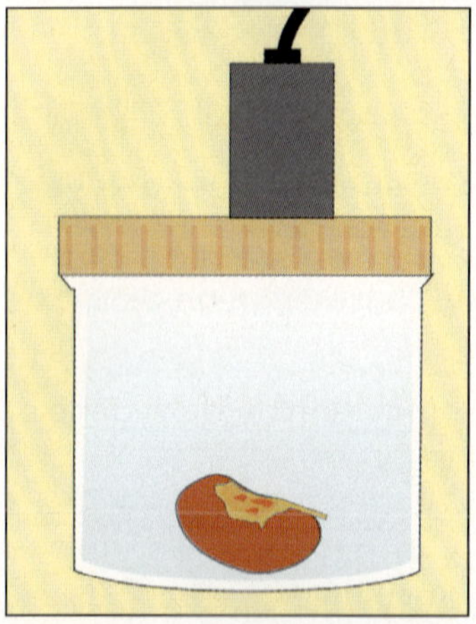

Doc. 1 Fragment d'organe dans l'enceinte.

Pour comprendre à quoi sert le dioxygène prélevé dans le milieu par les êtres vivants, on place dans des flacons hermétiques des fragments de différents organes provenant d'un animal mort peu de temps avant ▶ Doc. 1. Chaque flacon contient au départ 1 L d'air, dont 210 mL de dioxygène. On mesure à nouveau le volume de dioxygène après 24 heures ▶ Doc. 2.

Organe (100 g)	Volume de dioxygène (en mL)
muscle	150
rein	163
rate	173
cerveau	155
os	183

Doc. 2 Volume de dioxygène dans le flacon après 24 heures.

Questions

I, C **a)** Pour chaque organe, calcule la différence entre le volume de dioxygène au début de l'expérience et le volume de dioxygène après 24 h.

Ra **b)** Explique l'origine de cette variation.

Ra **c)** Indique alors une propriété commune à tous les organes.

Ra **d)** Explique pourquoi l'organisme prélève du dioxygène dans son milieu.

6 Les nutriments et l'activité

Un individu réalise un effort physique d'intensité croissante. On prélève régulièrement une petite quantité de sang à l'entrée et à la sortie d'un muscle. On analyse alors la quantité de glucose dans le sang arrivant et repartant.

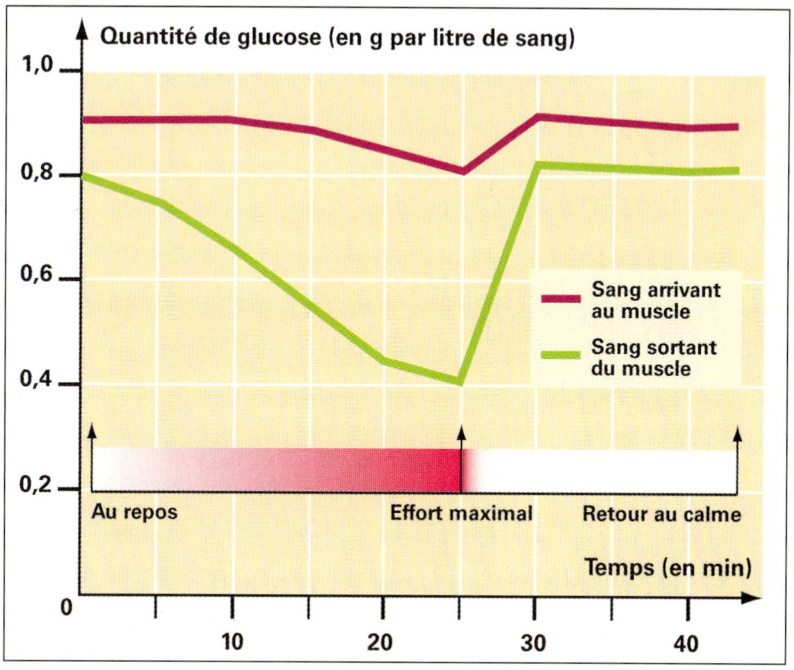

Questions

I **a)** Indique les teneurs en glucose dans le sang arrivant et repartant du muscle au repos.

I **b)** Recommence pour un effort maximal.

Ra **c)** Calcule alors la quantité de glucose consommé par le muscle dans ces deux situations.

Ra **d)** Explique les résultats.

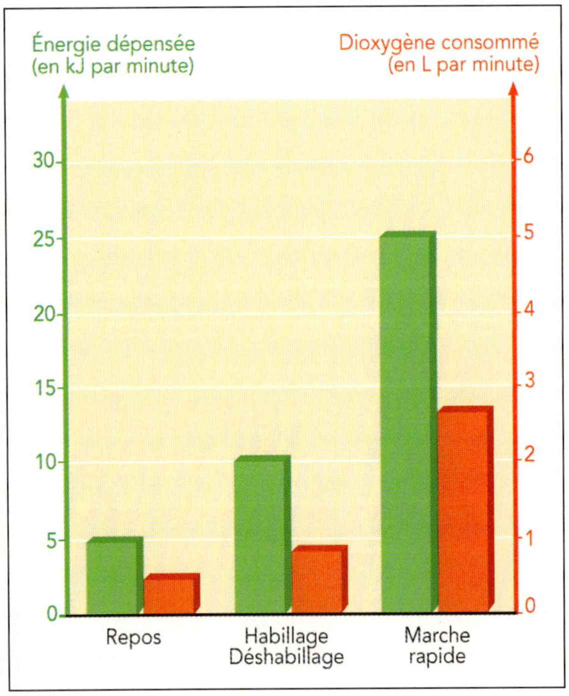

7 Les modifications au cours de l'activité

Chez un individu, on mesure dans plusieurs situations deux grandeurs caractérisant le fonctionnement de l'organisme : l'énergie dépensée et le dioxygène consommé ▶ Doc. 1.

Questions

I, Ra **a)** Décris l'évolution de la dépense énergétique (axe vert) lorsque l'activité devient plus intense.

I, Ra **b)** Décris de même l'évolution de la consommation de dioxygène (axe rouge).

Ra **c)** Explique la relation entre la consommation de dioxygène et la dépense énergétique.

Doc. 1 Énergie dépensée et dioxygène consommé dans quelques situations.

8 Les élèves dégagent de la chaleur

Une expérience est menée au mois de juin dans un collège pour savoir si les élèves dégagent de l'énergie. Dans une salle de classe (jour 1), on mesure la température quelques minutes avant l'arrivée des élèves (période 1, avant 8 h), puis pendant deux heures de cours (période 2, de 8h à 10h) et après leur sortie de la classe (période 3, après 10 h). Le lendemain (jour 2), on mesure la température avant l'arrivée des élèves (période 4), puis pendant les deux heures de cours qui suivent (période 5), et après leur sortie de la classe (période 6).

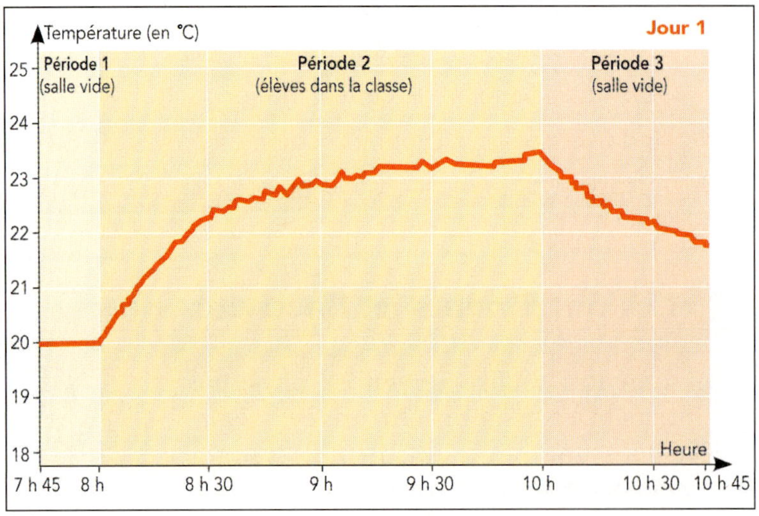

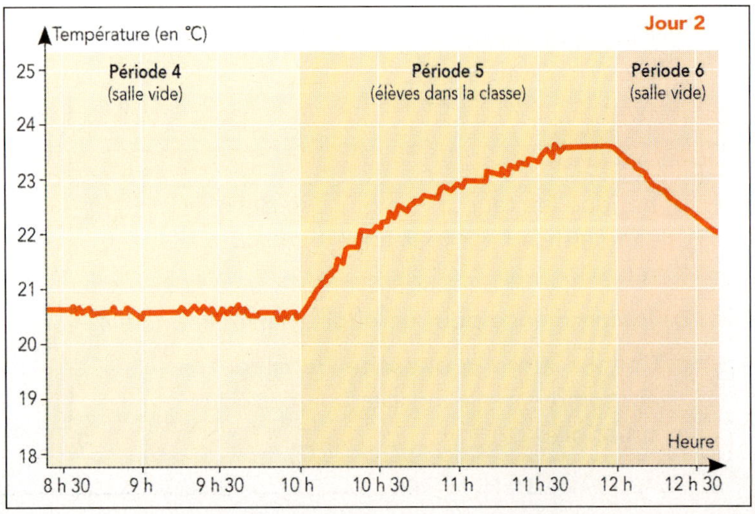

Questions

I **a)** Décris l'évolution de la température de la salle au cours des trois périodes du jour 1.

Ra **b)** Recherche une origine à ces variations.

I, Ra **c)** Décris les résultats pour le jour 2 et indique s'ils confirment ton hypothèse.

La salle choisie pour l'expérience est entourée de salles vides et elle est orientée à l'ouest. Les deux jours, la météo est nuageuse et la température extérieure varie peu.

Ra **d)** Explique le choix de la salle et pourquoi la présence des élèves est décalée le jour 2.

Ra **e)** Explique alors ce qui est responsable de la variation de la température dans la salle.

Entraîne-toi seul

9 L'hibernation et les dépenses d'énergie

Les animaux qui hibernent passent l'hiver dans un abri sans se nourrir, sauf pendant de brèves périodes de réveil ▶ Doc. 1.

Pour comprendre comment l'animal peut rester en vie malgré ces conditions difficiles, on a mesuré la température corporelle de l'animal ainsi que sa consommation de dioxygène pendant les phases de sommeil et de réveil ▶ Doc. 2.

Doc. 1 Loir hibernant dans son nid.

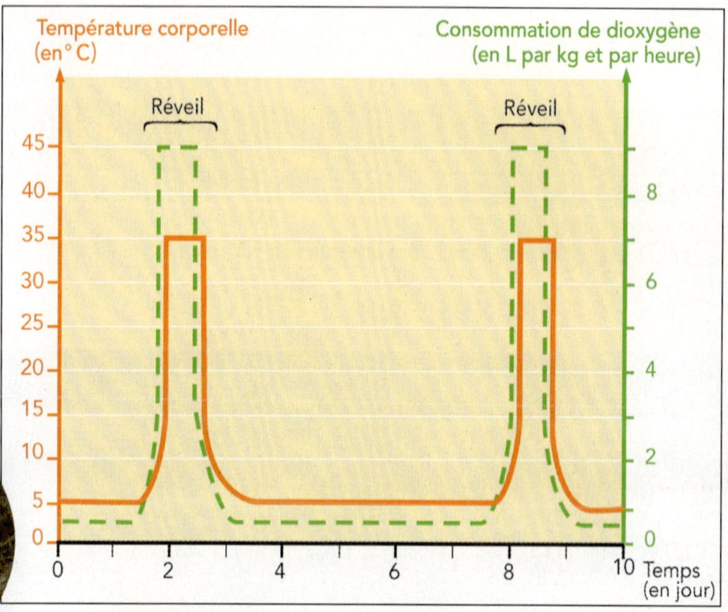

Doc. 2 Température corporelle et consommation de dioxygène d'un animal hibernant.

Questions

Ra **a)** Compare la température corporelle de l'animal pendant les périodes de sommeil et de réveil.

Ra **b)** Compare la consommation de dioxygène entre ces deux périodes.

, Ra **c)** Établis une relation entre la température corporelle et la consommation de dioxygène pendant les périodes de réveil.

, Ra **d)** Explique la variation de la consommation de dioxygène lors de la reprise de l'activité.

Ra **e)** Explique la variation de la température lors de la reprise de l'activité.

Coups de pouce

- a) Identifie l'axe sur lequel est représentée la température, puis repère les périodes de sommeil et de réveil.
- b) Recommence pour la consommation de dioxygène.
- c) Compare comment évoluent ces deux paramètres.
- e) Rappelle-toi ce que devient l'énergie libérée dans l'organisme.

Réponses

a) La température corporelle de l'animal est de 5 °C pendant les périodes de sommeil et de 35 °C pendant les périodes de réveil. Elle augmente donc pendant les réveils.

b) La consommation de dioxygène est de 0,5 L par kg et par heure pendant les périodes de sommeil et de 9 L par kg et par heure pendant les périodes de réveil. Elle augmente donc pendant les réveils.

c) La température est plus élevée quand la consommation de dioxygène est plus importante.

d) Au cours de ses réveils, l'animal devient actif. Il a besoin d'énergie et consomme alors du dioxygène.

e) La libération d'énergie est plus grande pendant les périodes de réveil. La température de l'animal s'élève car une partie de l'énergie libérée est dégagée sous forme de chaleur. Le reste de l'énergie sert au fonctionnement des organes.

Chapitre 4

L'approvisionnement en dioxygène

Comment la respiration satisfait-elle les besoins de l'organisme en dioxygène ?

Un alpiniste dans l'Himalaya avec bouteille à oxygène. Nulle part ailleurs, l'air n'est plus pur qu'au sommet des plus hautes montagnes. Pourtant, respirer est un problème pour ces alpinistes.

Activité 1

Pour gagner, cette nageuse ne doit pas oublier de sortir régulièrement la tête hors de l'eau.

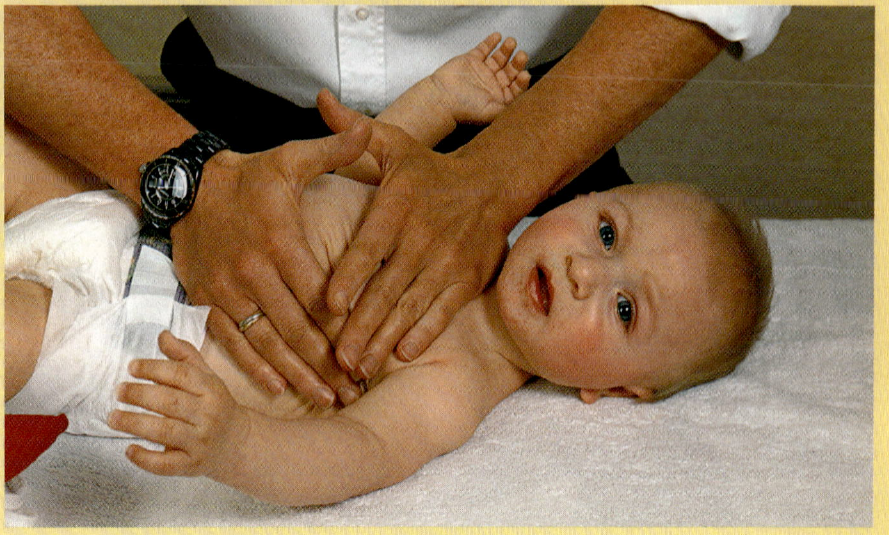

Activités 2 et 3

Lorsque les bronches sont encombrées, il est difficile de respirer. Le kinésithérapeute effectue alors des massages. Sinon, c'est tout l'organisme qui est affaibli.

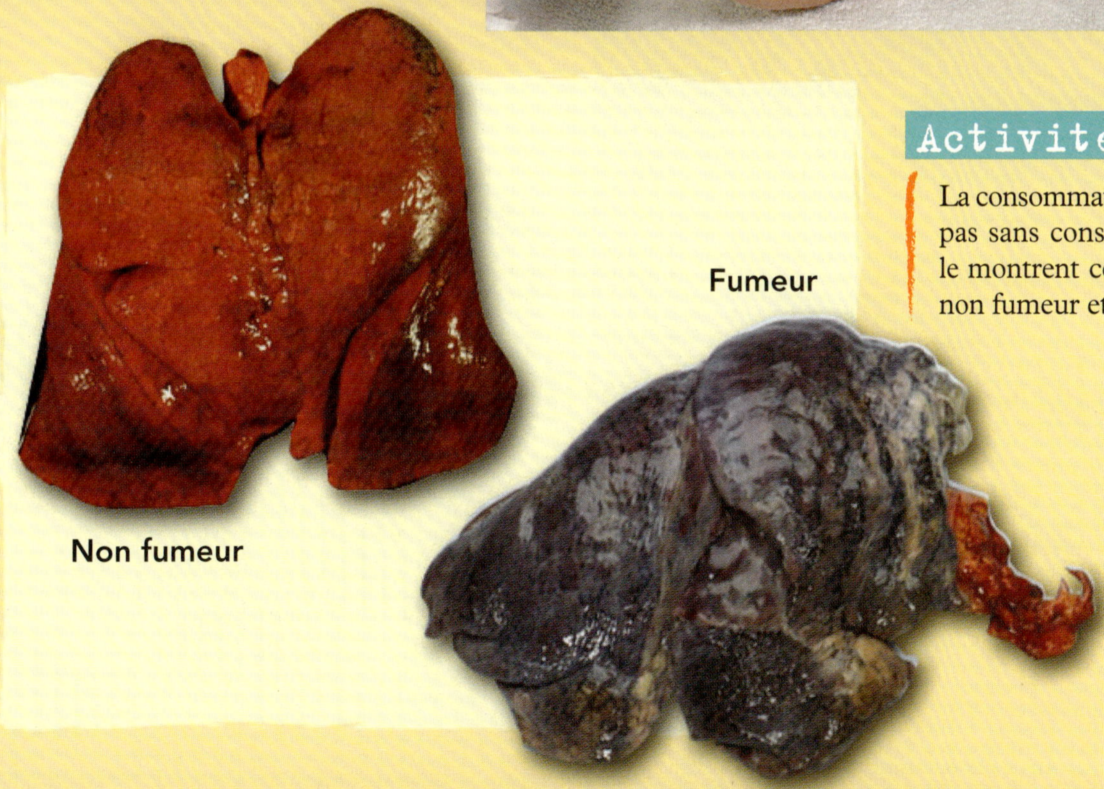

Activité 4

La consommation de tabac n'est pas sans conséquence, comme le montrent ces poumons d'un non fumeur et d'un fumeur.

Activité 1 Le prélèvement du dioxygène dans l'air

Le dioxygène utilisé en permanence par les organes provient de l'air qui nous entoure.

➔ Comment l'organisme prélève-t-il du dioxygène dans l'air ?

A. Des échanges entre l'air et l'organisme

■ En *apnée*★, le plongeur ne peut pas rester plus de quelques minutes sous l'eau. À chaque remontée, il vide ses poumons et reprend de l'air ▶ Doc. 1. La composition de l'air est analysée au cours d'une *inspiration*★ et d'une *expiration*★ ▶ Doc. 2.

Doc. 1 La remontée du plongeur après une apnée.

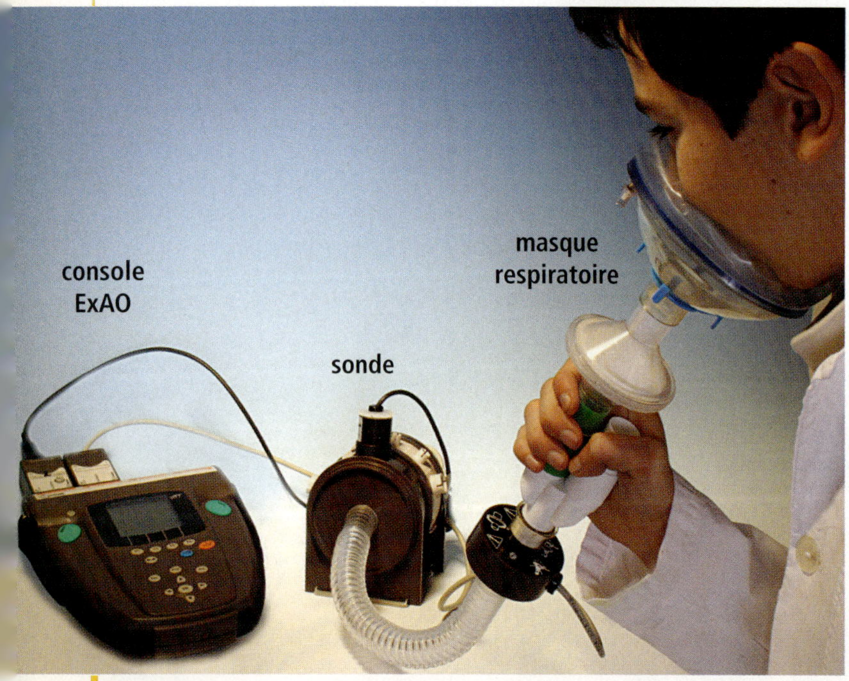

Doc. 2 Mesure de la teneur en dioxygène (en %) de l'air inspiré et de l'air expiré.
Un élève respire dans un masque relié à une sonde qui mesure la teneur en dioxygène de l'air inspiré et de l'air expiré. Les résultats s'affichent sur l'écran d'une console ExAO.

B. Des mouvements respiratoires

■ La respiration s'accompagne de mouvements de la *cage thoracique*★, que l'on peut observer par radiographie ▶ Doc. 3. Le rythme des mouvements respiratoires, ainsi que les volumes d'air inspiré et expiré, peuvent être mesurés en utilisant un appareil appelé spiromètre ▶ Doc. 4.

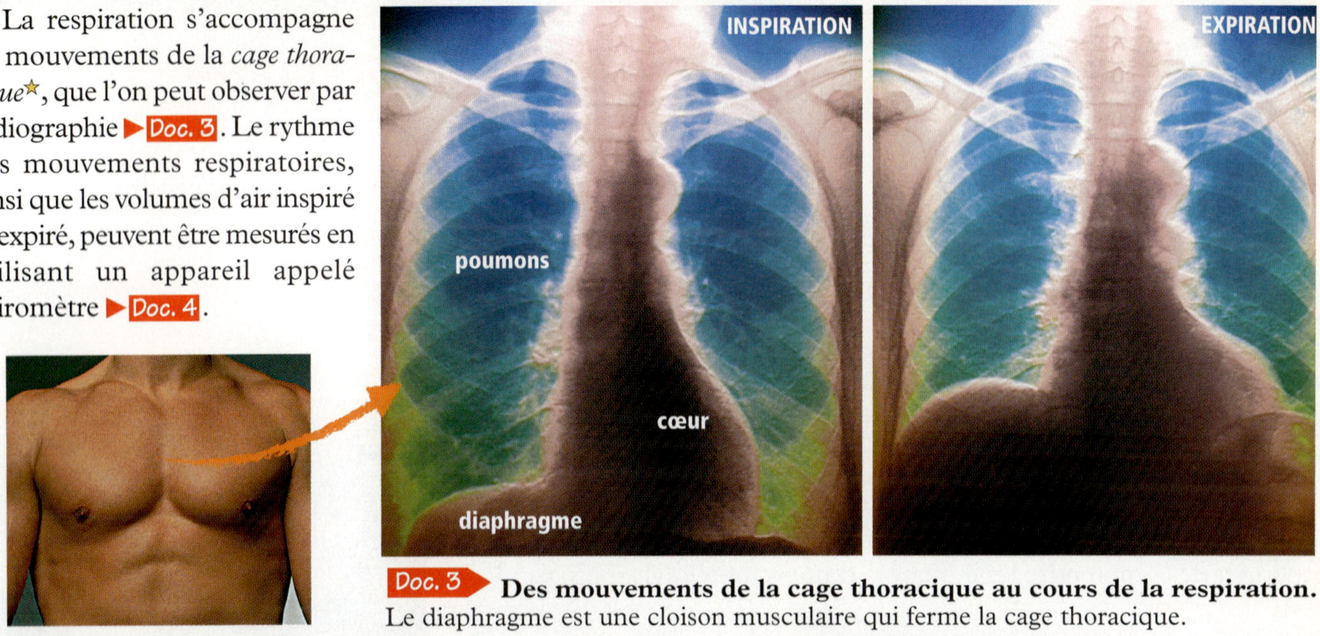

Doc. 3 **Des mouvements de la cage thoracique au cours de la respiration.** Le diaphragme est une cloison musculaire qui ferme la cage thoracique.

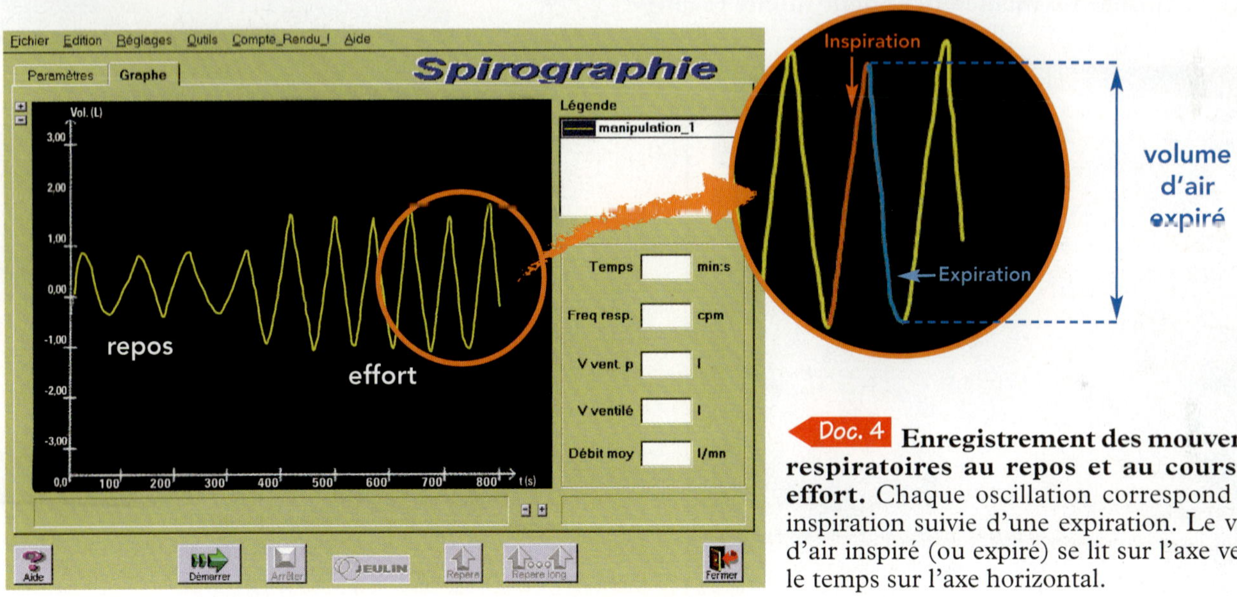

Doc. 4 **Enregistrement des mouvements respiratoires au repos et au cours d'un effort.** Chaque oscillation correspond à une inspiration suivie d'une expiration. Le volume d'air inspiré (ou expiré) se lit sur l'axe vertical, le temps sur l'axe horizontal.

Je résous le problème

Réponds aux questions pour résoudre le problème.

1. **Doc. 1** Explique la nécessité pour l'apnéiste de remonter à la surface.
2. **Doc. 2** Compare les teneurs en dioxygène de l'air inspiré et de l'air expiré et explique la différence.
3. **Doc. 2 et 3** Explique alors le rôle des mouvements respiratoires.
4. **Doc. 3** Indique quel mouvement de la cage thoracique permet l'inspiration et quel autre permet l'expiration.
5. **Doc. 4** Compare le volume d'air prélevé au repos et pendant l'effort.
6. **Doc. 4** Compare le rythme des mouvements respiratoires au repos et pendant l'effort.
7. **Doc. 4** Indique alors comment varie la quantité de dioxygène prélevée au cours d'un effort.

➔ **Comment l'organisme prélève-t-il du dioxygène dans l'air ?**

Vocabulaire ★

Apnée (n. f.) : arrêt provisoire des mouvements respiratoires.

Inspiration (n. f.) : entrée d'air dans l'organisme.

Expiration (n. f.) : sortie d'air de l'organisme.

Cage thoracique : dans la poitrine, espace contenant le cœur et les poumons, délimité notamment par les côtes.

Activité 2

Le devenir de l'air dans l'appareil respiratoire

À chaque inspiration, le volume de la cage thoracique augmente : de l'air riche en dioxygène entre alors par la bouche ou le nez.

Quel est le trajet de l'air dans l'appareil respiratoire ?

A. La circulation de l'air

Au cours d'une crise, un asthmatique étouffe. Il ouvre la bouche en grand, mais il a du mal à respirer ▶ Doc. 1. Après injection d'une substance opaque dans l'air inspiré, une radiographie rend visible la circulation de l'air dans l'appareil respiratoire ▶ Doc. 2 et 3. L'exploration des bronches permet de comprendre les difficultés d'un asthmatique ▶ Doc. 4.

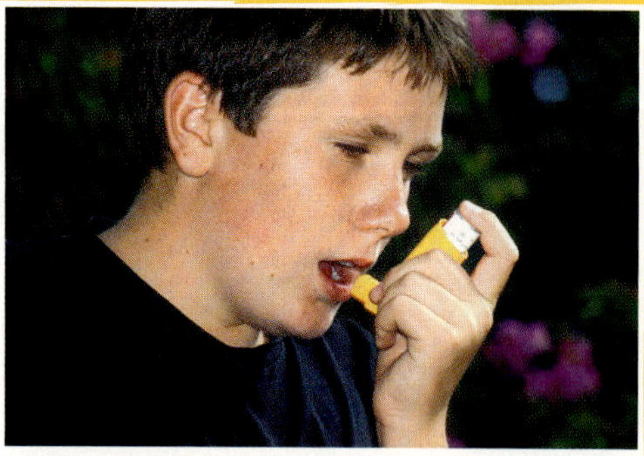

Doc. 1 **Une personne souffrant d'une crise d'*asthme*★ utilise un médicament pour mieux respirer.**

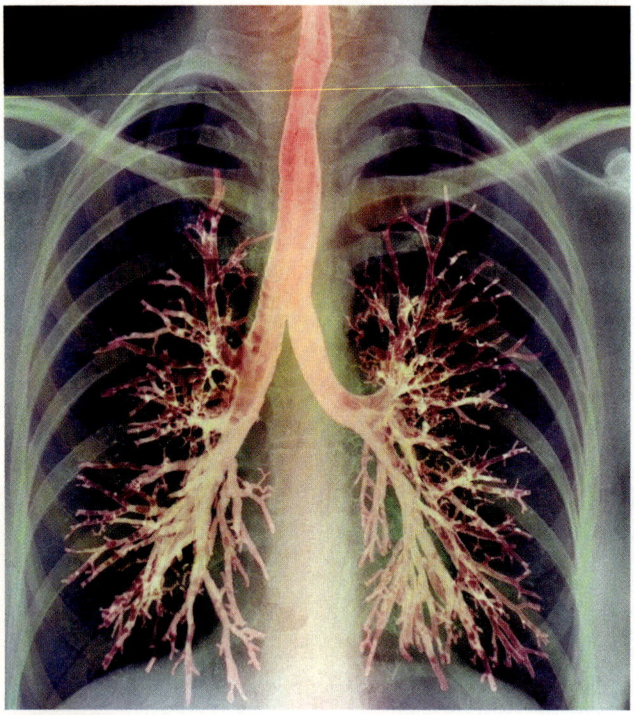

Doc. 2 **Radiographie des *voies respiratoires*★.**

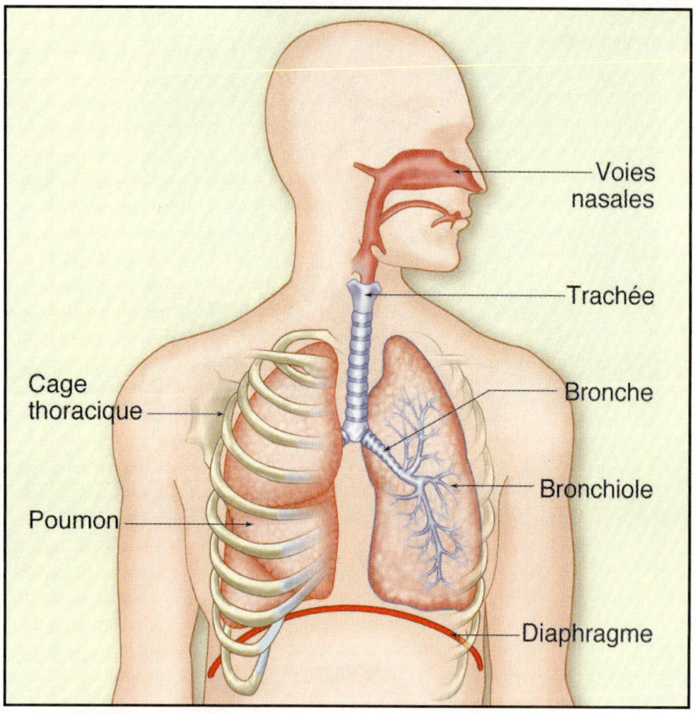

Doc. 3 **L'appareil respiratoire.**

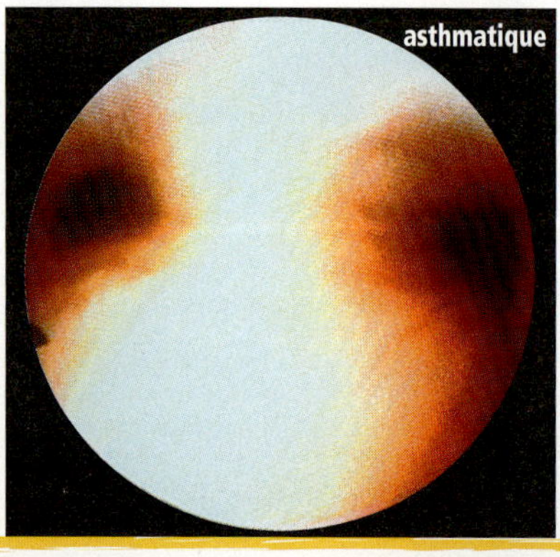

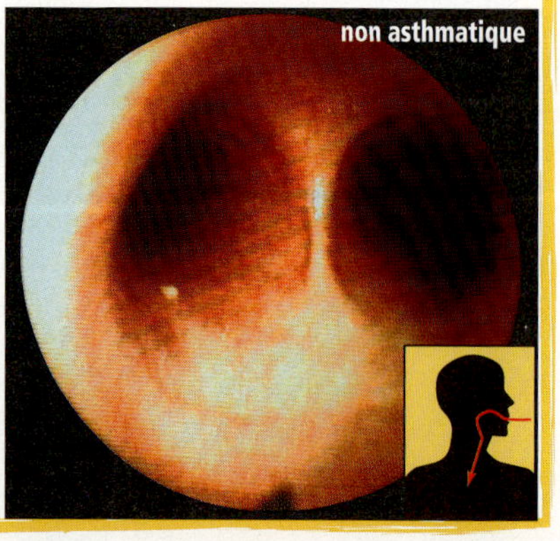

Doc. 4 **Bronches d'un asthmatique (à gauche) et d'un non asthmatique (à droite), vues par fibroscopie.** Des fibres optiques, reliées à une caméra, sont introduites dans la trachée par la bouche et filment l'intérieur de l'appareil respiratoire. On visualise ici l'extrémité de la trachée, où les deux bronches se séparent.

B. Des alvéoles remplies d'air

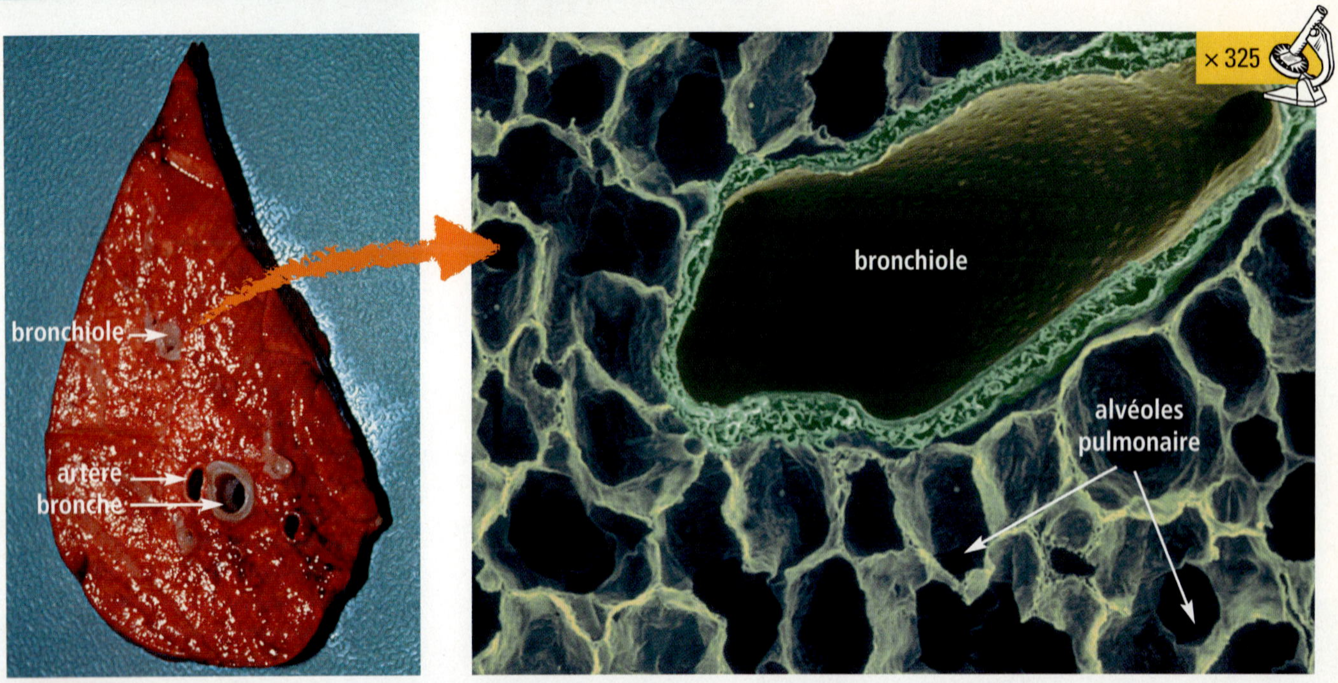

Doc. 5 **Coupe de poumon (à gauche), vue au microscope électronique à balayage ou MEB (à droite).**

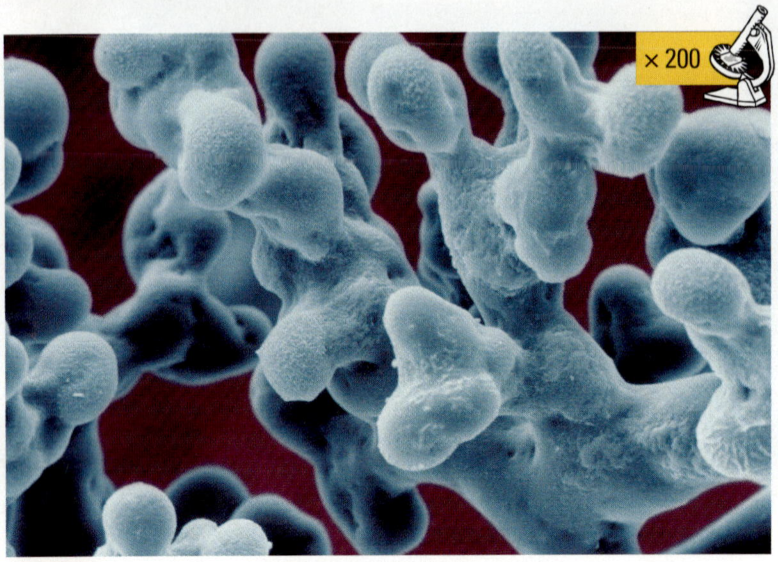

Doc. 6 **Alvéoles pulmonaires, vues au microscope électronique à balayage.** Les alvéoles sont des sacs remplis d'air.

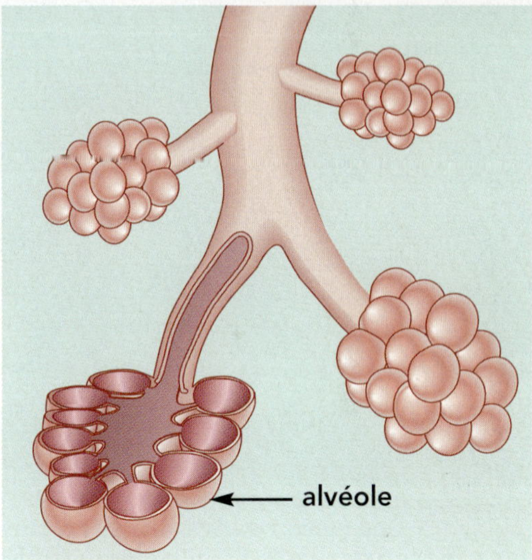

Doc. 7 **Les alvéoles pulmonaires, à l'extrémité des bronchioles.**

Je résous le problème

Réponds aux questions pour résoudre le problème.

1. **Doc. 1** Propose une hypothèse pour expliquer qu'un asthmatique n'arrive pas à prélever suffisamment d'air.
2. **Doc. 2, 3** Décris le trajet de l'air dans les voies respiratoires.
3. **Doc. 2, 3** Indique quelle caractéristique des voies respiratoires permet la répartition de l'air dans tout le poumon.
4. **Doc. 4** Compare ces deux bronches et explique les problèmes d'un asthmatique.
5. **Doc. 5** Décris la structure du poumon.
6. **Doc. 6, 7** Explique alors comment le poumon peut se remplir d'air.

➔ **Quel est le trajet de l'air dans l'appareil respiratoire ?**

Vocabulaire ☆

Voies respiratoires : ensemble des conduits permettant la circulation de l'air.

Asthme (n. m.) : maladie entraînant des difficultés respiratoires.

Activité 3

Des échanges entre l'air et le sang

Les muscles, comme tous les organes, sont approvisionnés en dioxygène par le sang.

Comment le dioxygène de l'air parvient-il jusqu'au sang ?

A. Le poumon, organe d'échange

■ Pour comprendre ce que devient le dioxygène au niveau des poumons, on réalise un moulage des vaisseaux sanguins et des voies respiratoires en injectant une matière plastique colorée ▶ Doc. 1. Grâce à un microscope à très fort grossissement, la relation entre l'air et le sang est précisée ▶ Doc. 2, puis leur composition en dioxygène est analysée ▶ Doc. 3.

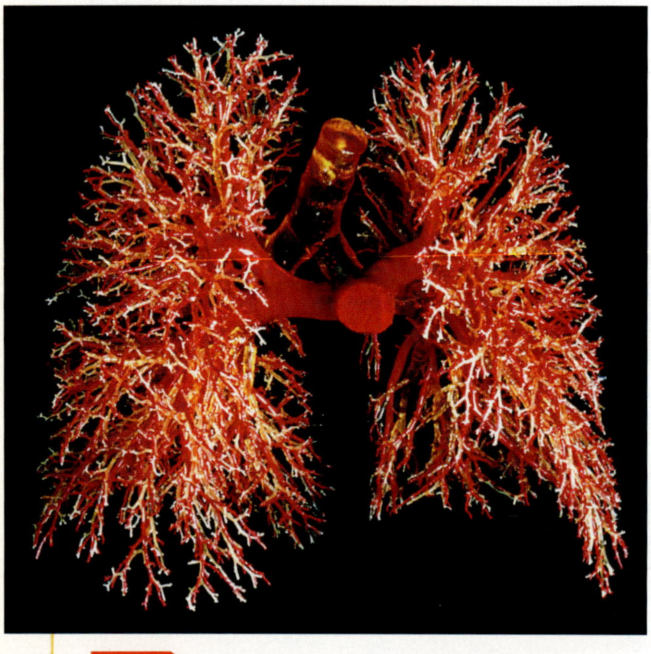

Doc. 1 **Les voies respiratoires (en blanc) et les vaisseaux sanguins (en rouge) visibles par moulage.**

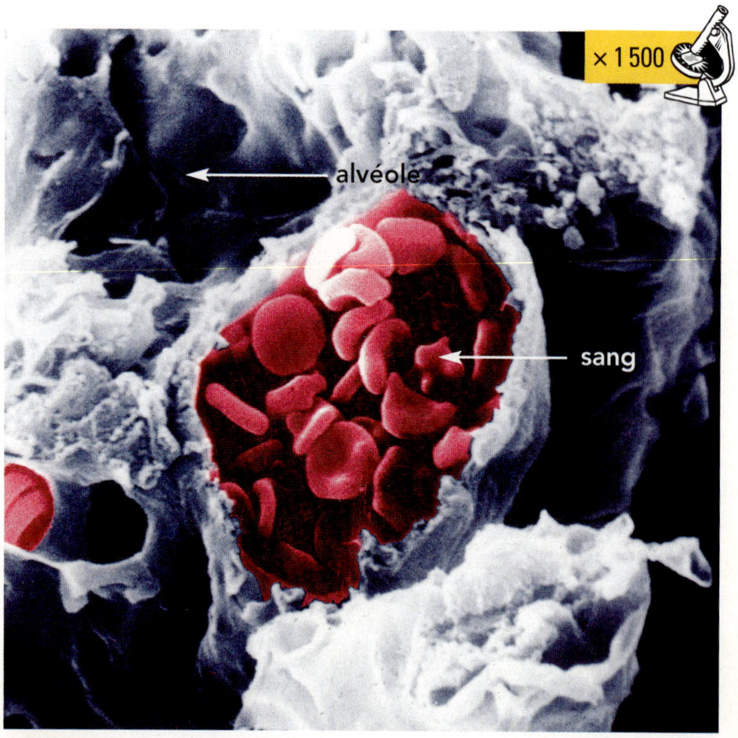

Doc. 2 **Alvéoles et capillaires sanguins dans le tissu pulmonaire, vus au microscope électronique à balayage.**

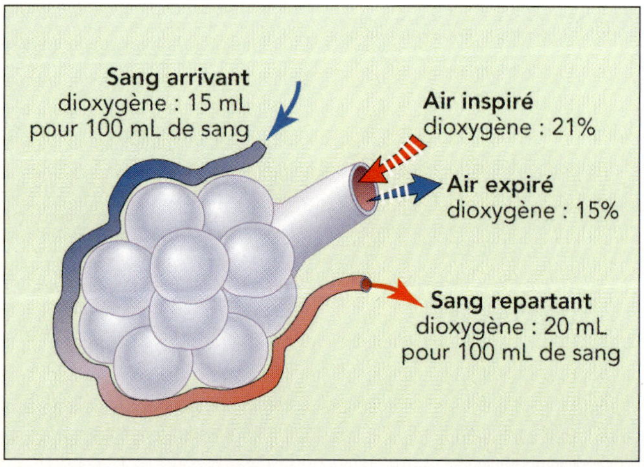

Doc. 3 **Les variations des teneurs en dioxygène du sang et de l'air au niveau des alvéoles pulmonaires.**

Je communique

✓ Dessine une alvéole pulmonaire et un capillaire sanguin ▶ Doc. 2, 3.

✓ Place les légendes : air, sang et paroi alvéolaire.

✓ Représente par une flèche le trajet du dioxygène.

B. La surface d'échange alvéolaire

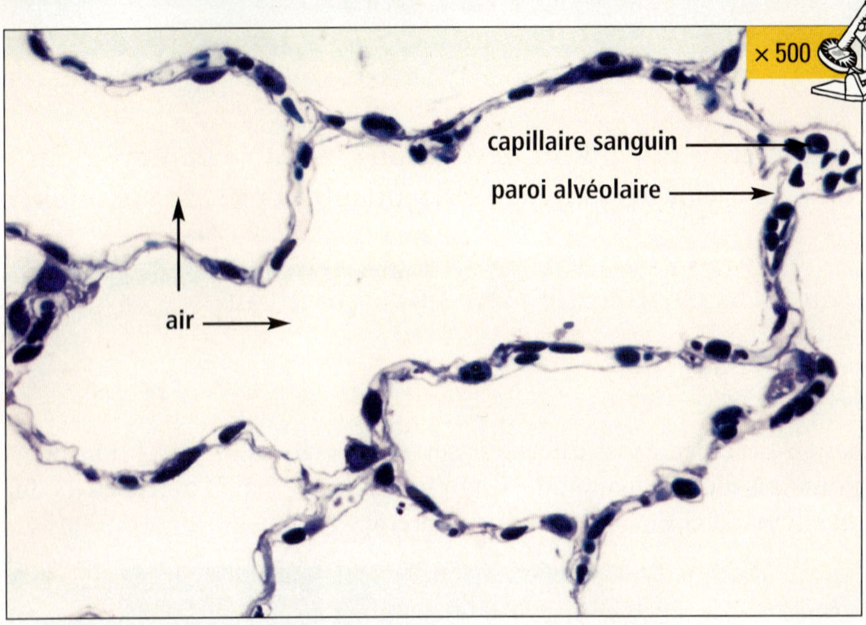

■ L'observation des alvéoles pulmonaires au microscope à fort grossissement montre des caractéristiques favorables aux échanges ▶ Doc. 4. Le nombre et la disposition des alvéoles jouent aussi un rôle ▶ Doc. 5 et 6.

Doc. 4 **Coupe de poumon vue au microscope.** L'épaisseur de la paroi alvéolaire est inférieure à un millième de millimètre.

- Les poumons.
Ce sont des organes de 20 cm de hauteur sur 10 cm de largeur. Chaque poumon est constitué de 300 millions d'alvéoles, regroupées en « grappes » à l'extrémité des bronchioles.

- Les alvéoles.
Chaque alvéole est une petite sphère de 0,2 mm de rayon et 0,5 mm^2 de surface. La surface totale des alvéoles est de 150 m^2, ce qui correspond à... la surface d'un terrain de tennis !

Doc. 5 **La *surface d'échange*☆ alvéolaire en quelques chiffres.**

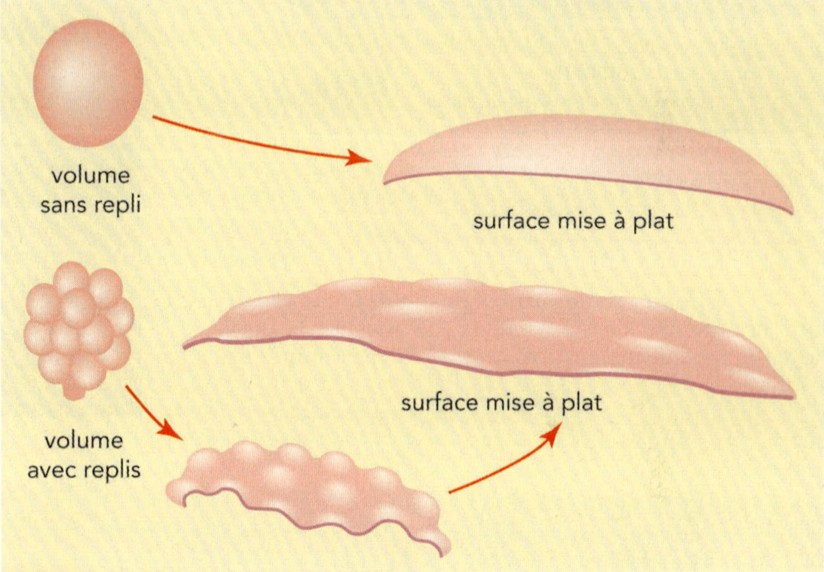

Doc. 6 **Différentes surfaces pour un même volume.**

Je résous le problème

Réponds aux questions pour résoudre le problème.

1. **Doc. 1** Compare la disposition des vaisseaux sanguins et des voies respiratoires.
2. **Doc. 2** Précise la position des capillaires sanguins par rapport aux alvéoles.
3. **Doc. 3** Compare la composition du sang arrivant et repartant de l'alvéole et déduis-en ce que devient le dioxygène de l'air.
4. **Doc. 4** Observe la paroi des alvéoles et déduis-en des caractéristiques favorables aux échanges.
5. **Doc. 5, 6** Trouve une autre caractéristique de la structure des poumons favorisant les échanges entre l'air et le sang.

➜ **Comment le dioxygène de l'air parvient-il jusqu'au sang ?**

Vocabulaire ☆

Capillaire (n. m.) : vaisseau sanguin très fin (le mot « capillaire » est aussi un adjectif, qui signifie « fin comme un cheveu »).

Surface d'échange : surface dont les caractéristiques sont favorables aux échanges.

Les maladies respiratoires

Un escalier à monter ou une promenade en vélo peuvent devenir une véritable épreuve pour les personnes ayant du mal à respirer, en particulier les fumeurs. Et pendant les pics de pollution, on ne compte plus les malades.

Comment certaines substances agissent-elles sur la respiration ?

A. Les effets du tabac

■ Un sportif sait bien que la consommation de tabac a des effets sur ses performances ▶ Doc. 1. On peut comprendre pourquoi en comparant les poumons d'un fumeur et d'un non fumeur ▶ Doc. 2. D'autres effets du tabac sont plus graves ▶ Doc. 3 et s'expliquent par la composition d'une cigarette ▶ Doc. 4.

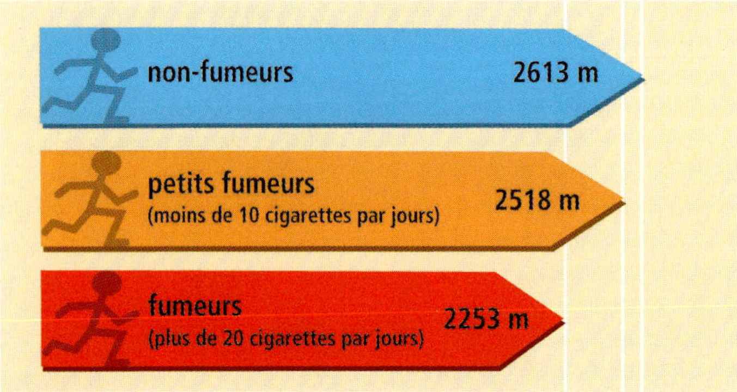

Doc. 1 Effet du tabac sur les performances sportives. Pour une course de 12 minutes, on mesure la distance moyenne parcourue par trois groupes de personnes.

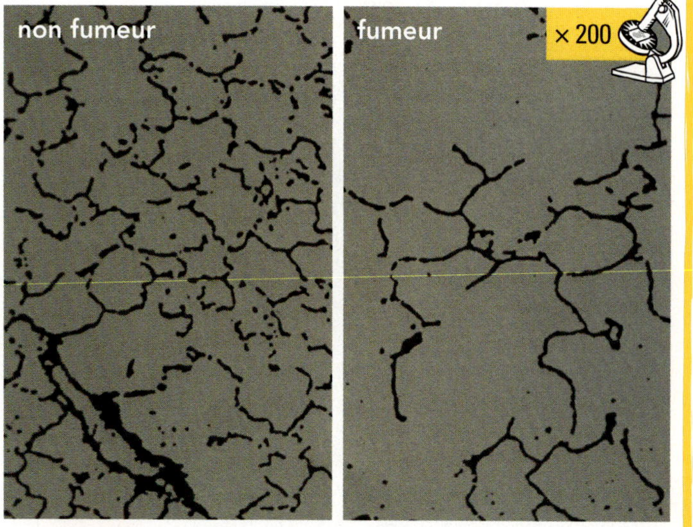

Doc. 2 Coupe d'un poumon sain (à gauche) et d'un poumon de fumeur (à droite). On peut observer les alvéoles pulmonaires.

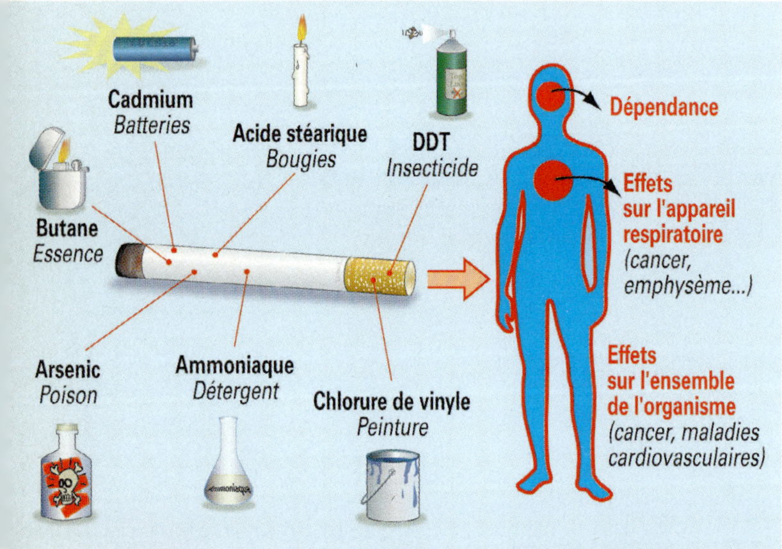

Doc. 4 Substances contenues dans une cigarette.

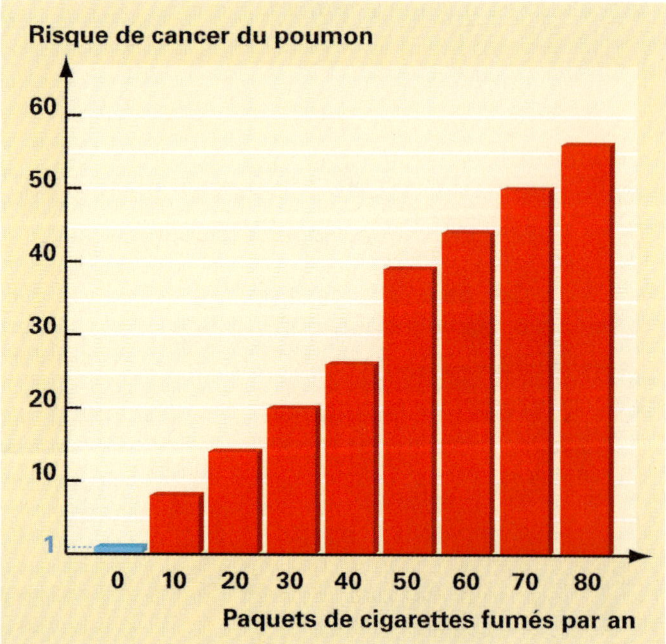

Doc. 3 Consommation de tabac et risque de développer un cancer du poumon. La valeur 1 correspond au risque pour un non fumeur. Lorsque le risque est égal à 10, la personne concernée risque dix fois plus de développer un cancer du poumon.

B. Les effets de la pollution

Doc. 5 **La pollution atmosphérique en ville.** Différents polluants, émis par les activités humaines (industries, trafic automobile…) ont des effets importants sur l'organisme.

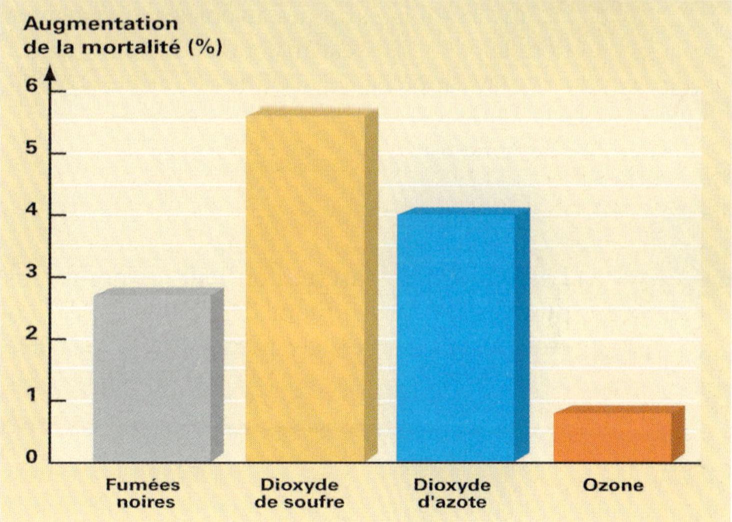

Doc. 6 **Les conséquences de la pollution.** Une étude menée dans une dizaine de grandes villes françaises a mesuré l'augmentation du nombre de décès (en %) par maladies respiratoires (asthme…) causés par une quantité excessive de certains polluants dans l'*atmosphère*★ (émis, notamment, par le trafic automobile).

Je résous le problème

Réponds aux questions pour résoudre le problème.

1. **Doc. 1** Compare les distances parcourues par chaque groupe et précise les effets du tabac sur les performances sportives.
2. **Doc. 2** Propose une explication à ces différences de performances.
3. **Doc. 3** Établis une relation entre le risque de développer un cancer et la consommation de tabac.
4. **Doc. 4** Recherche une cause à cette augmentation du risque.
5. **Doc. 5** Retrouve différentes sources de la pollution atmosphérique.
6. **Doc. 6** Explique la nécessité, lors des pics de pollution, de limiter le trafic en ville.

➔ **Comment certaines substances agissent-elles sur la respiration ?**

Vocabulaire ★

Cancérigène (adj.) : se dit d'une substance qui favorise l'apparition des cancers.

Atmosphère (n. f.) : couche d'air qui englobe la Terre.

Bilan

J'ai découvert...

Activité 1 ... le prélèvement du dioxygène dans l'air

Au cours des mouvements respiratoires, l'air est **inspiré** puis **expiré**. L'air expiré est appauvri en dioxygène. L'organisme a donc prélevé du dioxygène dans l'air. Les **mouvements respiratoires**, qui **renouvellent l'air**, s'accélèrent au cours d'un effort. Ainsi, le volume d'air inspiré augmente et l'organisme peut consommer plus de dioxygène.

Activité 2 ... le devenir de l'air dans l'appareil respiratoire

L'air circule dans l'appareil respiratoire. Il passe dans la trachée, puis au niveau des **poumons** dans les **bronches** et les **bronchioles**. Celles-ci se terminent par de petits sacs, les **alvéoles pulmonaires**, qui se remplissent d'air au cours d'une inspiration.

Activité 3 ... des échanges entre l'air et le sang

Les poumons sont des organes richement irrigués par le sang. Le dioxygène **passe de l'air au sang** en traversant la paroi des alvéoles. Ces échanges gazeux sont favorisés par le grand nombre d'alvéoles dont la **paroi fine** est au contact de nombreux **vaisseaux sanguins**. L'ensemble constitue **une grande surface**, appelée **surface d'échange**.

Activité 4 ... les maladies respiratoires

La fumée de cigarette contient de nombreuses **substances toxiques** qui se déposent dans les poumons et provoquent des maladies. Au cours d'un pic de **pollution**, les substances toxiques émises sont inspirées et peuvent entraîner des **problèmes respiratoires**.

Suis le film du cours

Partie 2 – Fonctionnement de l'organisme et besoin en énergie

Chapitre 3
L'organisme en activité

Chapitre 4
L'approvisionnement en dioxygène

Chapitre 5
L'approvisionnement en nutriments, source d'énergie

Pour libérer de l'énergie, les organes consomment du dioxygène et des nutriments apportés par le sang et rejettent du dioxyde de carbone, en quantité variable selon l'activité.

Le dioxygène de l'air est conduit aux poumons et passe dans le sang au niveau des alvéoles.

Je retiens l'essentiel...

... en apprenant le résumé du cours

- L'organisme prélève du **dioxygène** dans l'air.
- L'air est **renouvelé** dans l'organisme par des **mouvements respiratoires** : inspiration et expiration.
- L'air inspiré est conduit aux **alvéoles pulmonaires** où a lieu le passage du dioxygène dans le sang.
- Les nombreuses alvéoles aux parois fines constituent une grande **surface d'échange** entre l'air et le sang. Les échanges gazeux sont ainsi favorisés.
- Le tabac et les pics de pollution peuvent être responsables de **maladies respiratoires.**

Je réussis le contrôle si

je sais

- Reconstituer le trajet de l'air dans l'appareil respiratoire
- Expliquer à quel niveau et comment l'organisme réalise des échanges gazeux
- Décrire la surface d'échange alvéolaire
- Citer des exemples d'effets du tabac ou de la pollution sur la respiration

je sais faire

- Placer les légendes sur une coupe de poumon
- Lire un enregistrement des mouvements respiratoires

... en étudiant le schéma-bilan

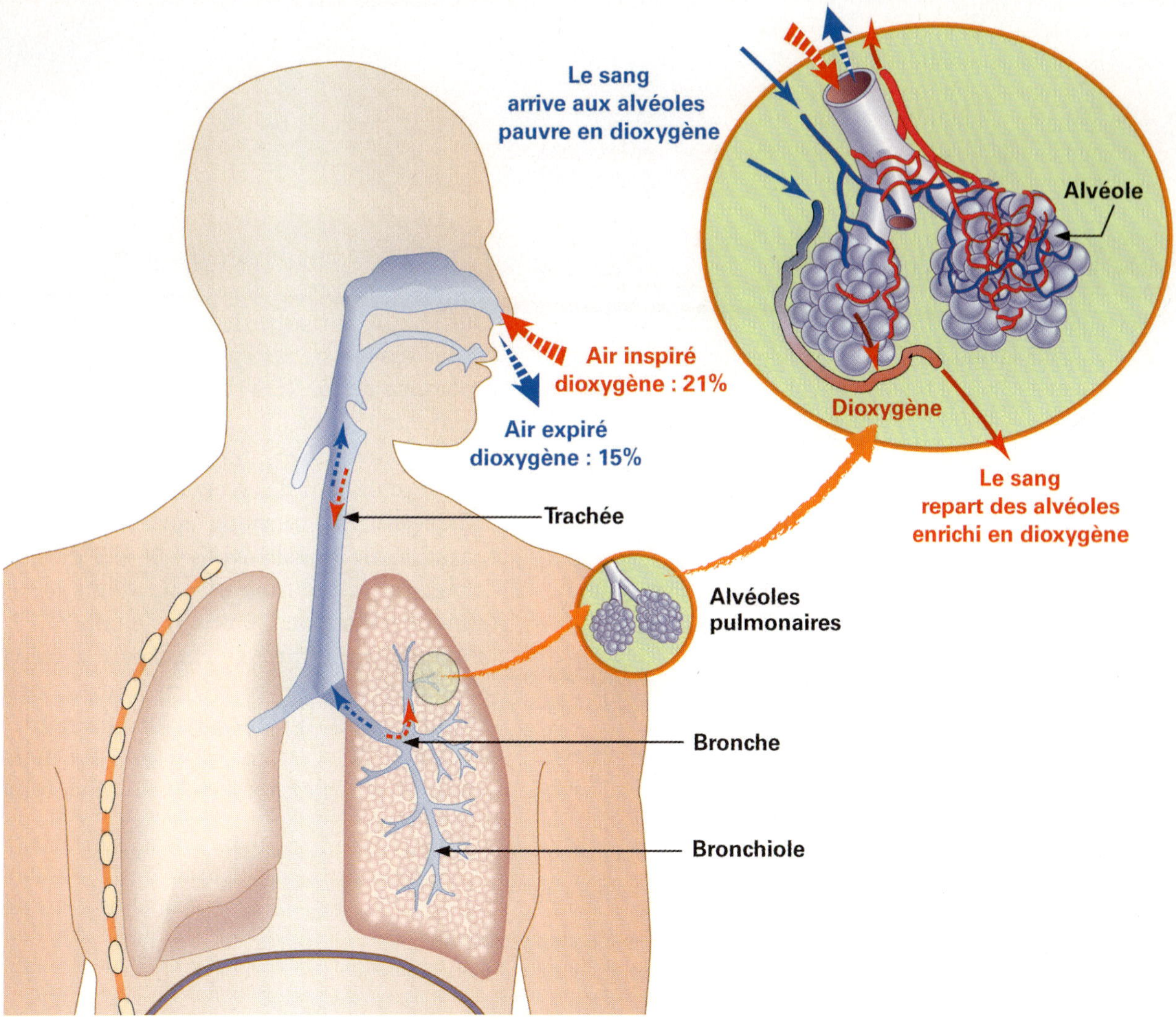

Histoire — Lavoisier et la respiration

Le français Antoine Laurent de Lavoisier (1743-1794) est un scientifique qui a plus d'une corde à son arc : c'est un chimiste, mais c'est aussi un biologiste. Il est le premier à montrer que l'air est un mélange de plusieurs gaz et à donner sa composition. Il nomme l'un d'entre eux « oxygène », que nous appelons aujourd'hui « dioxygène ». Ses expériences sur l'air l'amènent à s'intéresser à la respiration des êtres vivants. Il constate qu'un oiseau, placé sous une cloche hermétique, meurt au bout de 55 minutes. Mais un second oiseau, placé sous la même cloche, ne vit que quelques instants. Un jour, Lavoisier a une idée : comme il sait séparer les différents gaz constituant l'air, il réinjecte du dioxygène sous la cloche. Depuis lors, plus aucun oiseau n'est mort dans cette expérience !

- Cherche le sens du mot « hermétique » et explique la mort des oiseaux dans les expériences.
- Pourquoi l'idée de Lavoisier permet-elle aux oiseaux de survivre ?

Santé — La cigarette, ton meilleur ennemi !

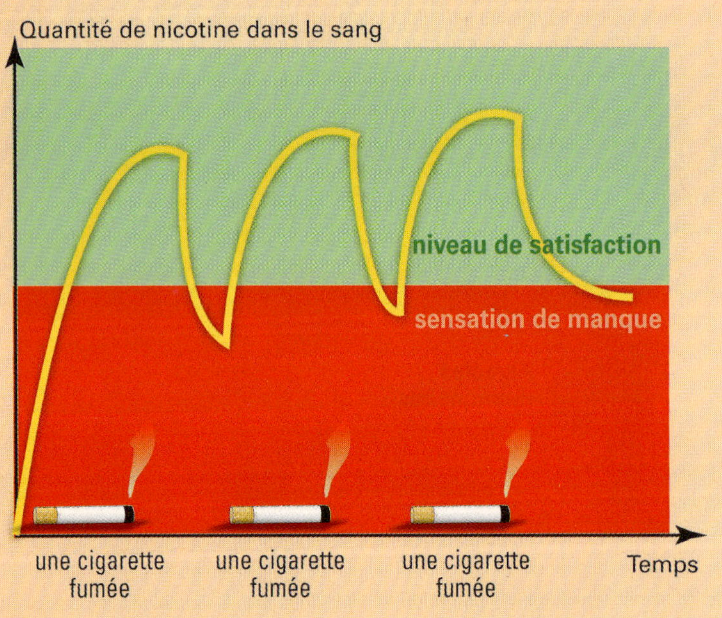

Qu'est-ce qui pousse un fumeur à allumer une cigarette ? Il sait qu'il aura moins de souffle, que le risque de cancer ou de maladie cardio-vasculaire sera plus élevé, bref, que son espérance de vie sera plus courte. Pourtant, il allume une nouvelle cigarette ! Pourquoi ? La nicotine contenue dans le tabac passe dans le sang et se fixe sur des récepteurs présents dans le cerveau. Le fumeur éprouve alors une sensation de plaisir. Mais elle est de courte durée, car la nicotine est vite dégradée et le manque s'installe. Comment le combler ? En rallumant une cigarette ! Peu à peu, se crée une dépendance très forte comme pour l'usage de drogues. Ainsi, n'écoute pas les fumeurs : ce n'est pas la recherche du plaisir, mais la sensation de manque, qui les incite à fumer !

- Explique pourquoi il est très difficile d'arrêter de fumer.
- Donne d'autres exemples de phénomènes de dépendance.

Atelier

Comment écouter l'air dans les poumons ?

On pourrait croire les voies respiratoires silencieuses, et pourtant, il s'y joue un véritable concert ! Quand l'air circule, il frotte en effet contre les parois et produit des sons, comme en soufflant dans un tuyau ou une bouteille. Avec son stéthoscope, le médecin guette tout son anormal. Par exemple, si les voies respiratoires sont encombrées par du mucus, produit en abondance pendant un rhume, il entend un ronflement. En cas d'infection par des microbes, le poumon émet un crépitement, comme des pas sur la neige tassée. Si les alvéoles sont remplies de liquide, comme c'est le cas pour un œdème, tous les bruits sont étouffés et le poumon devient un havre de paix, mais au stéthoscope seulement...

- Tu peux fabriquer un stéthoscope artisanal : roule sur elles-mêmes plusieurs feuilles de papier et applique-les sur le dos d'un camarade... dans une pièce silencieuse !

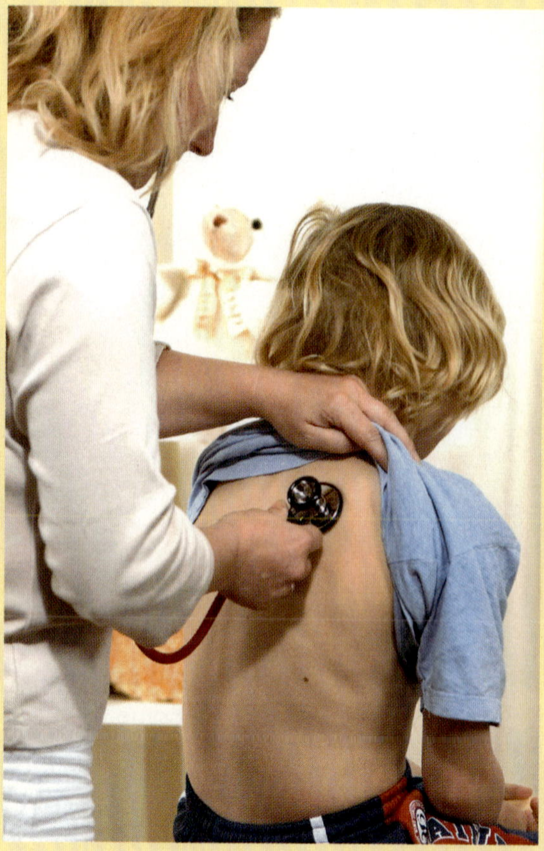

Internet

Quel est le mécanisme de la noyade ?

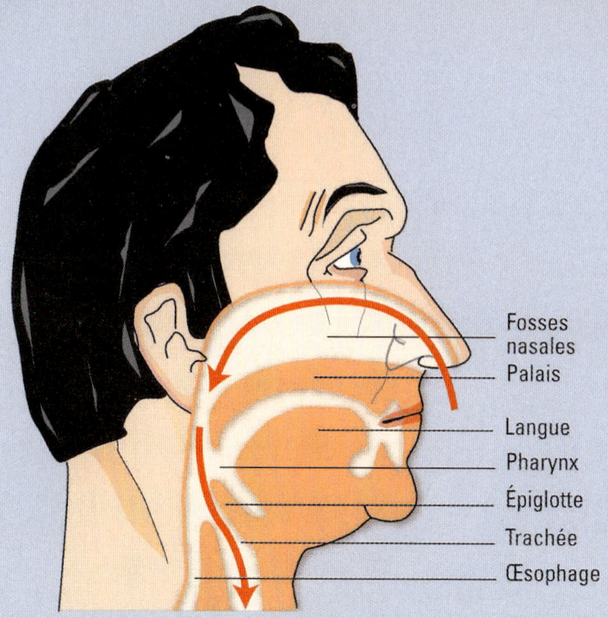

Lorsqu'on pense à une noyade, on imagine généralement que les poumons de la victime se sont remplis d'eau, ce qui a empêché le passage du dioxygène. Pourtant, chez certains noyés, on ne retrouve pas une goutte d'eau dans les poumons !

- Pour comprendre pourquoi, observe le dessin. Intéresse-toi aux voies respiratoires et essaie de concevoir une explication. Pense à des circonstances dans lesquelles tu as failli t'étouffer.
- Recherche dans une encyclopédie ou sur Internet le rôle des organes sur le dessin.
- Saisis dans un moteur de recherche les mots-clé : « épiglotte + noyade », « trachée + noyade », « œsophage + noyade ». Tu pourras ainsi approfondir ton raisonnement.

Teste tes connaissances

1 Rédige une phrase

Pour chaque phrase, utilise les mots proposés :

a) alvéole / dioxygène / sang / air

b) air inspiré / dioxygène / air expiré / riche

c) surface alvéolaire/ passage du dioxygène / sang

2 Qui a raison ?

Lis le texte et dis qui a raison en justifiant ton choix.

Le professeur demande : « Comment la structure des poumons permet le passage du dioxygène de l'air dans le sang ? » Trois élèves répondent :

a) « Le dioxygène traverse les alvéoles qui se jettent dans le sang. »

b) « Les poumons sont richement irrigués. »

c) « Les alvéoles pulmonaires sont remplies de sang. »

3 Le mot caché

Recopie la grille, puis complète les lignes à l'aide des définitions suivantes.
Découvre alors le mot caché dans la colonne bleue.

a) Conduit l'air dans les poumons.

b) Ceux de la cage thoracique permettent le renouvellement de l'air.

c) Elle est ramifiée en bronchioles.

d) Gaz consommé lors de la respiration.

e) Rejet d'air par les poumons.

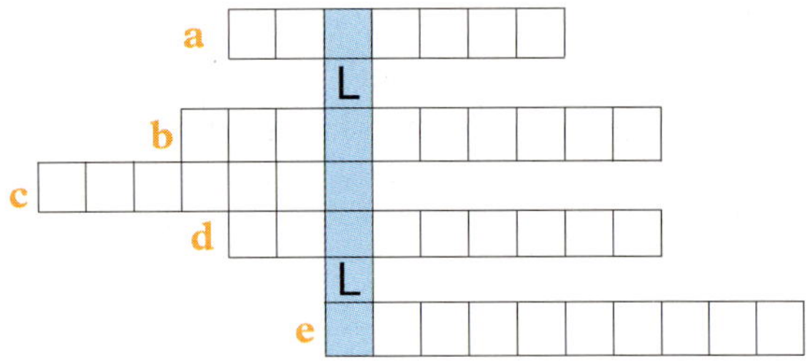

Découvre avec l'informatique

CD-ROM

4 L'approvisionnement en dioxygène

Avec ton professeur, visionne l'animation nommée *La consommation en dioxygène de l'organisme*, puis réponds aux questions.

Questions

Re **a)** Mets en place les éléments du montage pour mesurer la consommation de dioxygène.

I, Ra **b)** Dans l'expérience 1, détermine le volume de dioxygène consommé au repos en 1 minute.

I **c)** Détermine le volume d'air expiré au repos.

I, Ra **d)** Dans l'expérience 2, détermine le volume de dioxygène consommé durant l'activité en 1 minute et compare-le avec celui au repos.

Ra **e)** Détermine le volume d'air expiré durant l'activité et compare-le avec celui au repos.

Ra **f)** Explique alors comment l'organisme peut prélever plus de dioxygène au cours d'un effort.

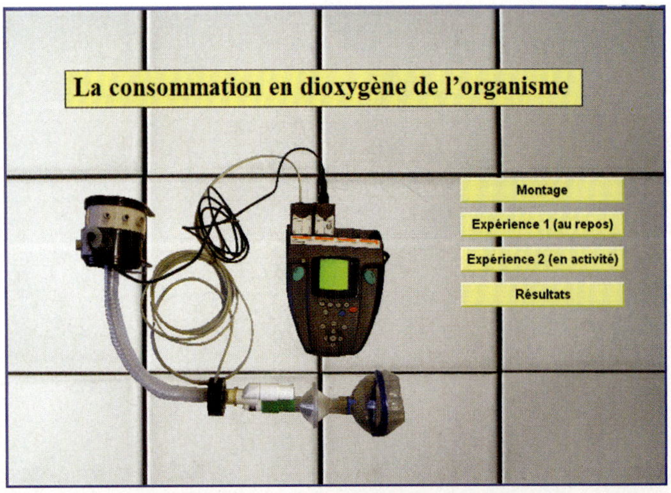

Applique tes connaissances

5 Les mouvements respiratoires

On représente la cage thoracique pendant l'inspiration et l'expiration ▶ Doc. 1. On mesure dans deux situations (A et B) le rythme respiratoire d'un individu et le volume d'air entrant à chaque inspiration ▶ Doc. 2.

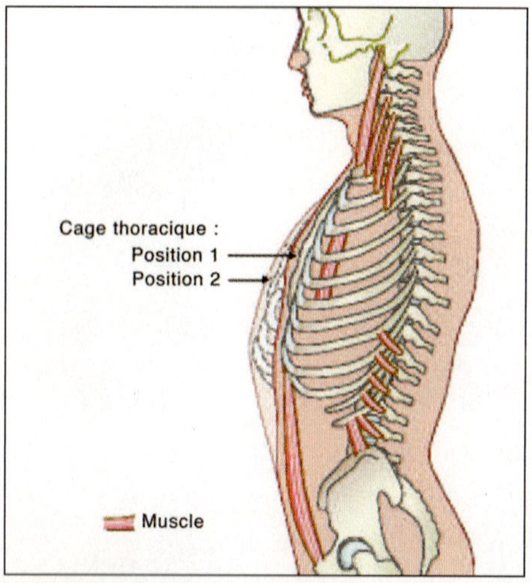

Doc. 1 Positions de la cage thoracique au cours des mouvements respiratoires.

	Rythme respiratoire (nombre de mouvements respiratoires par minute)	Volume d'air entrant à chaque inspiration (en litres)
Situation A	22	1,5
Situation B	11	0,7

Doc. 2 Mesure du rythme respiratoire et du volume d'air inspiré dans deux situations différentes A et B.

Questions

I **a)** Compare le volume de la cage thoracique dans les deux positions 1 et 2 ▶ Doc. 1.

I, Ra **b)** Identifie les deux positions (inspiration et expiration) en justifiant ta réponse ▶ Doc. 1.

I, Ra **c)** Compare le rythme respiratoire et le volume d'air inspiré dans les situations A et B ▶ Doc. 2 et identifie alors ces deux situations (repos ou activité).

Ra **d)** Explique l'influence des variations du rythme respiratoire et du volume d'air inspiré sur la consommation de dioxygène.

6 La respiration en altitude

Beaucoup d'alpinistes connaissent le « mal des montagnes ». À partir d'une certaine altitude, des troubles apparaissent : maux de tête, vertiges, accélération du rythme cardiaque… et surtout difficultés à respirer. Le rythme respiratoire augmente et chaque inspiration devient plus profonde. Pour connaître la cause du mal des montagnes, on a mesuré à différentes altitudes la quantité de dioxygène présent dans 1 L d'air ▶ Doc. 1.

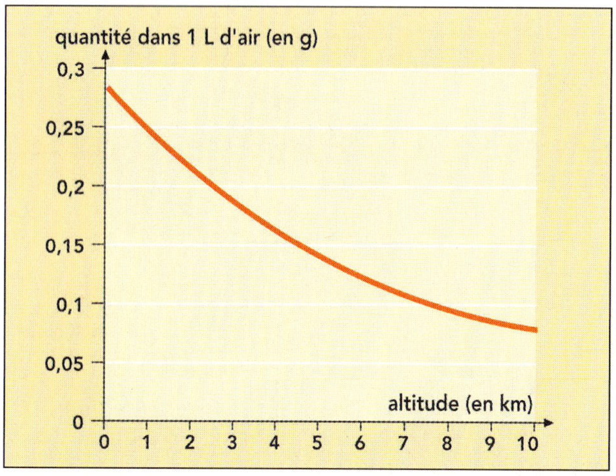

Doc. 1 Quantité de dioxygène présent dans 1 L d'air selon l'altitude.

Questions

I **a)** Décris la variation de la quantité de dioxygène dans 1 L d'air en fonction de l'altitude.

Ra **b)** Explique quel problème est posé à l'organisme en altitude.

Ra **c)** Explique comment l'augmentation des mouvements respiratoires permet de compenser la faible teneur en dioxygène de l'air.

7 Des maladies du poumon

Les maladies du poumon sont variées et entraînent le plus souvent de graves problèmes de santé. Sur le ▶ Doc. 1, on a représenté l'aspect de différentes alvéoles pulmonaires (A, B et C) correspondant aux maladies respiratoires les plus fréquentes.

Questions

I **a)** Décris l'anomalie visible au niveau des alvéoles pulmonaires pour chaque maladie, en comparant avec un poumon normal.

Ra **b)** Explique dans chaque cas le problème posé par cette anomalie pour les échanges entre l'air et le sang.

Ra **c)** Indique quelle conséquence ces maladies ont sur le sang apportant le dioxygène aux organes.

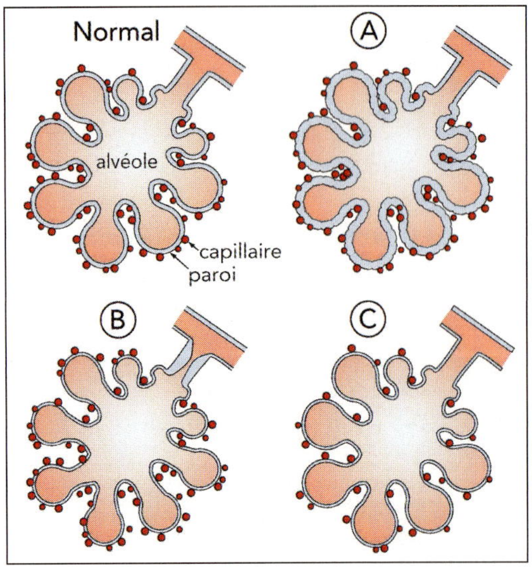

Doc. 1 Alvéoles pulmonaires pour quelques maladies respiratoires.

8 Pollution et respiration

Dans une région, on a mesuré chaque jour le nombre de patients admis à l'hôpital pour des problèmes respiratoires ainsi que la teneur d'une substance polluante dans l'atmosphère, le dioxyde de soufre ▶ Doc. 1. Par ailleurs, des examens médicaux comme la fibroscopie ont permis d'observer l'état des bronches chez un certain nombre de patients plusieurs fois hospitalisés après un pic de pollution ▶ Doc. 2.

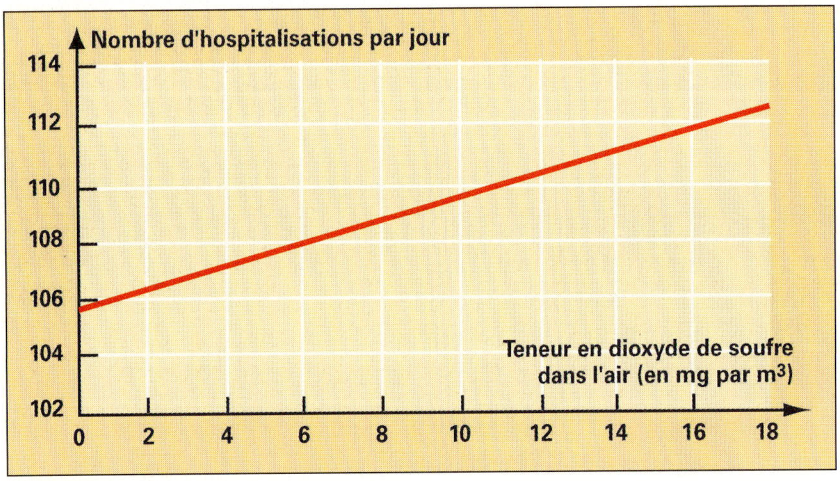

Doc. 1 Nombre de patients admis chaque jour à l'hôpital selon la teneur en dioxyde de soufre.

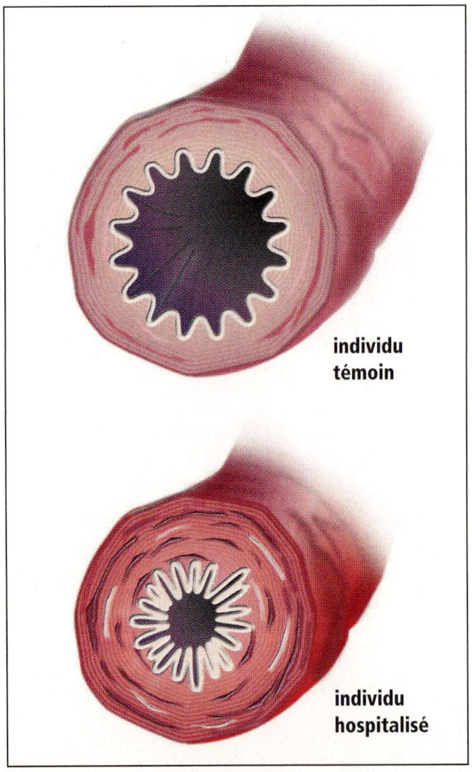

Doc. 2 Aspect des bronches d'un individu témoin (en haut) et d'un individu hospitalisé (en bas).

Questions

I **a)** Indique comment le nombre de malades varie lorsque la teneur en dioxyde de soufre augmente.

I **b)** Compare l'aspect des bronches de ces deux individus.

Ra **c)** Explique comment le dioxyde de soufre cause des difficultés respiratoires.

Entraîne-toi seul

9 Les effets du tabac

On demande à deux groupes de dix personnes de réaliser une série de flexions. On mesure ensuite le temps nécessaire à chaque personne pour retrouver le ryhtme respiratoire qu'elle avait avant l'exercice. Un groupe est constitué uniquement de fumeurs, l'autre uniquement de non fumeurs ▶ Doc. 1. Pour comprendre les résultats de cette expérience, on compare par ailleurs les coupes d'alvéoles pulmonaires d'un fumeur et d'un non fumeur ▶ Doc. 2.

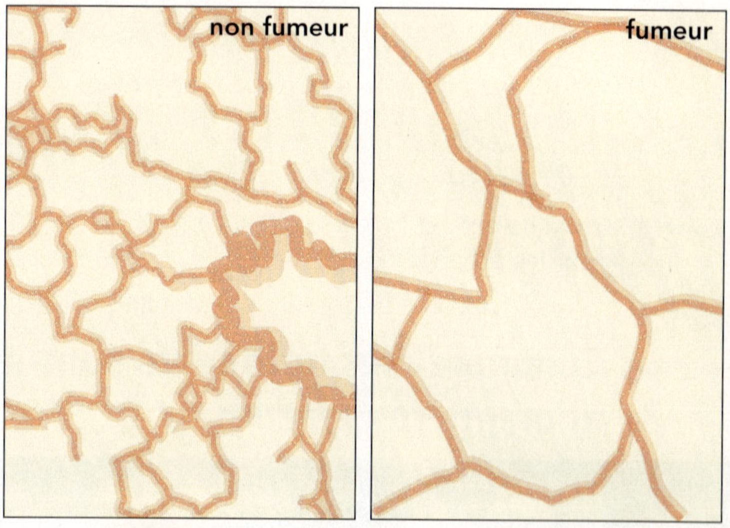

Doc. 2 Dessin de coupes d'alvéoles pulmonaires d'un non fumeur (à gauche) et d'un fumeur (à droite).

	Temps nécessaire pour retrouver un rythme respiratoire normal (en minutes)									
10 fumeurs	1,7	1,5	2,1	2,3	1,8	1,7	2,1	2,2	1,9	1,9
10 non fumeurs	0,5	0,7	1,3	0,8	1	0,5	1,6	1,1	0,9	0,9

Doc. 1 Temps nécessaire pour récupérer un rythme respiratoire normal à la suite d'un effort.

Questions

C, I **a)** Calcule le temps mis en moyenne par un individu de chaque groupe pour retrouver son rythme respiratoire ▶ Doc. 1.

Ra **b)** Donne alors une conséquence de la consommation de tabac chez un fumeur.

Ra **c)** Compare la taille des alvéoles pulmonaires sur les deux coupes ▶ Doc. 2 et déduis-en une caractéristique de la surface d'échange.

Ra **d)** Explique alors pourquoi le rythme respiratoire augmente davantage pendant l'effort chez un fumeur que chez un non fumeur.

Coups de pouce

- Fais la somme des temps et divise par le nombre d'individus dans un groupe.
- Compare les temps chez les fumeurs et les non fumeurs.
- Rappelle-toi que plus la surface a de replis, plus la surface d'échange est grande.
- Recherche la conséquence d'une augmentation du rythme respiratoire sur le volume de dioxygène prélevé.

Réponses

a) Le temps moyen mis pour retrouver un rythme respiratoire normal est :

- Pour un fumeur :
  (1,7+1,5+2,1+2,3+1,8+1,7+2,1+2,2+1,9+1,9) / 10
  = 17/10 = 1,7 min.
- Pour un non fumeur :
  (0,5+0,7+1,3+0,8+1+0,5+1,6 +1,1+0,9+0,9) / 10
  = 11,5/10 = 1,15 min.

b) Chez les fumeurs, il faut plus de temps pour retrouver un rythme respiratoire normal.

c) Les alvéoles sont plus grandes, donc moins nombreuses chez un fumeur que chez un non fumeur. Il y a donc diminution de la surface d'échange chez un fumeur.

d) Le rythme respiratoire du fumeur augmente davantage pour prélever plus de dioxygène et compenser la diminution des échanges à travers les parois alvéolaires.

Chapitre 5

L'approvisionnement en nutriments, source d'énergie

…› **Comment des nutriments sont-ils fournis aux organes à partir des aliments consommés ?**

Chaque jour, nous consommons des aliments. Nos organes ont besoin de nutriments pour fonctionner.

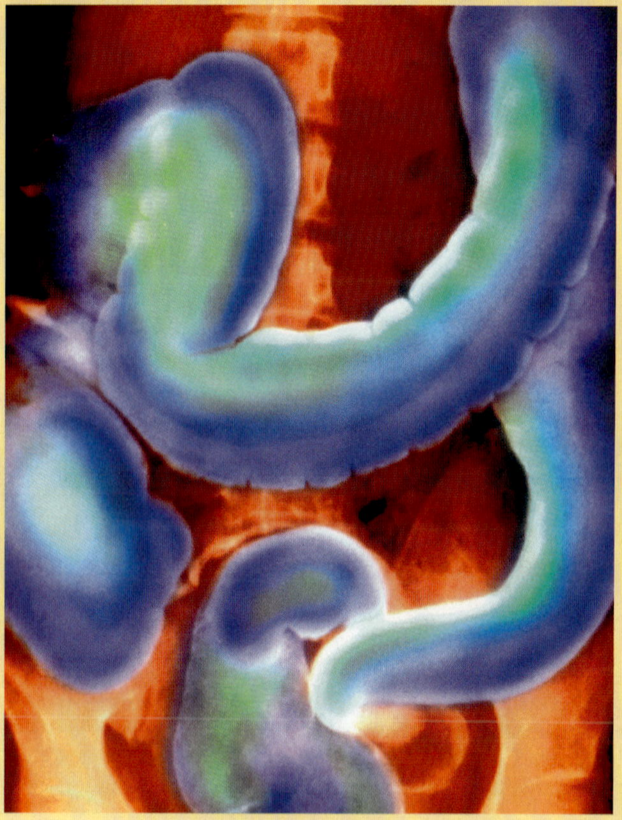

Activité 1

On peut suivre le trajet des aliments dans notre corps, grâce à l'imagerie médicale : ils traversent les organes du tube digestif.

Activités 2 et 3

Ce bébé n'a pas de dents. Il est pourtant capable de transformer ses aliments en nutriments qui seront apportés par le sang aux organes.

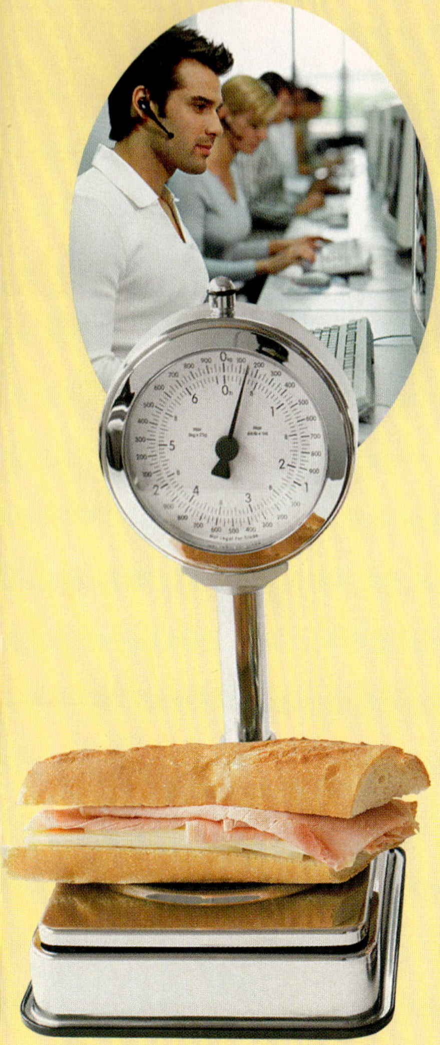

Activités 4 et 5

Les aliments sont une source d'énergie pour l'organisme. Manger est une nécessité, mais nous n'avons pas tous les mêmes besoins. Une alimentation déséquilibrée peut entraîner des maladies.

Activité 1

Le trajet des aliments dans l'organisme

Une fois dans la bouche, les aliments sont mâchés et avalés. Ils commencent alors leur parcours dans le tube digestif.

Quel est le trajet des aliments dans le tube digestif ?

A. La découverte des organes de l'appareil digestif

■ La dissection d'un lapin permet de repérer les différents organes formant son appareil digestif ▶ Doc. 1. On peut replacer tous ces organes avec leurs noms sur un schéma ▶ Doc. 2.

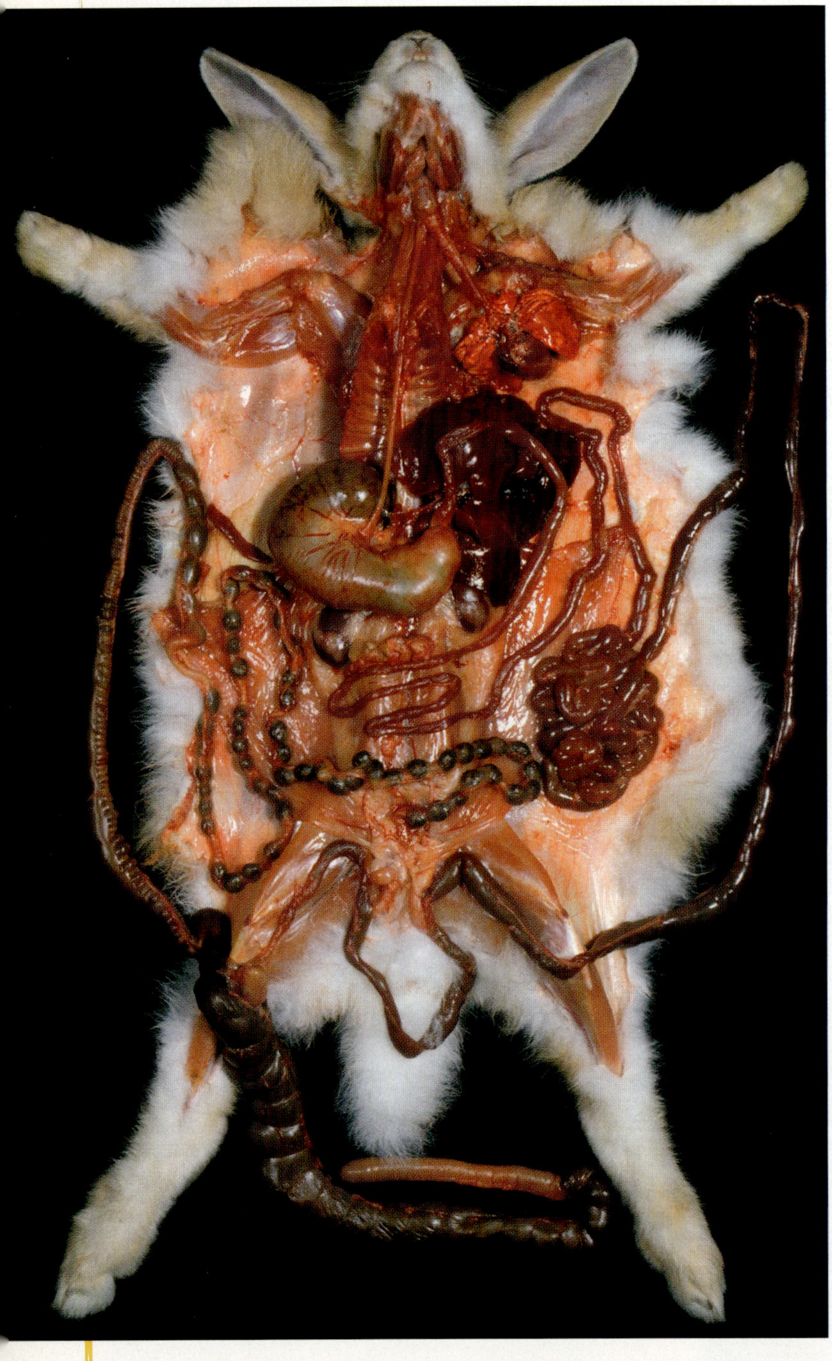

Doc. 1 **Dissection de l'appareil digestif d'un lapin.** L'appareil digestif regroupe tous les organes intervenant dans la digestion. Le tube digestif regroupe seulement les organes traversés par les aliments. Dans cette dissection, on a déplacé les organes de l'appareil digestif pour mieux les distinguer.

Doc. 2 **Schéma d'interprétation de l'appareil digestif du lapin.**

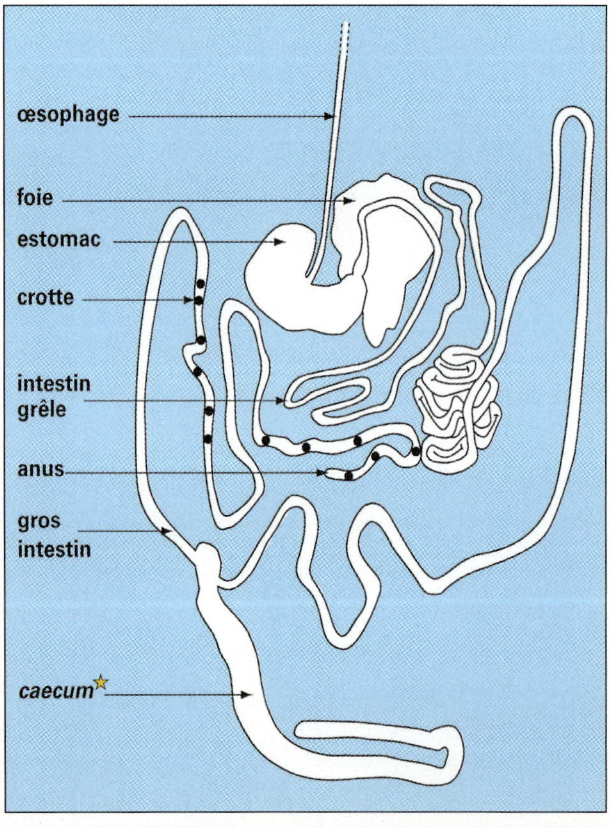

B. La progression des aliments dans le tube digestif

■ En absorbant une substance opaque, on peut suivre son trajet dans le tube digestif et connaître les organes traversés par les aliments ▶ Doc. 3 et 4.

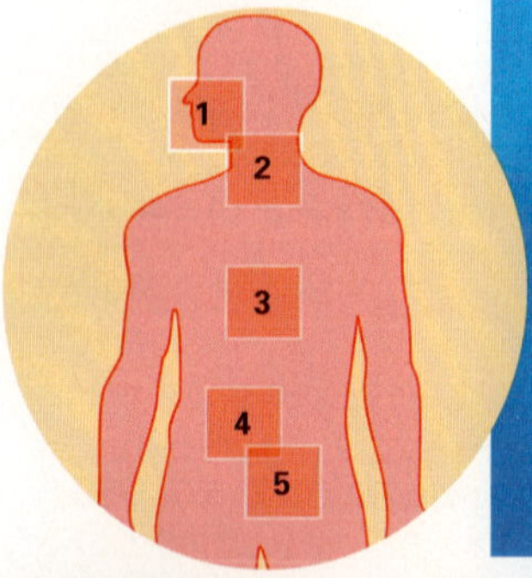

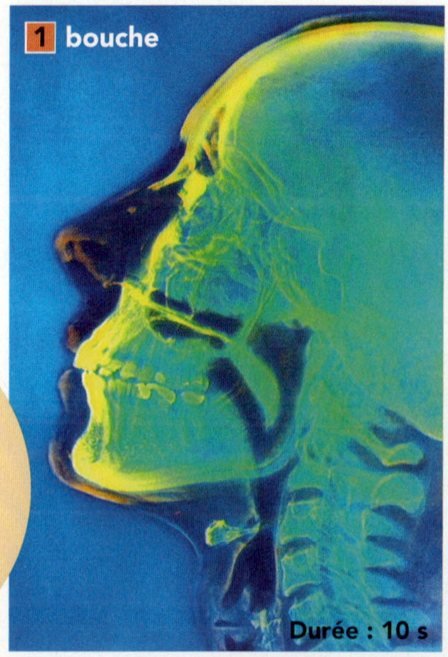

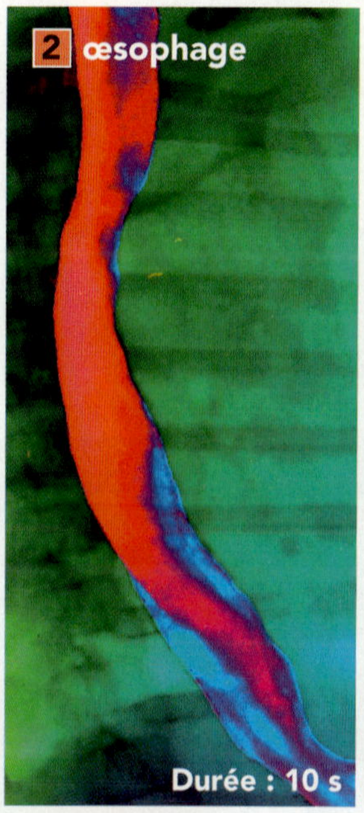

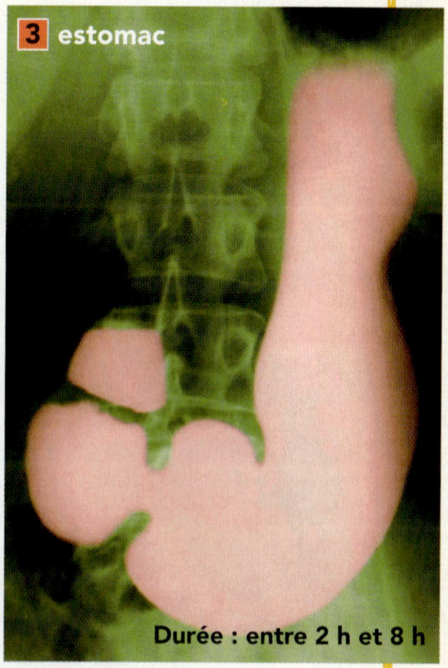

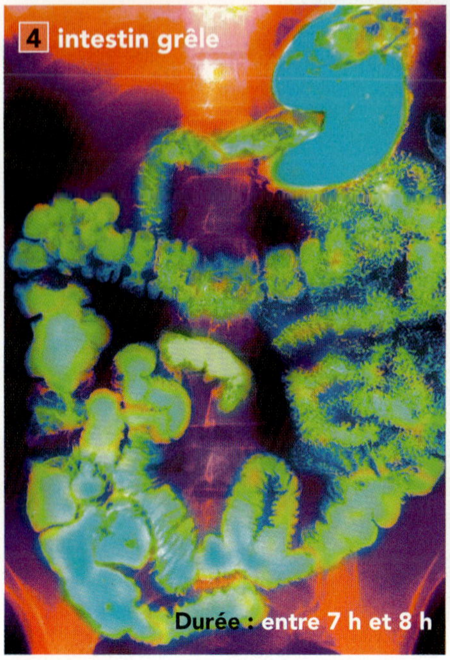

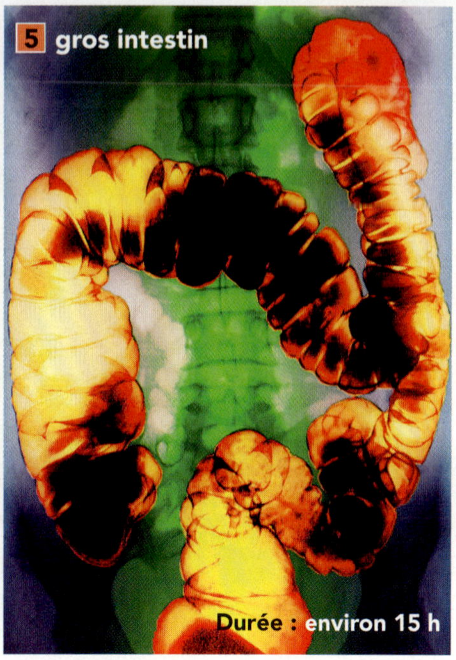

Doc. 3 **Radiographies du tube digestif.** Au fil des heures, les aliments (ou *bol alimentaire*★) traversent les différents organes du tube digestif de l'Homme. On a indiqué le temps de séjour des aliments dans chaque organe.

D'un bout à l'autre, entre la bouche et l'anus, le tube digestif a une longueur d'environ 8 mètres. Comment les aliments font-ils pour parcourir un si long trajet ? On peut penser qu'ils descendent dans le tube digestif de haut en bas, sous l'action de la *gravité*★, puisque notre corps est en position verticale. Pourtant, on peut manger allongé sans problème de digestion. La réponse se situe dans la paroi des organes du tube digestif : elle contient en effet des muscles qui se contractent régulièrement et assurent la progression des aliments.

Doc. 4 **La progression des aliments.**

Je résous le problème

Réponds aux questions pour résoudre le problème.

1. **Doc. 1 et 2** Dresse la liste des différents organes de l'appareil digestif.
2. **Doc. 2 et 3** Indique, parmi ces organes, ceux qui sont traversés par les aliments.
3. **Doc. 1 à 3** Propose une explication à l'origine des déchets dans le gros intestin.
4. **Doc. 3** Calcule le temps mis par les aliments puis par les déchets pour parcourir tout le tube digestif.
5. **Doc. 4** Explique la progression des aliments dans le tube digestif.

➔ **Quel est le trajet des aliments dans le tube digestif ?**

Vocabulaire ★

Cæcum (n. m.) : partie du gros intestin.

Bol alimentaire : ensemble des aliments présents dans chacun des organes du tube digestif.

Gravité (n. f.) : phénomène naturel qui attire les objets vers le sol.

Activité 2

Des aliments aux nutriments

Au cours de leur progression dans le tube digestif, les aliments sont lentement transformés pour devenir des *nutriments*⋆. C'est la digestion.

➔ Comment les aliments sont-ils transformés en nutriments ?

A. La transformation des aliments

■ En prélevant une petite quantité d'aliments dans les différents organes du tube digestif, on peut observer les transformations des aliments au cours de leur trajet ▶ Doc. 1.

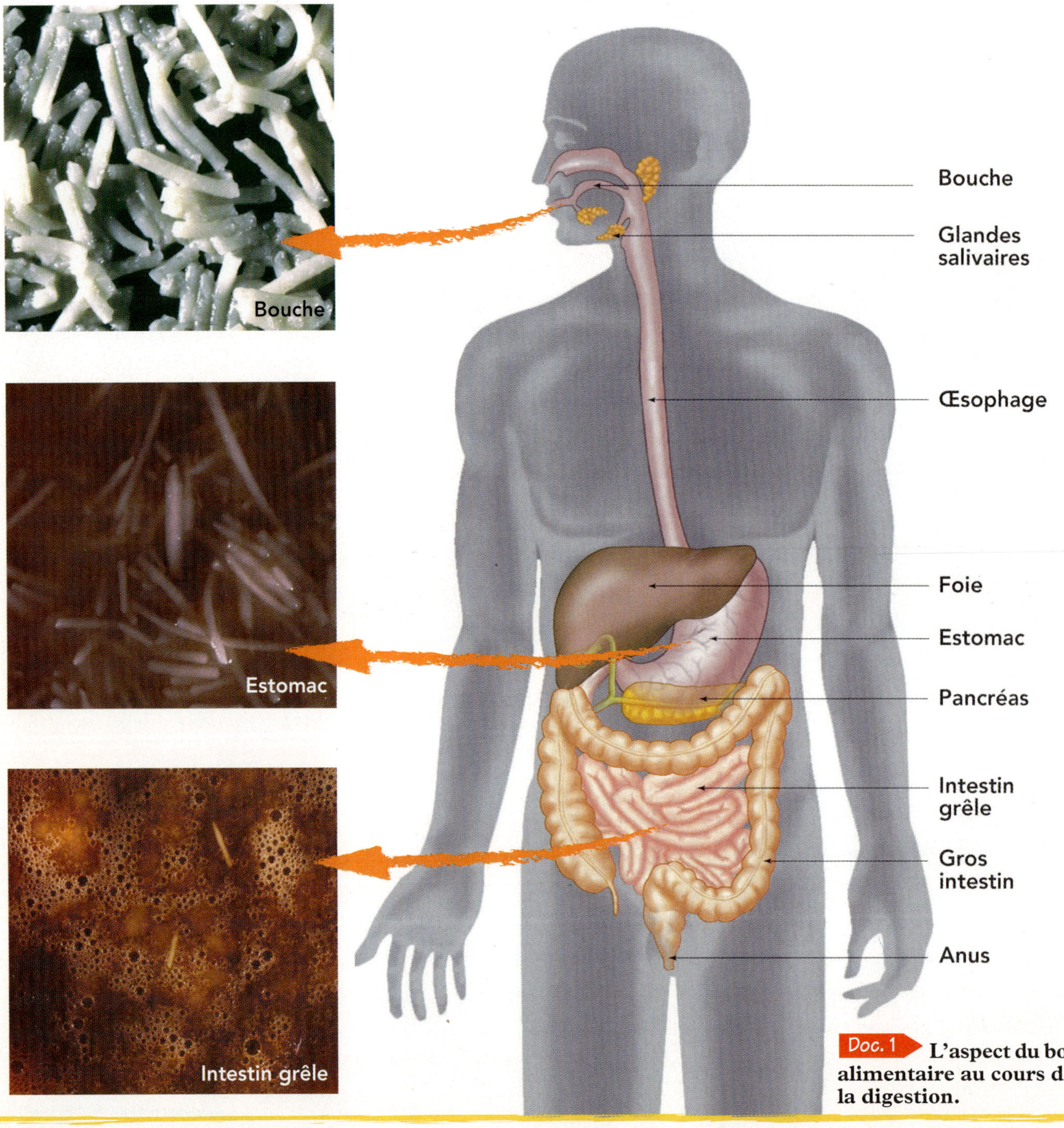

Doc. 1 L'aspect du bol alimentaire au cours de la digestion.

B. L'action chimique des organes de la digestion

■ Les aliments sont transformés dans le tube digestif. Pour découvrir l'explication de cette transformation, le scientifique français René-Antoine Ferchault de Réaumur (1683-1757), réalisa des expériences sur les rapaces ▶ Doc. 2. Celles-ci ont été complétées par d'autres plus récentes ▶ Doc. 3.

Le débat. Au XVIIIe siècle, les scientifiques s'interrogent sur le mécanisme de la digestion. Deux hypothèses sont en compétition. Dans la première, les aliments sont broyés dans le tube digestif et finissent par y pourrir. Dans la seconde, les aliments sont rendus liquides par des substances chimiques sécrétées par les organes.

L'expérience. Pour résoudre ce problème, un scientifique Réaumur, expérimente sur des rapaces. Il a en effet remarqué que ces oiseaux rejettent par la bouche les restes qu'ils n'ont pas digérés. Il fait alors avaler à un rapace un tube creux en fer, ouvert aux deux extrémités, contenant un morceau de viande.

Les résultats. Vingt-quatre heures après, le rapace rejette le tube. Réaumur a enfin la réponse à son problème : le tube en fer n'est pas du tout déformé et la plus grande partie du morceau de viande a disparu.

Doc. 2 **Les travaux de Réaumur sur la digestion.**

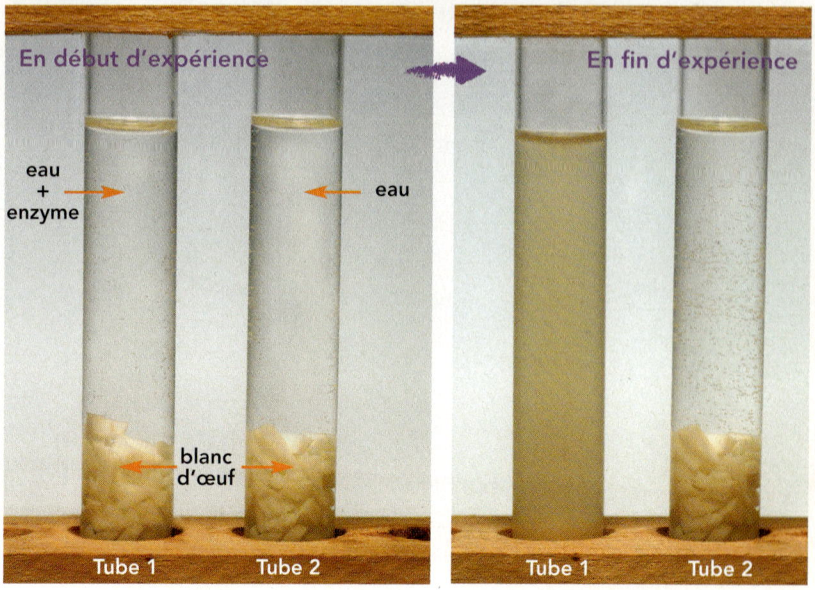

Doc. 3 **Une expérience pour comprendre la digestion.** Du blanc d'œuf est placé dans un tube à essais avec une substance présente dans le tube digestif et appelée *enzyme*☆ (tube 1). Dans un autre tube, du blanc d'œuf est placé seulement en présence d'eau (tube 2). Les deux tubes sont maintenus à la température du corps humain (37°C) pendant 2 heures.

Je résous le problème

Réponds aux questions pour résoudre le problème.

1. Doc. 1 Décris les transformations subies par les aliments au cours de leur progression.
2. Doc. 2 Indique ce qui reste dans le tube en fer après son rejet.
3. Doc. 2 Explique comment Réaumur élimine l'hypothèse du broyage des aliments par le tube digestif.
4. Doc. 2 Retrouve quelle hypothèse est confirmée par l'expérience de Réaumur.
5. Doc. 3 Indique ce qu'est devenu le blanc d'œuf dans le tube 1.
6. Doc. 3 Compare les deux tubes en fin d'expérience et explique cette différence.

➜ **Comment les aliments sont-ils transformés en nutriments ?**

Vocabulaire ☆

Enzyme (n. f.) : substance chimique fabriquée par l'organisme et permettant de transformer les aliments lors de la digestion.

Nutriment (n. m.) : élément permettant de nourrir les organes.

Activité 3

L'absorption des nutriments

Les aliments sont transformés en nutriments au cours de la digestion. Pour être distribués aux organes, les nutriments doivent passer dans le sang.

Comment les nutriments peuvent-ils passer dans le sang ?

A. Le passage des nutriments dans le sang

■ Après une opération, on peut rester, sous certaines conditions, plusieurs jours sans se nourrir ▶ Doc. 1. Une observation de l'intestin grêle ▶ Doc. 2 et une analyse du sang entrant et sortant de différents organes ▶ Doc. 3 permettent de savoir à quel niveau les nutriments passent dans le sang.

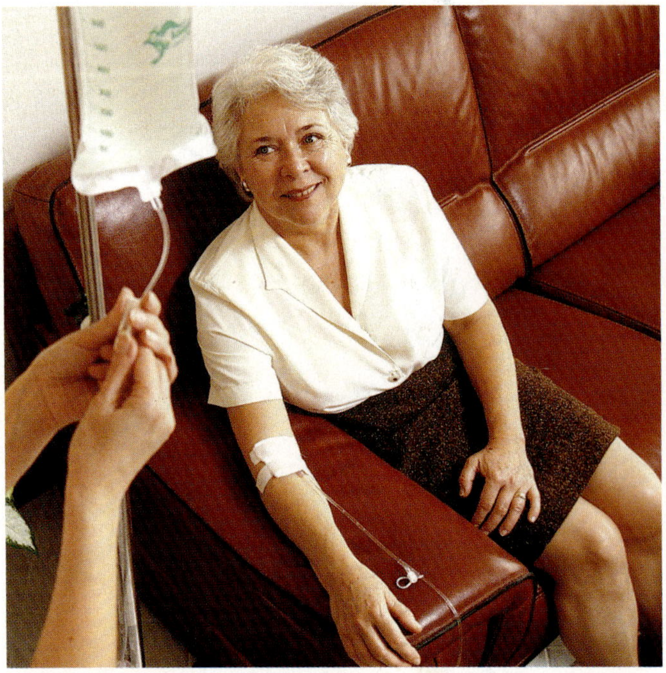

Doc. 1 **Un malade perfusé.** Après une opération de l'estomac ou de l'intestin, le malade est incapable d'avaler un aliment ou une boisson pendant plusieurs jours. Grâce à une *perfusion*☆, il reçoit alors en permanence dans son sang des nutriments comme du *glucose*☆.

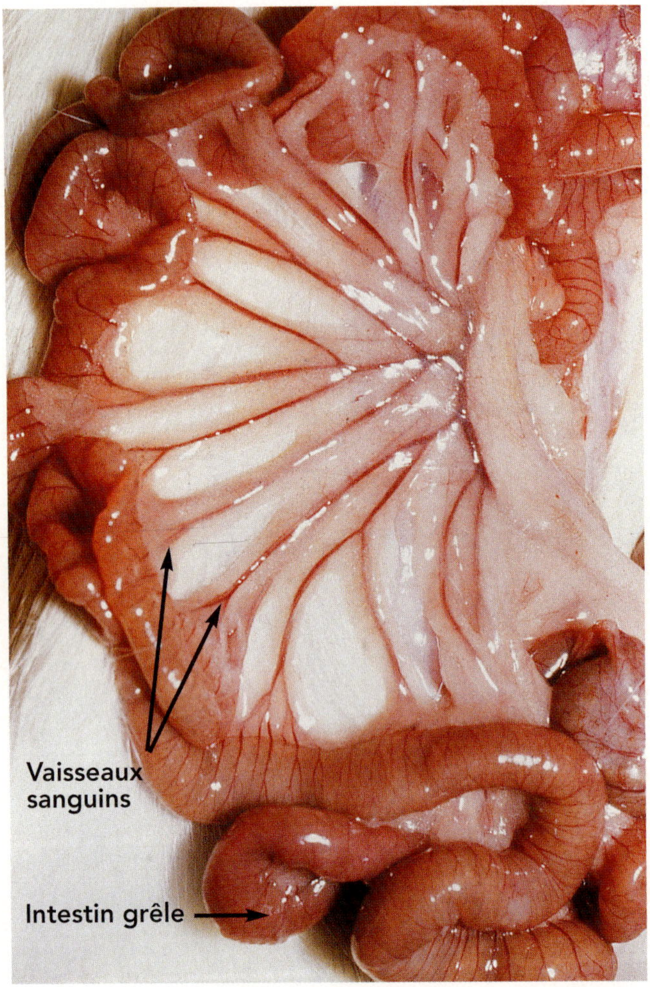

Doc. 2 **L'irrigation sanguine de l'intestin grêle.**

	Quantité de glucose (en mg) dans 100 mL de sang entrant	Quantité de glucose (en mg) dans 100 mL de sang sortant
Estomac	90	87
Intestin grêle	90	180
Gros intestin	90	87

Doc. 3 **Quantité de glucose dans le sang arrivant et repartant de différents organes.**

B. L'intestin grêle, une surface d'échange performante

La *paroi interne*★ de l'intestin grêle présente de nombreux replis, chacun étant constitué de replis de plus petite taille, appelés villosités ▶ Doc. 4 et 5. Celles-ci constituent la surface d'échange à travers laquelle a lieu l'*absorption intestinale*★ ▶ Doc. 6.

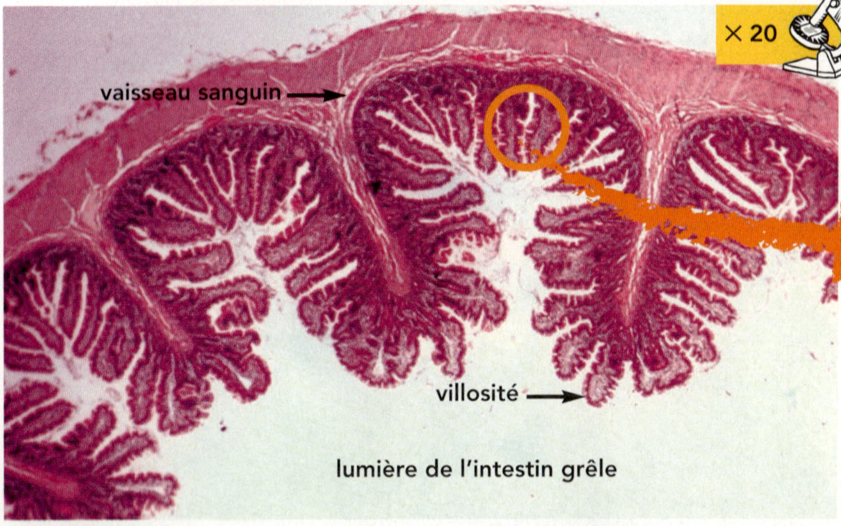

Doc. 4 **Coupe transversale de l'intestin grêle, vue au microscope optique.**

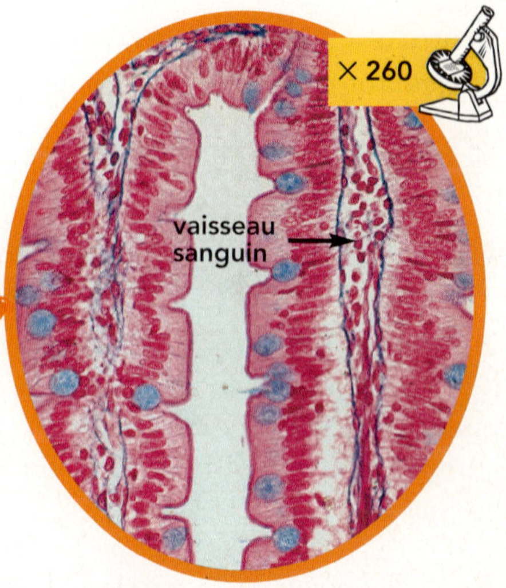

Villosités intestinales.

Doc. 5 **Les villosités intestinales, vues au microscope électronique à balayage.**

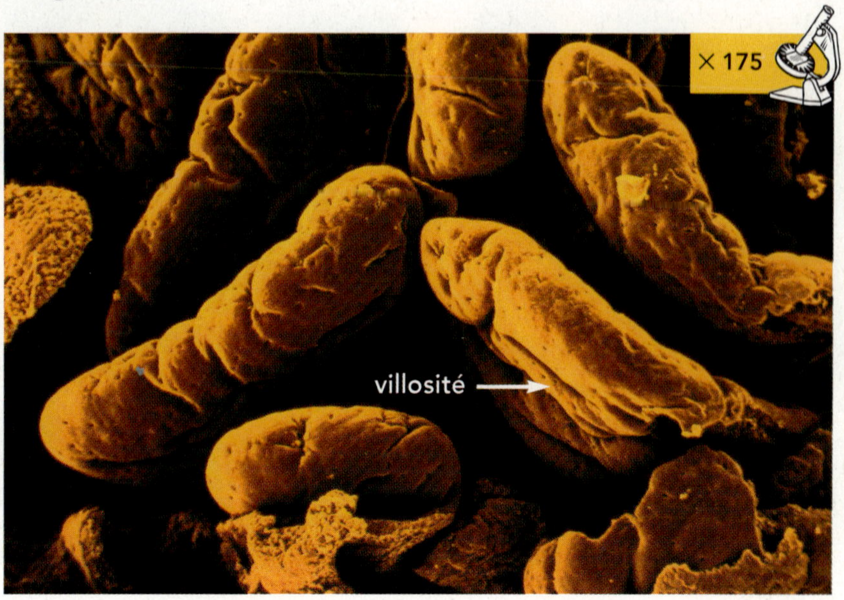

Si l'on considère que l'intestin est un tube de 8 m de long et de 1,5 cm de rayon, alors la surface théorique de sa paroi est d'environ 1 m^2. Après observation à la loupe puis au microscope, des biologistes ont pourtant établi que la surface de la paroi interne de l'intestin est de... 300 m^2 !

Doc. 6 **La paroi de l'intestin grêle en chiffres.**

Je résous le problème

Réponds aux questions pour résoudre le problème.

1. Doc. 1 Explique comment la perfusion peut remplacer les repas.
2. Doc. 2 Dégage une caractéristique de l'intestin grêle.
3. Doc. 3 Compare la quantité de glucose dans le sang arrivant et repartant pour ces différents organes.
4. Doc. 3 Explique le phénomène se déroulant au niveau de l'intestin grêle.
5. Doc. 4 et 5 Décris la paroi interne de l'intestin grêle.
6. Doc. 5 et 6 Explique la différence entre la surface théorique de l'intestin grêle et sa surface réelle.
7. Doc. 4 à 6 Explique comment est favorisée l'absorption des nutriments.

➔ **Comment les nutriments peuvent-ils passer dans le sang ?**

Vocabulaire ★

Perfusion (n. f.) : injection lente et continue de liquide dans le sang.

Glucose (n. m.) : nutriment appartenant à la catégorie des sucres.

Paroi interne : paroi située à l'intérieur de l'organe.

Absorption intestinale : passage des nutriments dans le sang.

Activité

4 Apports et dépenses d'énergie

Avant une compétition, le sportif ne consomme pas n'importe quels aliments. Ses besoins énergétiques augmentent et tous les aliments ne lui apportent pas la même quantité d'énergie.

Comment varient les apports et les dépenses énergétiques ?

A. L'apport énergétique des aliments

■ Lorsque nous préparons nos menus, nous savons que certains aliments sont plus riches que d'autres ▶ Doc. 1. Pour comprendre ces différences, on peut étudier leur composition ▶ Doc. 2.

Doc. 1 La valeur énergétique de différents aliments, en *kilojoules*☆ (kJ).

Je m'informe

✓ Au cours d'une journée, note tous les aliments que tu consommes.
✓ Détermine à l'aide d'une banque de données la valeur énergétique (en kilojoules) de ces aliments.
✓ Classe-les en deux catégories : ceux qui sont très énergétiques et ceux qui sont peu énergétiques.
✓ Calcule la valeur énergétique des apports de la journée.

Doc. 2 Quantité de *glucides*☆ et de *lipides*☆ contenus dans quelques aliments. Les aliments sont constitués de protides, glucides, lipides, sels minéraux, vitamines et eau en proportions variables. On a mesuré la teneur en glucides et lipides de différents aliments pour comprendre la relation entre leur composition et leur valeur énergétique.

Dans 100 g d'aliments	pâtes	rillettes	sole	mayonnaise	chocolat	salade
Quantité en glucides (en g)	76	1	0	3	64	2
Quantité en lipides (en g)	1,4	57	1	79	24	0,2

B. Des dépenses énergétiques variables

Doc. 3 Exemples de dépenses énergétiques pour un adolescent.

Dès sa naissance, l'organisme se développe et grandit. La croissance se poursuit pendant de nombreuses années pendant lesquelles l'enfant puis l'adolescent ont en outre une activité physique intense.

À l'âge adulte, la croissance s'arrête, mais l'activité physique reste importante. En vieillissant, les capacités se réduisent progressivement, et l'individu devient moins actif.

Doc. 4 Dépenses énergétiques à différents âges.

Je résous le problème

Réponds aux questions pour résoudre le problème.

1. **Doc. 1** Trouve une différence entre ces deux groupes d'aliments.
2. **Doc. 2** Indique comment se caractérisent les aliments les plus riches en énergie.
3. **Doc. 3** Calcule combien d'heures de sommeil correspondent à une dépense énergétique égale à une heure de sport.
4. **Doc. 4** Compare les dépenses énergétiques d'un adolescent, d'un adulte et d'un homme âgé et explique les différences constatées.
5. **Doc. 4** Compare, pour chaque âge, les dépenses énergétiques des hommes et des femmes.
6. **Doc. 3 et 4** Récapitule comment varie la dépense énergétique chez l'homme.

➔ **Comment varient les apports et les dépenses énergétiques ?**

Vocabulaire ★

Kilojoule (n. m.) : unité de la valeur énergétique (symbole kJ). Une autre unité est la kilocalorie (kCal). On a : 1 kCal = 4,18 kJ.

Glucide (n. m.) : constituant des aliments, appartenant à la famille des sucres, et dont fait partie le glucose.

Lipide (n. m.) : corps gras présent dans les aliments.

Activité 5

L'équilibre énergétique de l'organisme

En pratiquant une course de fond l'estomac vide, on a toutes les chances de s'effondrer avant la ligne d'arrivée. Mais si l'on mange trop, sans activité physique, on a toutes les chances de devenir obèse.

➔ Comment adapter l'alimentation aux besoins d'un individu ?

A. Adapter les besoins énergétiques aux dépenses

Doc. 1 Exemples d'apports énergétiques un jour de compétition et un jour de repos pour un cycliste professionnel.

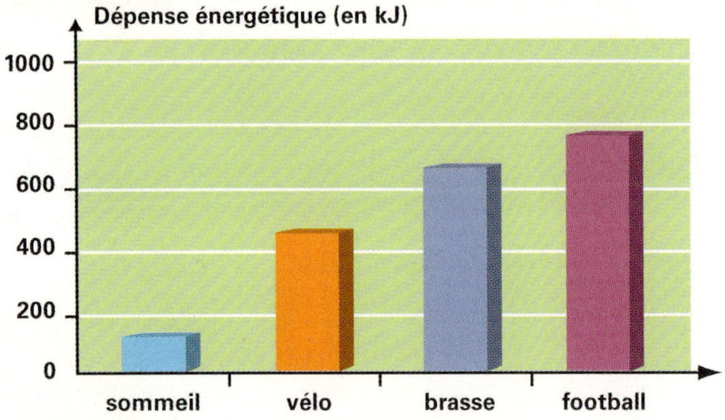

Doc. 2 Exemples de dépenses énergétiques liées à une activité physique durant 30 minutes.

Petit déjeuner	Matinée	Déjeuner	Après-midi	Goûter	Dîner	Soir	Nuit
+ 2 323 kJ	- 2 120 kJ	+ 2 751 kJ	- 3 400 kJ	+ 1 875 kJ	+ 2 451 kJ	- 1 580 kJ	- 2 300 kJ

Doc. 3 Apports (en orange) et dépenses (en bleu) énergétiques pour une adolescente, un samedi. Lors de la journée, l'adolescente dépense de l'énergie au cours de ses différentes activités physiques et intellectuelles, mais aussi pour sa croissance et le fonctionnement de son organisme.

B. Déséquilibre alimentaire et obésité

Doc. 4 **L'*obésité*★, un problème à prendre au sérieux.**

L'IMC (indice de masse corporelle) est un indicateur de surpoids. Il est calculé par la formule :

$$IMC = \frac{\text{Poids (en kg)}}{\text{Taille (en m)} \times \text{Taille (en m)}}$$

Il est exprimé en kilos par mètre carré.

Indice de Masse Corporelle (IMC)	Morphologie
supérieur à 29,9	obésité
entre 25,0 et 29,9	surcharge *pondérale*★
entre 18,5 et 24,9	poids normal
inférieur à 18,5	poids insuffisant

Doc. 5 **Valeur de l'IMC et *morphologie*★.**

	Luc	Yann
Apports énergétiques journaliers (en kJ)	12 000	18 500
Dépenses énergétiques journalières (en kJ)	12 000	12 000
IMC	21	31

Doc. 6 **IMC, apports et dépenses énergétiques journaliers chez deux individus.** Les valeurs des apports et des dépenses sont calculées en moyenne sur une semaine.

Doc. 7 **Un repas type de Yann.**

Je résous le problème

Réponds aux questions pour résoudre le problème.

1. **Doc. 1** Calcule la valeur énergétique du repas du cycliste un jour de compétition, puis un jour de repos.
2. **Doc. 1 et 2** Sachant qu'une course dure plusieurs heures, explique pourquoi le cycliste doit prendre un repas plus riche en énergie un jour de compétition.
3. **Doc. 3** Calcule le bilan des apports et des dépenses énergétiques de l'adolescente dans la journée.
4. **Doc. 5 et 6** Indique les morphologies de Luc et de Yann d'après leur IMC.
5. **Doc. 7** Explique la valeur de l'IMC de Yann.
6. **Doc. 2 et 6** Indique comment Yann peut parvenir à diminuer son IMC.
7. **Doc. 3 et 4** Explique alors comment prévenir l'obésité.

➜ **Comment adapter l'alimentation aux besoins d'un individu ?**

Vocabulaire ★

Obésité (n.f.) : état d'une personne présentant un poids excessif.

Morphologie (n.f.) : aspect général du corps.

Pondéral (adj.) : relatif au poids.

Bilan

J'ai découvert...

Activité 1 ... le trajet des aliments dans l'organisme

Chaque jour, nous consommons des **aliments** qui progressent dans les différents organes du **tube digestif** : bouche, œsophage, estomac, intestin grêle et gros intestin. Cette progression est réalisée grâce aux contractions de la paroi des organes du tube digestif.

Activité 2 ... des aliments aux nutriments

Les aliments subissent une **transformation mécanique** : ils sont broyés sous l'action des dents et des muscles de l'estomac. Ils subissent surtout une **transformation chimique** sous l'action **d'enzymes digestives**, libérées dans l'estomac et l'intestin grêle. Les aliments sont alors transformés en **nutriments** : c'est la **digestion**.

Activité 3 ... l'absorption des nutriments dans le sang

Dans l'intestin grêle, les nutriments passent dans le sang : c'est l'**absorption intestinale**. L'intestin grêle, **richement irrigué**, constitue une **grande surface d'échange** car il possède de nombreux **replis** et **villosités**.

Activité 4 ... apports et dépenses d'énergie

Les aliments sont **source d'énergie**, mais ils n'ont pas tous la même **valeur énergétique**. La richesse énergétique d'un aliment dépend de sa composition en **lipides** et en **glucides**. Les dépenses énergétiques d'une personne **varient** avec son âge, son sexe et son activité physique.

Activité 5 ... l'équilibre énergétique de l'organisme

Les apports énergétiques fournis par l'alimentation doivent équilibrer les dépenses de l'organisme. La consommation **excessive** d'aliments très énergétiques et le manque d'activité physique favorisent **la prise de poids** et **l'obésité**. Les apports énergétiques sont alors supérieurs aux dépenses. Cet excès d'énergie est stocké sous forme de graisse dans l'organisme. Le calcul de l'**IMC** permet de déterminer rapidement si un individu est en surpoids.

Suis le film du cours...

Partie 2 – Fonctionnement de l'organisme et besoin en énergie

Chapitre 4
L'approvisionnement en dioxygène

Chapitre 5
L'approvisionnement en nutriments, source d'énergie

Chapitre 6
La circulation sanguine

Le dioxygène de l'air est conduit aux poumons et passe dans le sang au niveau des alvéoles.

Les aliments sont transformés en nutriments qui passent dans le sang au niveau de l'intestin. Les aliments sont source d'énergie. Des apports supérieurs aux besoins favorisent des maladies.

Je retiens l'essentiel...

... en apprenant le résumé du cours

■ Dans le **tube digestif**, les aliments sont transformés en **nutriments** essentiellement sous l'action chimique des **enzymes digestives.**

■ Au cours de l'**absorption intestinale**, les nutriments **traversent** les villosités de l'intestin grêle et passent dans le sang.

■ Les aliments ont des **valeurs énergétiques** différentes. Les aliments riches en **lipides** et en **glucides** sont les plus énergétiques.

■ Les **apports énergétiques** doivent équilibrer les **dépenses.** Un déséquilibre énergétique peut entraîner des maladies graves comme **l'obésité.**

Je réussis le contrôle si

je sais

- Nommer les organes de l'appareil digestif
- Expliquer la transformation des aliments en nutriments
- Définir l'absorption intestinale et caractériser la surface d'échange intestinale
- Expliquer la notion d'équilibre énergétique
- Citer les causes possibles d'un déséquilibre alimentaire

je sais faire

- Légender un schéma du tube digestif
- Analyser les résultats d'une expérience montrant le rôle des enzymes
- Calculer l'IMC à partir de la formule

... en étudiant le schéma-bilan

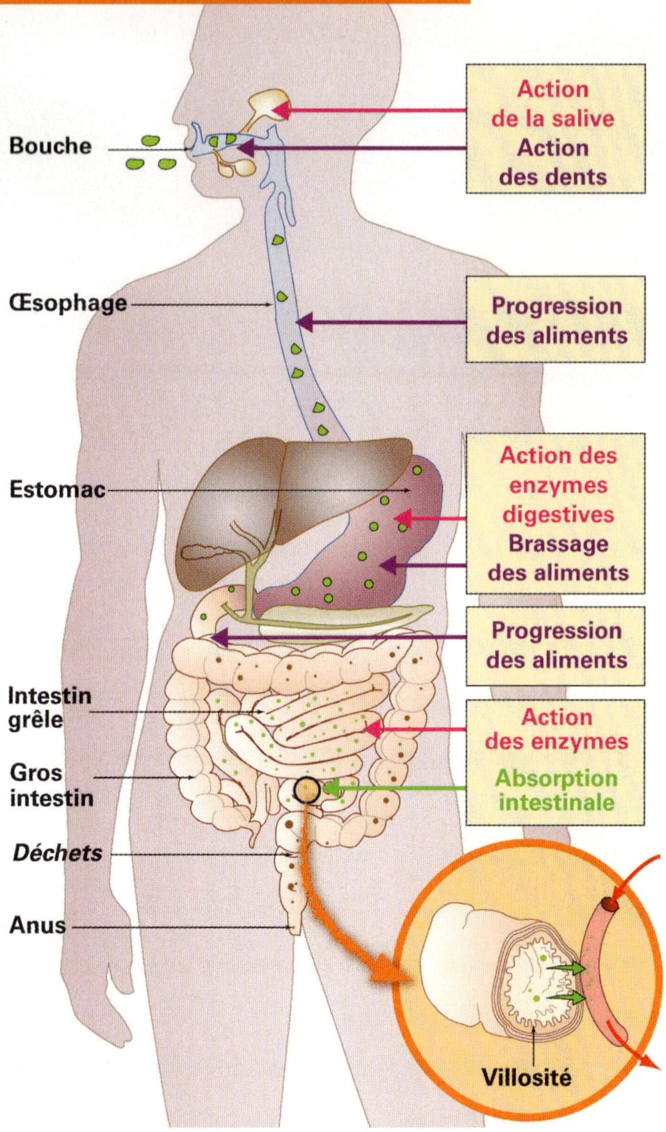

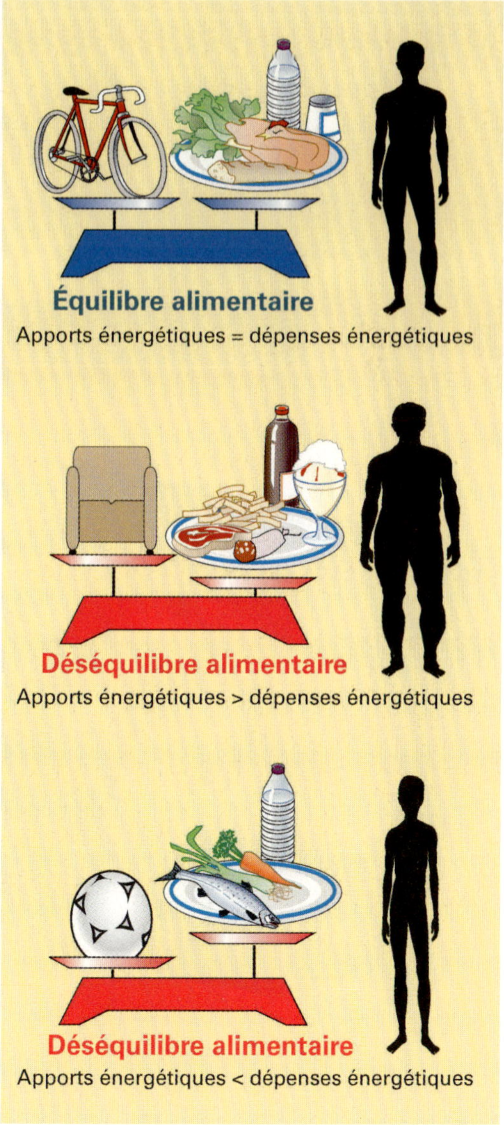

Histoire

Spallanzani, un scientifique remarquable

L'italien Lazzaro Spallanzani (1729-1799), comme le français Réaumur, est un scientifique du XVIIIe siècle. Lui aussi expérimente sur des rapaces : il leur fait absorber des petits cubes en éponge, qu'ils recrachent gorgés d'un liquide provenant de leur estomac. L'ingénieux Spallanzani recueille la substance dans un tube dans lequel il rajoute des petits morceaux de viande… qui finissent par se dissoudre ! Spallanzani vient ainsi de prouver de façon incontestable que les liquides du tube digestif sont responsables de la digestion. Mais comme c'est un esprit curieux, cela ne lui suffit pas. « Et pour l'Homme », se demande-t-il, « est-ce la même chose ? » Pour le savoir, il avale à son tour des petits sacs de toile enfermant des aliments et rattachés à un fil. Il remonte les sacs après quelques heures… vides. Il se fait alors vomir à jeun et récupère le liquide contenu dans son estomac. Sans surprise, son expérience de digestion *in vitro* réussit à nouveau !

- **Recherche dans un dictionnaire ce que veut dire l'expression *in vitro*.**
- **Explique pourquoi les expériences de Spallanzani prouvent que les liquides du tube digestif sont responsables de la digestion.**

Infos

Une sonde microscopique

Comment explorer le tube digestif pour découvrir une maladie ? Jusqu'à présent, on introduisait par la bouche du patient un tube relié à une caméra, ce qui était souvent douloureux. Mais des chercheurs ont mis au point une capsule de 2,6 cm de long et 1,1 cm de diamètre, véritable sous-marin microscopique bourré d'électronique. Sa batterie lui permet de filmer l'intérieur du corps pendant plus de huit heures. Entraînée par les aliments, la capsule parcourt le tube digestif sur toute sa longueur. Grâce à elle, il est possible de détecter de nombreuses anomalies de l'estomac ou de l'intestin sans causer aucune gêne. Et lorsqu'elle arrive au bout de l'intestin, sa mission finie, elle disparaît à tout jamais… dans les toilettes !

- **Indique quel intérêt présente cette sonde.**

Internet

La digestion des araignées

La bouche des araignées est garnie de nombreux filaments qui filtrent ce qu'elles avalent et bloquent les particules de taille supérieure à… un millième de millimètre. Même avec les meilleures dents du monde, impossible de réduire les aliments à une taille aussi petite. De toute façon, l'araignée ne possède pas de dents ! Pourtant, elle se nourrit de proies aussi grosses qu'elle, par exemple, des insectes pris dans sa toile. Elle les paralyse d'abord avec ses crochets venimeux, puis elle se fixe à leur corps. Au bout de quelques heures, elle abandonne leur carapace vide, les muscles, les viscères et tout le reste ayant disparu…

- Mais comment l'araignée s'est-elle nourrie de l'insecte ? Avant de commencer ta recherche, imagine une ou plusieurs réponses possibles à cette question.
- Recherche ensuite, dans une encyclopédie ou sur la « toile », un article ou un site consacré aux araignées. Intéresse-toi alors au passage ou à la page consacré à leur nutrition.

Santé

Peut-on vivre sans estomac ?

Cette question n'est pas si farfelue qu'il y paraît ! Chez les malades atteints d'un cancer de l'estomac, par exemple, il peut être nécessaire d'enlever cet organe, en partie ou en totalité. Le chirurgien relie alors le tube qui le précède, l'œsophage, à celui qui le suit, l'intestin. Les personnes ainsi opérées sont ensuite soumises à un régime alimentaire strict :

- faire 4 à 6 petits repas, espacés dans la journée ;
- bien mâcher les aliments et prendre soin des dents ;
- boire seulement en dehors des repas ;
- supprimer certains aliments, comme les légumes à grosses fibres, ou la peau et les pépins des fruits.

Ces recommandations permettent de compenser l'absence du travail habituel de l'estomac. En revanche, il n'en est pas de même pour d'autres organes : ainsi, il est impossible de vivre sans intestin.

- Explique les raisons de ce régime alimentaire strict.
- Pourquoi ne peut-on pas vivre sans intestin ?

Santé

L'obésité, nouvelle épidémie mondiale ?

L'obésité, nouvelle épidémie mondiale ? C'est le cri d'alarme lancé par l'Organisation Mondiale de la Santé (OMS). On compte aujourd'hui 300 millions de personnes obèses dans le monde, dont 30 à 40 millions d'enfants. Et déjà un milliard d'autres sont en surpoids. Comme si cela ne suffisait pas, l'OMS prévoit que ce chiffre passera à 1,5 milliard dans 10 ans, et si rien ne change, que 100% des Américains seront obèses en 2030 ! Dans les pays riches, les problèmes liés à l'alimentation touchent désormais les animaux de compagnie. Ainsi, une étude a montré que 50% des chiens américains souffrent comme leurs maîtres d'un poids trop élevé ! L'obésité se développe aussi dans certains pays pauvres. L'exode rural qui s'accompagne d'une diminution de l'activité physique et du remplacement d'une nourriture d'origine agricole par une autre plus industrielle, explique en partie ce phénomène. Mais aussi triste que cela paraisse, la faim continue malheureusement à sévir dans ces parties du monde…

- Pourquoi parle-t-on d'épidémie pour l'obésité ?
- Quelles sont les causes de cette épidémie ?

Santé

Les Pimas d'Amérique

Les Indiens Pimas d'Arizona, aux États-Unis, intriguent les scientifiques, car près de la moitié d'entre eux sont obèses. En quelques décennies, le mode de vie des Pimas a été bouleversé. Alors que leurs ancêtres menaient une vie active, subsistant des travaux des champs, l'inactivité fait aujourd'hui des ravages, beaucoup de Pimas étant au chômage. À cela, s'ajoute la consommation d'une nourriture riche en graisse (du type « fast-food »), qui ne fait qu'aggraver le problème. Mais a-t-on une preuve que le mode de vie est responsable de cette épidémie d'obésité ? Et bien, oui, justement ! Car les Pimas américains ont des cousins au Mexique, qui cultivent leurs champs et se nourrissent principalement de leur récolte. Les analyses génétiques ont montré que les deux populations étaient très proches. L'obésité galopante des Pimas d'Arizona n'a donc qu'une explication : l'inactivité associée à la « mal-bouffe » !

- En quoi l'étude des Pimas d'Arizona présente-t-elle un intérêt ?
- Quelles sont les raisons de l'obésité chez les Pimas ?

Santé

Le craving, un comportement destructeur

Vous est-il déjà arrivé de vous ruer sur le réfrigérateur ou l'armoire à provisions, et de vous mettre à engloutir des aliments, surtout sucrés, sans pouvoir vous arrêter ? Pourtant, la quantité avalée aurait dû largement suffire pour couper toute sensation de faim. Si c'est le cas, vous avez été victime de « craving » (de l'anglais « to crave », « être affamé »). Ce terme a été inventé dans les années 1950 pour désigner le comportement des alcooliques qui ne pouvaient pas s'empêcher de boire. Les médecins l'appliquent aujourd'hui à un comportement qui se développe chez les adolescents et qu'ils comparent à celui d'un toxicomane en manque. Comme ce comportement apparaît à l'adolescence, on l'explique par le besoin de trouver une source de plaisir facile et immédiate – des aliments sucrés – à un âge où on est parfois mal dans sa peau. Mais rassurez-vous ! On ne parle de « craving » que si la « ruée » a lieu au moins une fois par semaine.

Santé

L'anorexie mentale

Si tout le monde connaît les risques liés à un excès de nourriture, l'excès inverse est également dangereux pour la santé : un manque de nourriture fait maigrir, souvent beaucoup trop. L'anorexie mentale (c'est son nom), moins connue mais tout aussi grave que l'obésité, est une maladie qui touche principalement les jeunes filles. D'origine psychologique, elle traduit un profond mal-être et se manifeste par une obsession de la minceur. Pour une anorexique, prendre un repas déclenche l'angoisse de ne plus pouvoir s'arrêter de manger, et donc, de grossir. C'est le début d'un cercle vicieux : plus elle perd du poids, plus elle craint de manger, et plus elle maigrit ! Mais les conséquences sont terribles : perte de la masse musculaire, troubles du rythme cardiaque, problèmes digestifs, grande sensibilité aux microbes, qui peuvent entraîner la mort… Si l'une de tes amies devient triste sans raison, s'isole, perd l'appétit, maigrit, alors alerte ses parents et encourage-la à consulter un médecin. On parle souvent de l'influence que peuvent exercer des magazines montrant des tops modèles très minces, voire maigres. Inutile de vouloir leur ressembler à tout prix : beaucoup de ces photos sont… retouchées par ordinateur !

Exercices

Teste tes connaissances

1 Rédige une phrase

Pour chaque phrase, utilise les mots proposés :

a) organes du tube digestif / enzymes digestives / transformation mécanique

b) villosités / intestin grêle / sang / nutriments

c) déséquilibre alimentaire / obésité / inactivité physique

2 Qui a raison ?

Lis le texte et dis qui a raison en justifiant ton choix.

Le professeur demande : « Qu'est-ce que l'absorption intestinale ? ».

Trois élèves répondent :

a) « Ce sont les aliments qui sont dans le gros intestin ».

b) « Ce sont les nutriments qui traversent l'intestin grêle pour aller dans le sang. »

c) « C'est l'eau contenue dans l'intestin grêle. »

3 Réponds en une phrase

a) Qu'est-ce qu'une expérience de digestion faite dans un tube à essai ?

b) Comment l'intestin transforme-t-il les aliments en nutriments ?

c) Comment les aliments progressent-ils dans le tube digestif ?

d) Quelles conséquences sur la santé entraîne une alimentation trop riche ?

e) Quels facteurs font varier les dépenses énergétiques ?

Découvre avec l'informatique

CD-ROM

4 La digestion

Avec ton professeur, visionne l'animation nommée *La digestion*, puis réponds aux questions.

Questions

I, C **a)** Dépose dans un tube placé à 37 °C des petits morceaux d'œuf avec de la pepsine, puis refais l'expérience en remplaçant la pepsine par de l'eau.

Ra **b)** Compare les résultats et déduis-en l'action de la pepsine.

I, C **c)** Refais la même expérience en plaçant de gros morceaux de blanc d'œuf en présence de pepsine.

Ra **d)** Compare le résultat avec celui obtenu pour des petits morceaux.

Ra **e)** Explique alors l'intérêt de mâcher les aliments.

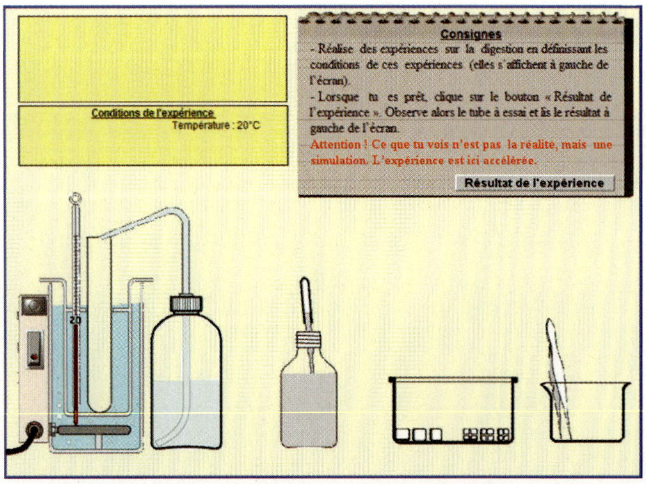

Applique tes connaissances

5 Le tube digestif

Questions

C **a)** Légende le schéma du tube digestif.

Ra **b)** Indique dans quel organe se déroule le passage des nutriments dans le sang.

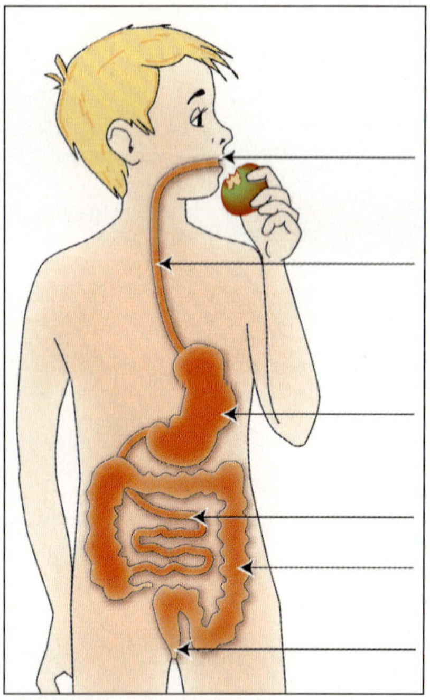

6 Mangez des fibres !

Les maladies du tube digestif peuvent avoir des causes variées, dont l'une est la mauvaise progression des aliments. Un médecin peut alors conseiller à son patient de manger des aliments riches en fibres (haricots verts, épinards, pain, céréales…). Pour étudier le rôle des fibres, on a représenté sur le graphe les temps de digestion pour un repas riche en fibres et un repas pauvre en fibres.

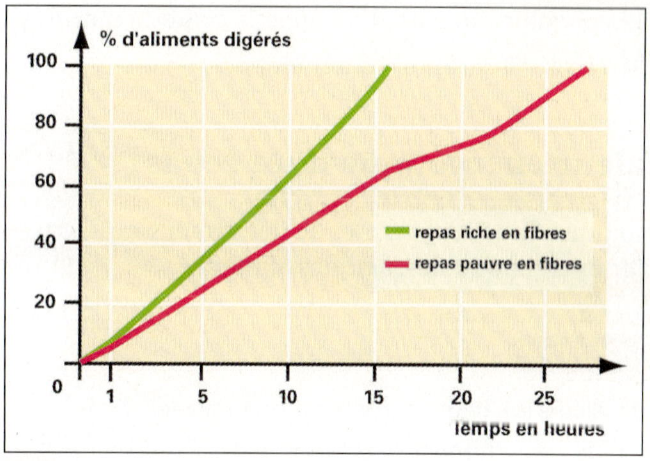

Questions

I **a)** Indique le temps nécessaire à la digestion complète d'un repas riche en fibres.

I **b)** Fais de même pour un repas pauvre en fibres.

Ra, C **c)** Déduis-en l'intérêt de manger des fibres.

7 Un accident pour faire progresser la science

À la suite d'un accident survenu en 1822 en Amérique du Nord, un médecin fait d'étranges expériences sur la digestion.

Questions

I **a)** Indique quelle particularité possède le pauvre Alexis Saint-Martin.

Ra **b)** Explique, dans la première expérience, pourquoi le morceau de viande a disparu.

Ra **c)** Explique ce qu'il se passe dans la deuxième expérience et fait le lien avec la première.

En 1822, un chasseur canadien, Alexis Saint-Martin, reçoit une balle de fusil dans le ventre, qui perfore l'estomac. La blessure est grave et malgré les soins, elle ne cicatrise pas correctement. Il est confié à un médecin, William Beaumont. Curieusement, les bords de l'estomac se soudent à la peau, ce qui laisse l'estomac en communication avec l'extérieur. Le médecin entreprend alors des expériences sur Alexis Saint-Martin, dont deux très intéressantes…
Dans la première expérience, il introduit un petit tube en caoutchouc et prélève du liquide de l'estomac. Il place dans ce tube un morceau de bœuf bouilli, à une température de 38°C. Après quelques heures, le morceau de viande a disparu. Dans une seconde expérience, il accroche un morceau de viande à un fil et l'introduit dans l'estomac. Trois heures après, il le retire et constate que le morceau a diminué de volume. Il le replace dans l'estomac et le morceau disparaît totalement deux heures après.

8 Ablation de l'intestin grêle

Des maladies graves, comme le cancer de l'intestin, obligent les médecins à enlever cet organe chez les patients qui en souffrent. Après l'opération, la quantité de nutriments éliminés dans les selles du malade n'est pas la même. Celui-ci est soumis à un traitement quotidien consistant à lui injecter une solution nutritive dans le sang.

Questions

I **a)** Décris comment varie la quantité de nutriment éliminés dans les selles avant et après l'opération.

Ra **b)** Indique le rôle de l'intestin grêle mis en évidence.

Ra **c)** Explique ce que peut contenir la solution nutritive.

Ra **d)** Précise l'intérêt de ce traitement.

	Homme sain	Homme sans intestin grêle
Quantité de nutriments éliminés dans les selles	15 %	100 %

9 Valeur énergétique d'un repas

Le graphique ci-contre permet de déterminer rapidement la valeur énergétique de quelques aliments.

Questions

I, Ra **a)** Calcule la valeur énergétique en kilojoules d'une assiette composée de 100 g de charcuterie et de 200 g de pâtes.

I, Ra **b)** Compare cette valeur avec celle d'une assiette composée de 100 g de poisson blanc et de 200 g de légumes verts.

Ra **c)** Compose un repas varié pour un adolescent qui lui apportera environ 5 800 kJ, avec 200 g de viande, 200 g de légumes et 100 g de dessert (fruit ou patisserie).

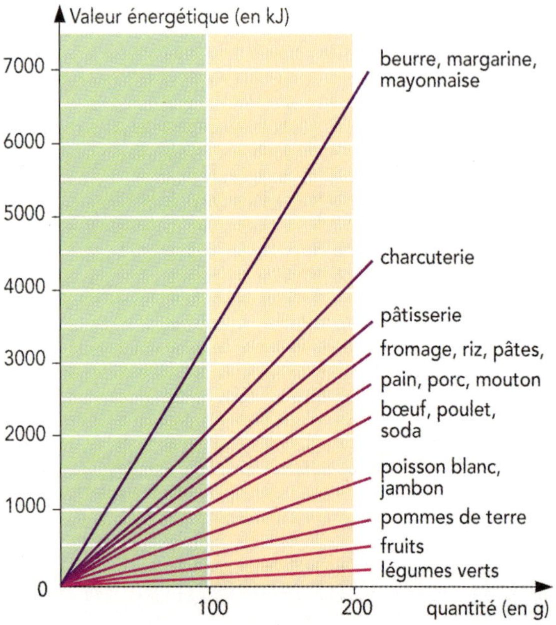

10 Équilibrer apport et dépense énergétiques

On mesure les dépenses et les apports énergétiques chez trois personnes. Par ailleurs, on suit l'évolution de leur masse corporelle.

	Félix	Arthur	Naïma
Apport énergétique (en kJ)	12 000	16 000	8 000
Dépense énergétique (en kJ)	12 000	8 000	12 000
Masse corporelle	stabilité	augmentation	diminution

Questions

I **a)** Compare l'apport et la dépense énergétiques pour chacun.

Ra **b)** Explique pourquoi la masse corporelle d'Arthur augmente.

Ra **c)** Explique pourquoi la masse corporelle de Naïma diminue.

Ra **d)** Précise ce que devraient faire Arthur et Naïma pour retrouver un poids normal.

Entraîne-toi seul

11 La transformation des aliments

Pour comprendre comment se déroule la digestion, un aliment, ici du pain, est découpé en morceaux de différentes tailles (petits ou gros) placés dans des tubes à essais contenant de l'eau ou un mélange d'eau et d'une enzyme digestive (l'amylase). Les tubes sont chauffés au bain-marie et maintenus à la température de 37°C. L'expérience dure environ 30 minutes.

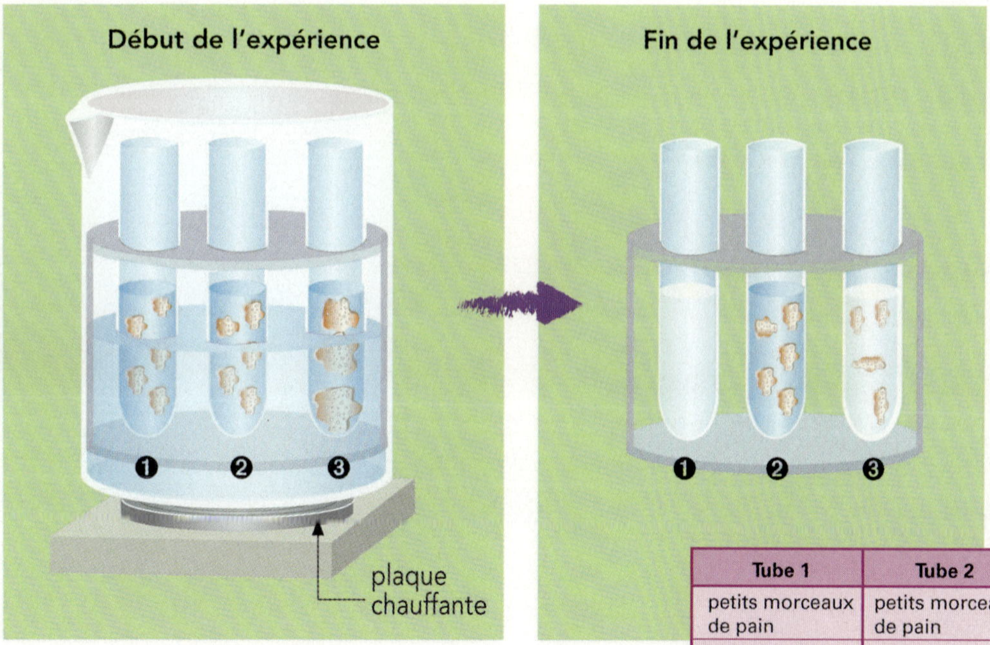

Tube 1	Tube 2	Tube 3
petits morceaux de pain	petits morceaux de pain	gros morceaux de pain
eau + enzyme	eau	eau + enzyme

Questions

I **a)** Compare les contenus des tubes 1 et 2 en fin d'expérience.

Ra **b)** Déduis-en le rôle de l'enzyme.

Ra **c)** Compare les contenus des tubes 1 et 3 en fin d'expérience et conclus.

Ra **d)** Déduis-en l'intérêt de broyer les aliments.

Ra **e)** Les poules n'ont pas de dents, mais elles picorent des petits cailloux qui restent dans leur estomac. Explique ce comportement.

Coups de pouce

Recherche la différence entre les deux tubes au début de l'expérience.

Recherche à nouveau la différence entre les deux tubes.

Trouve le rôle de ces cailloux en comparant avec l'expérience.

Réponses

a) Dans le tube 1, les morceaux de pain ne sont plus visibles, alors qu'ils le sont dans le tube 2.

b) Dans le tube 1, les morceaux de pain ont été digérés, mais pas dans le tube 2. C'est l'enzyme qui a permis la digestion.

c) Dans le tube 3, les morceaux de pain n'ont pas été complètement digérés alors qu'ils sont au contact de l'enzyme. La petite taille des morceaux favorise l'action des enzymes : plus les morceaux sont petits, plus la digestion est avancée.

d) En mâchant les aliments, les dents réduisent leur taille, ce qui facilite la digestion.

e) Les cailloux jouent le rôle des dents, car ils réduisent les aliments en petits morceaux dans l'estomac de la poule.

Chapitre 6

La circulation sanguine

Comment la circulation permet-elle le bon fonctionnement de l'organisme ?

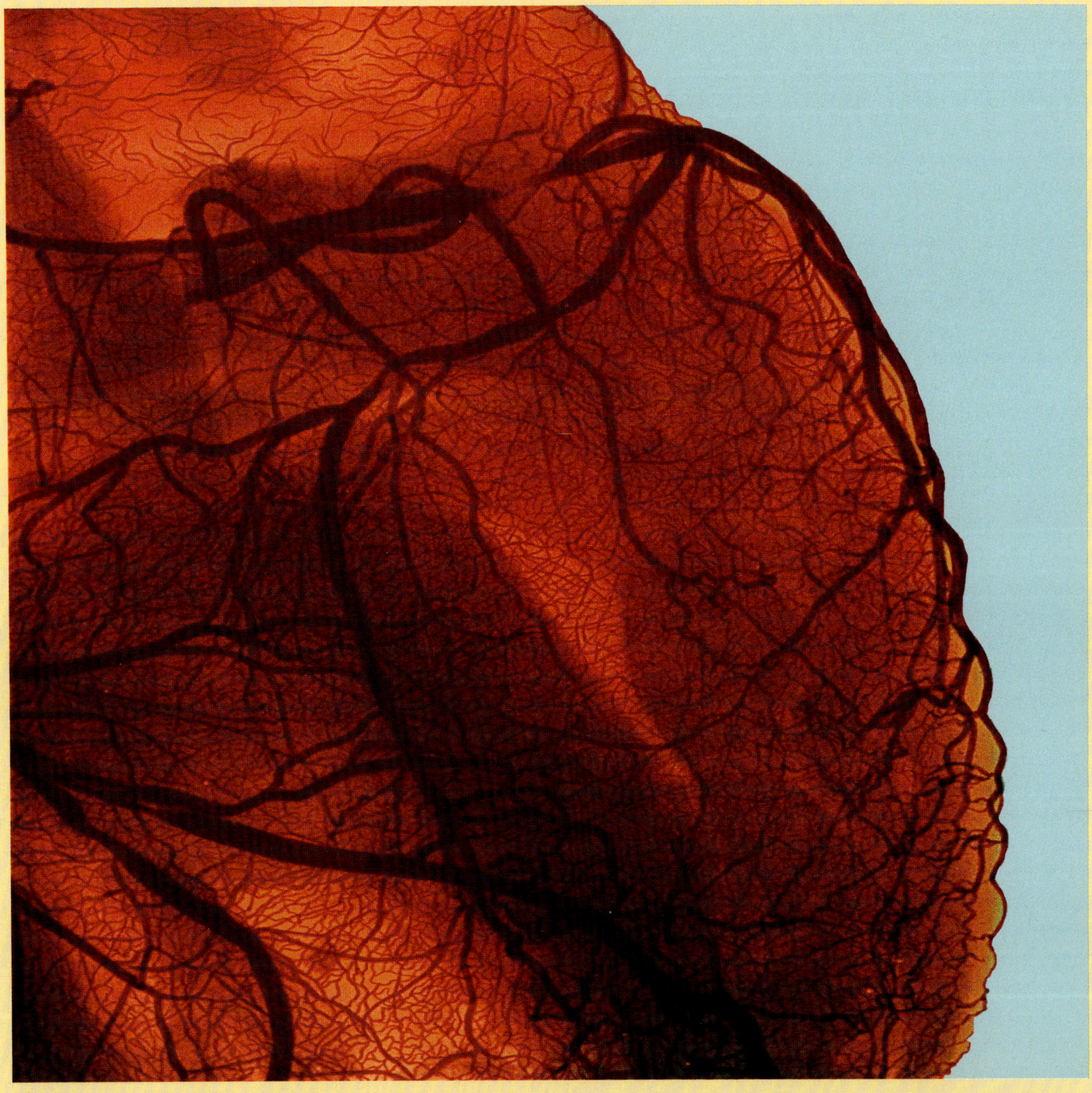

Le cœur qui bat est le symbole de la vie. S'il s'arrête de battre ou si un vaisseau sanguin se bouche, la circulation du sang est interrompue.

Activité 1

Lorsque les reins fonctionnent mal, il faut régulièrement filtrer le sang du patient, sinon c'est l'empoisonnement. C'est une solution en attendant une greffe.

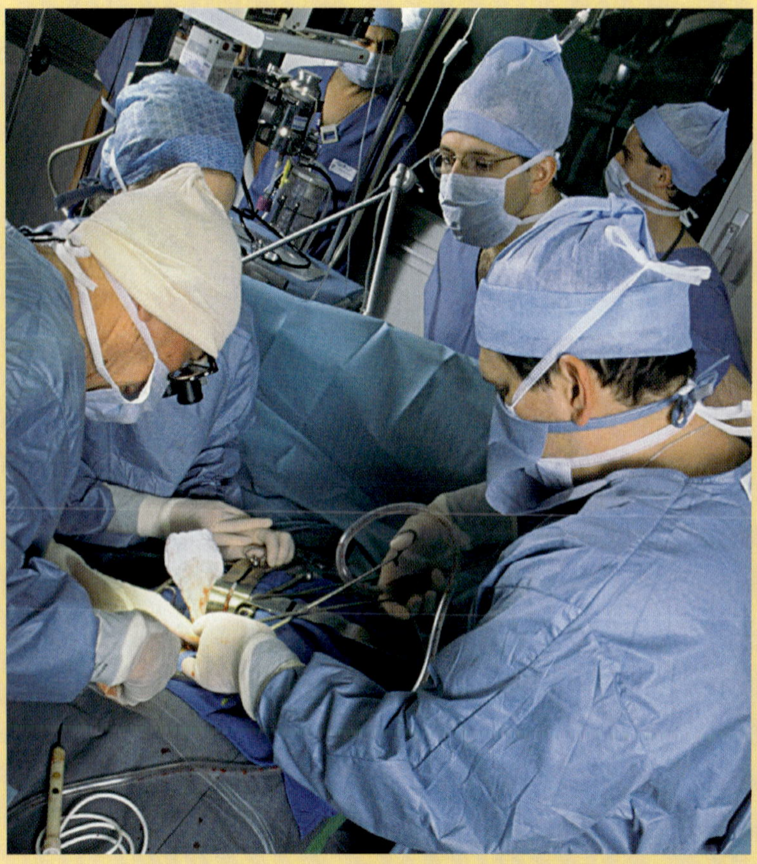

Activités 2 et 3

Le cœur bat régulièrement contre la poitrine. Sans lui, le sang ne pourrait pas circuler dans les vaisseaux.

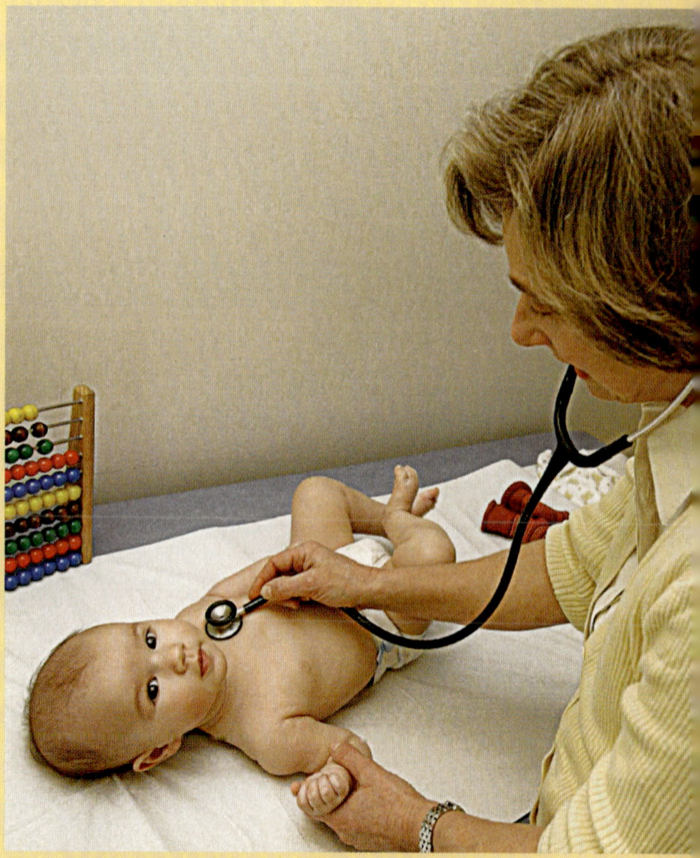

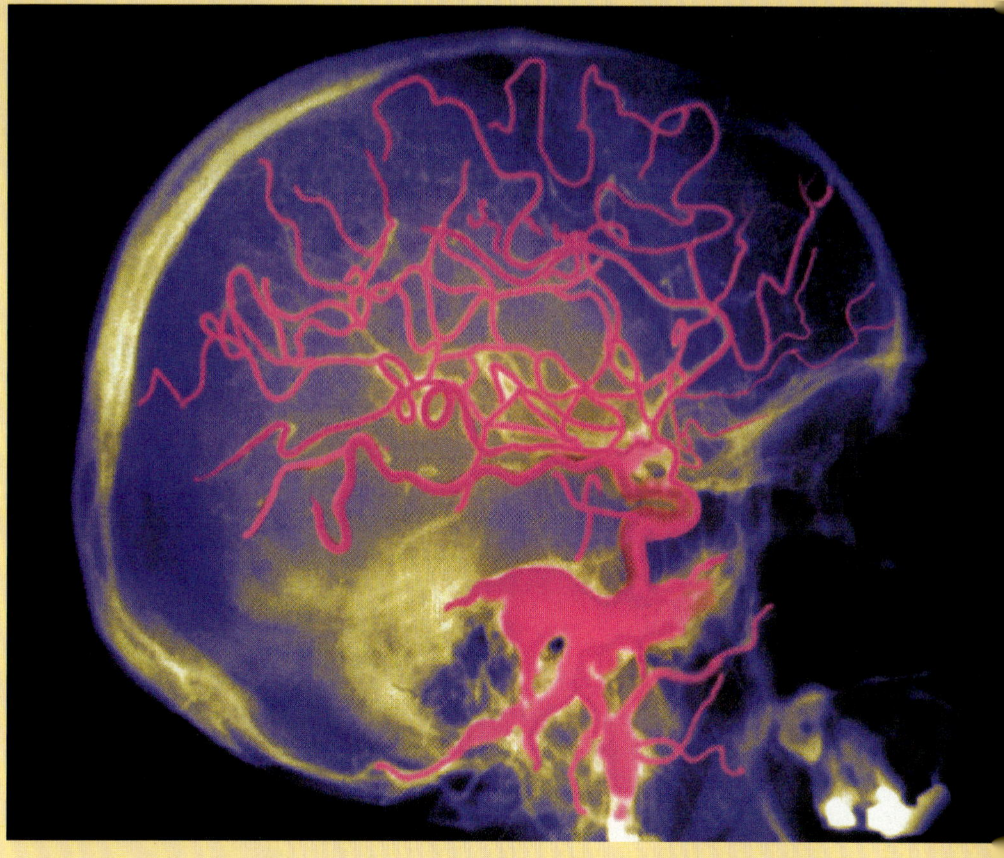

Activité 4

La circulation sanguine met en relation les organes.

Activité 5

Certaines habitudes ou comportements favorisent des maladies des vaisseaux ou du cœur.

Activité 1

L'élimination des déchets du sang

L'activité des organes produit des déchets, comme le dioxyde de carbone, qui sont rejetés dans le sang. En s'accumulant, ces déchets deviennent toxiques.

➔ Comment les déchets produits par l'activité des organes sont-ils éliminés du sang ?

A. Une élimination par les reins

■ Pour les personnes dont les reins ne fonctionnent plus, subir une *dialyse*★ est vital. Au moins une fois par semaine, tout leur sang est prélevé progressivement, filtré dans une machine, puis réinjecté dans le corps ▶ Doc. 1. Afin de comprendre le rôle des reins ▶ Doc. 2, du sang prélevé à l'entrée puis à la sortie d'un rein est analysé ▶ Doc. 3. Une urographie permet de visualiser l'appareil urinaire ▶ Doc. 4.

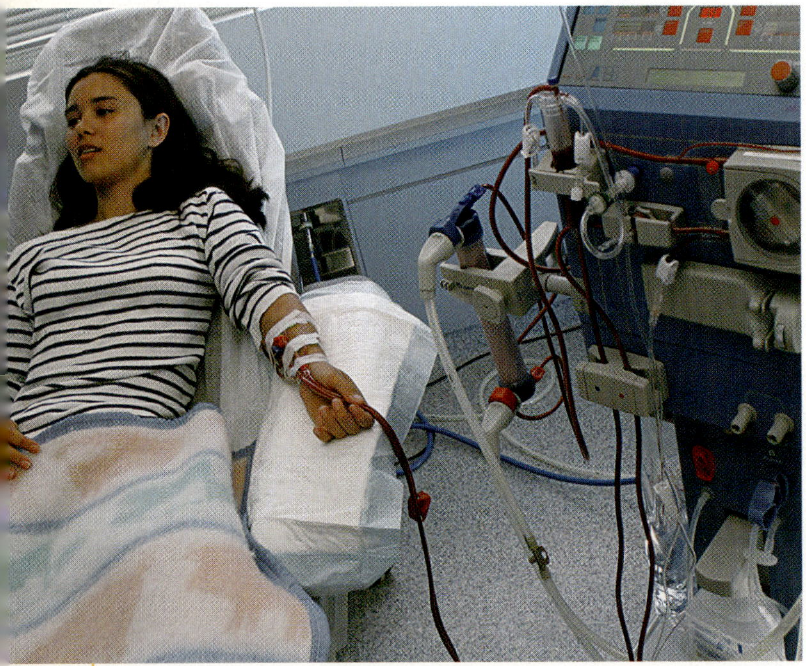

Doc. 1 **Une personne en séance de dialyse.** Avec cette technique, les déchets du sang, qui sont toxiques en trop grande quantité, sont *excrétés*★.

Doc. 2 **Un rein (en haut) et son irrigation sanguine (radiographie, en bas).**

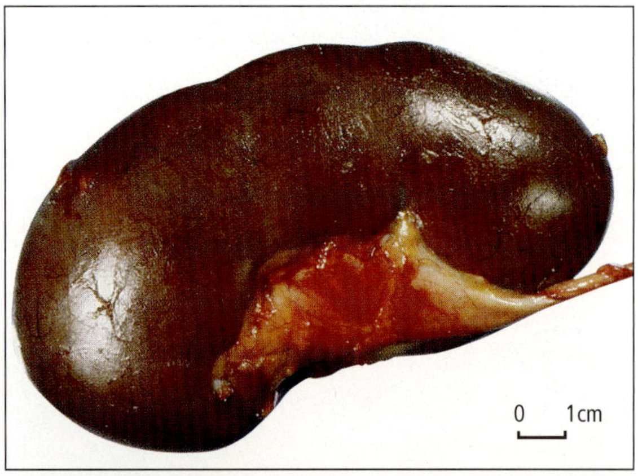

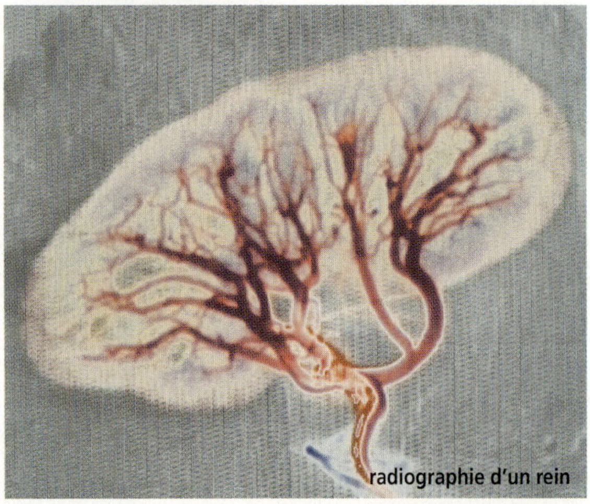

Constituant	Sang entrant dans un rein (dans 1L de sang)	Sang sortant d'un rein (dans 1L de sang)
Eau	930 g	920 g
Protéines	75 g	75 g
Glucides	1 g	1 g
Lipides	1,5 g	1,5 g
Déchets (urée...)	0,45 g	0 g

Doc. 3 **Composition du sang entrant et sortant d'un rein.** L'*urée*★ est le principal déchet présent dans le sang.

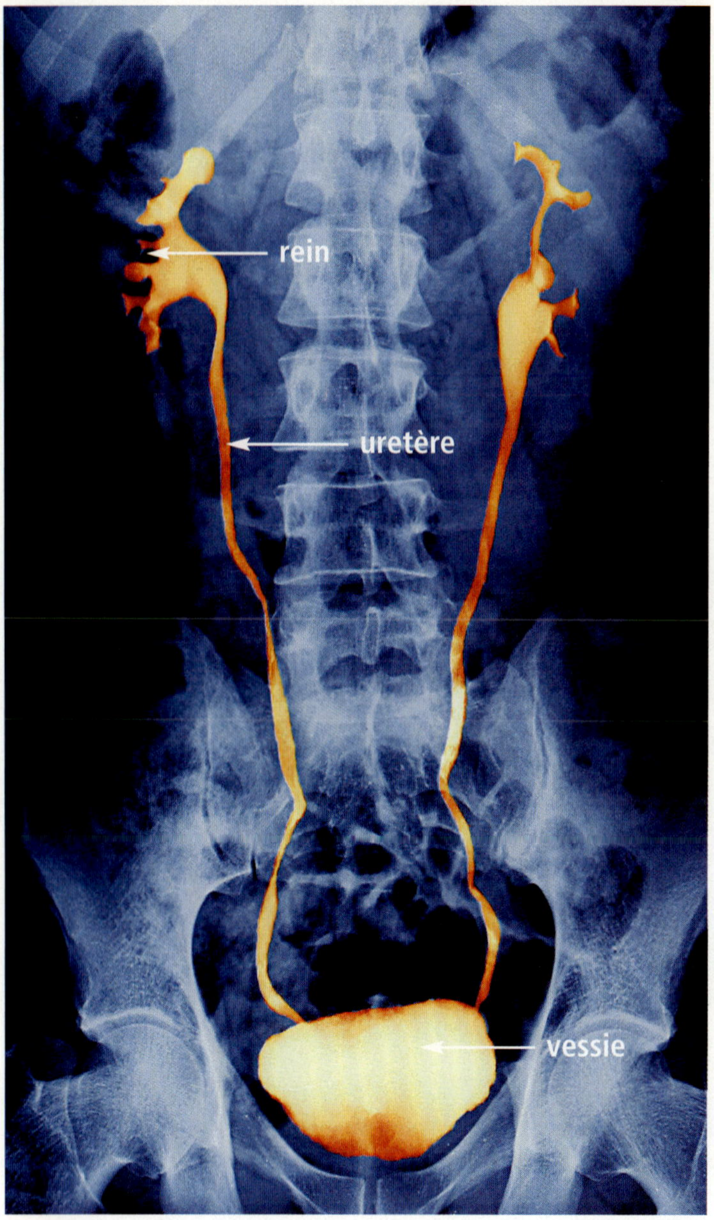

Doc. 4 **Une urographie.** Cette radiographie rend visible le trajet de l'urine, produite par les reins, jusqu'à la vessie. L'urine, riche en déchets comme l'urée, est éliminée de l'organisme.

B. Une élimination par les poumons

■ Au niveau des poumons, dans les alvéoles pulmonaires, ont lieu des échanges entre l'air et le sang ▶ Doc. 5.

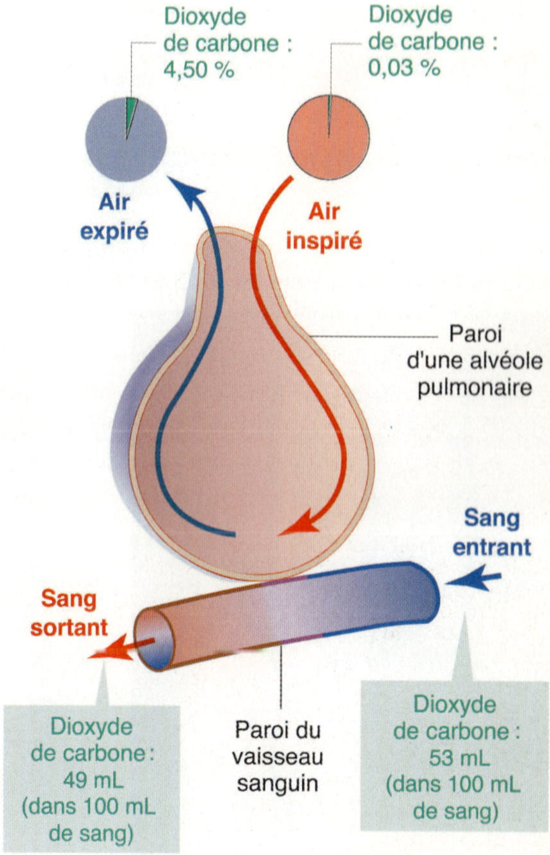

Doc. 5 **Le devenir du dioxyde de carbone au niveau des poumons.**

Je communique

✓ Recopie ou décalque le schéma.

✓ Complète le schéma par des flèches pour indiquer les échanges gazeux.

Je résous le problème

Réponds aux questions pour résoudre le problème.

1. Doc. 1 Justifie l'importance de la dialyse pour les personnes dont les reins ne fonctionnent pas.
2. Doc. 2, 3 Compare la composition du sang à l'entrée et à la sortie des reins pour en déduire leur rôle.
3. Doc. 4 Explique ce que deviennent les déchets excrétés au niveau des reins.
4. Doc. 5 Compare la quantité de dioxyde de carbone dans le sang entrant et sortant des poumons.
5. Doc. 5 Explique ce que devient le dioxyde de carbone produit par les organes.

➔ **Comment les déchets produits par l'activité des organes sont-ils éliminés du sang ?**

Vocabulaire ★

Dialyse (n. f.) : technique médicale consistant à débarrasser le sang de ses déchets.

Excrété (adj.) : qualifie les déchets éliminés par l'organisme, comme l'urée.

Urée (n. f.) : déchet résultant de l'activité des organes.

Activité 2

La circulation dans les vaisseaux sanguins

Le sang arrive aux organes et en repart dans des vaisseaux différents.

Comment le sang circule-t-il dans les vaisseaux sanguins ?

A. Des vaisseaux sanguins différents

■ Une *angiographie*★ de la main montre la disposition des vaisseaux sanguins ▶ Doc. 1. Pour étudier les différences entre ces vaisseaux, on peut les observer à l'œil nu ▶ Doc. 2 ou au microscope ▶ Doc. 3.

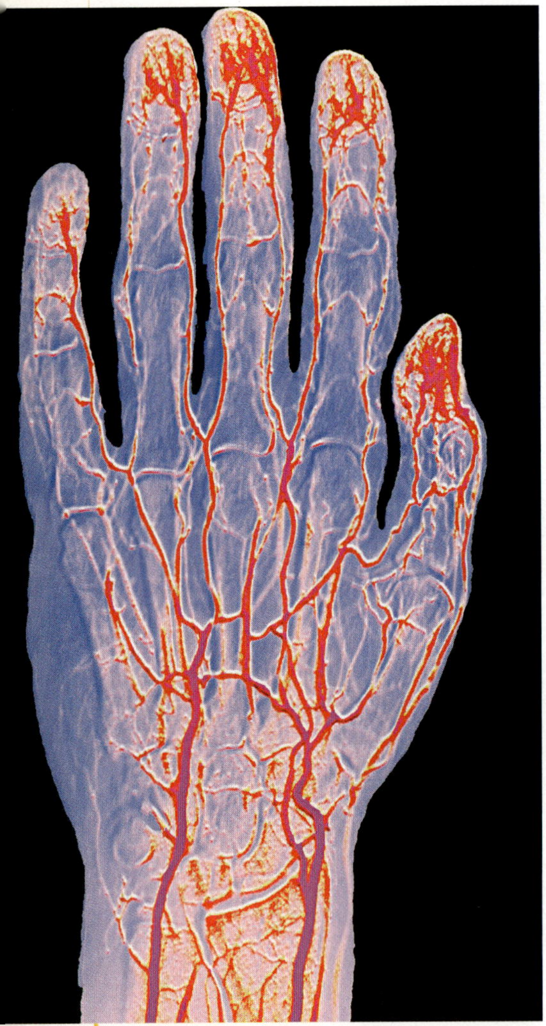

Doc. 1 **Une *angiographie*★ de la main.** Cette technique permet de rendre visible le réseau des vaisseaux sanguins parcourant la main.

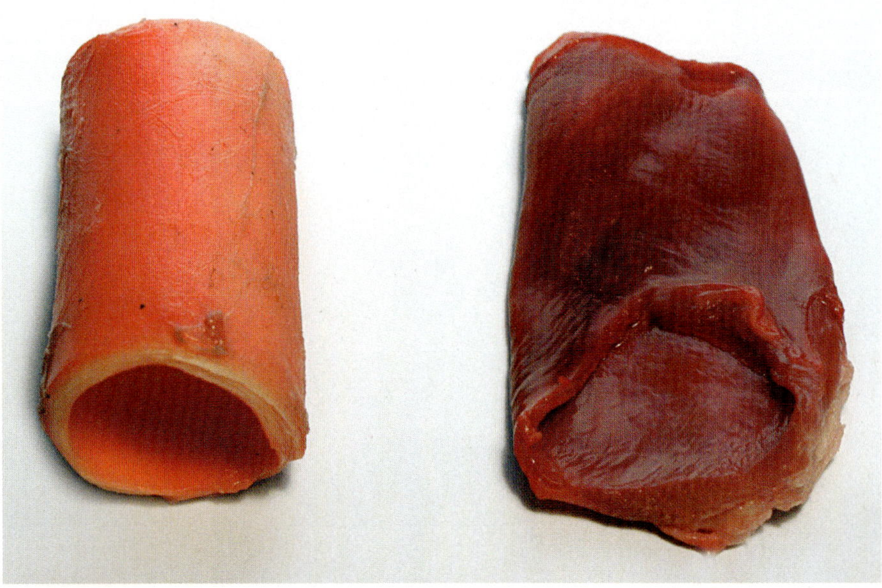

Doc. 2 **Deux catégories de vaisseaux sanguins : une artère (à gauche) et une veine (à droite).**

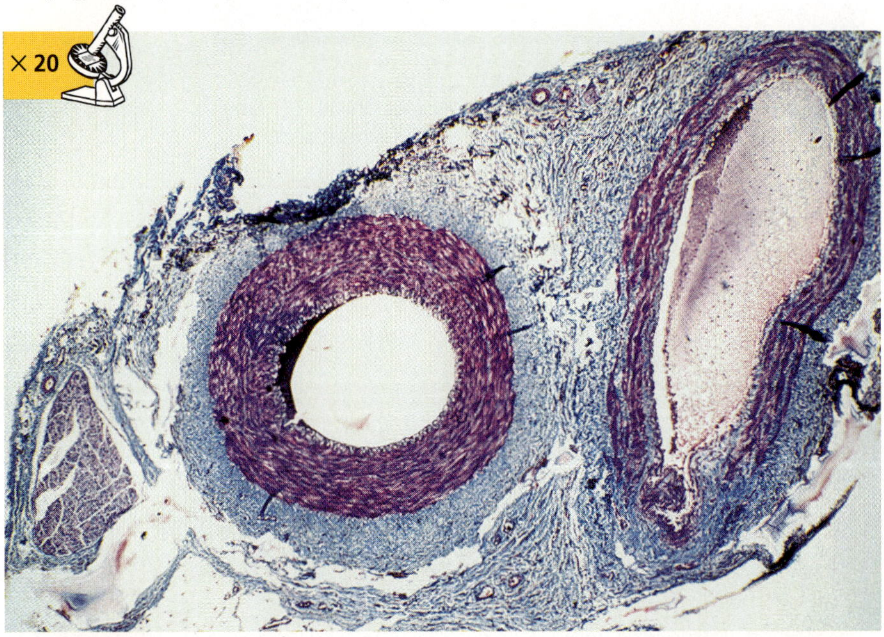

Doc. 3 **Coupe d'une artère (à gauche) et d'une veine (à droite) vue au microscope.**

B. Une circulation à sens unique

■ Dans le bras, des artères et des veines permettent au sang de circuler. Le sang, une fois arrivé au bout des doigts, repart en sens inverse. Pour comprendre dans quel sens le sang circule dans les vaisseaux sanguins, on *comprime*★ la veine du bras ▶ Doc. 4, puis l'artère du bras ▶ Doc. 5.

Doc. 4 Une compression de la veine du bras. Elle est effectuée dans le creux du coude. On peut en déduire dans quel sens circule le sang dans les veines.

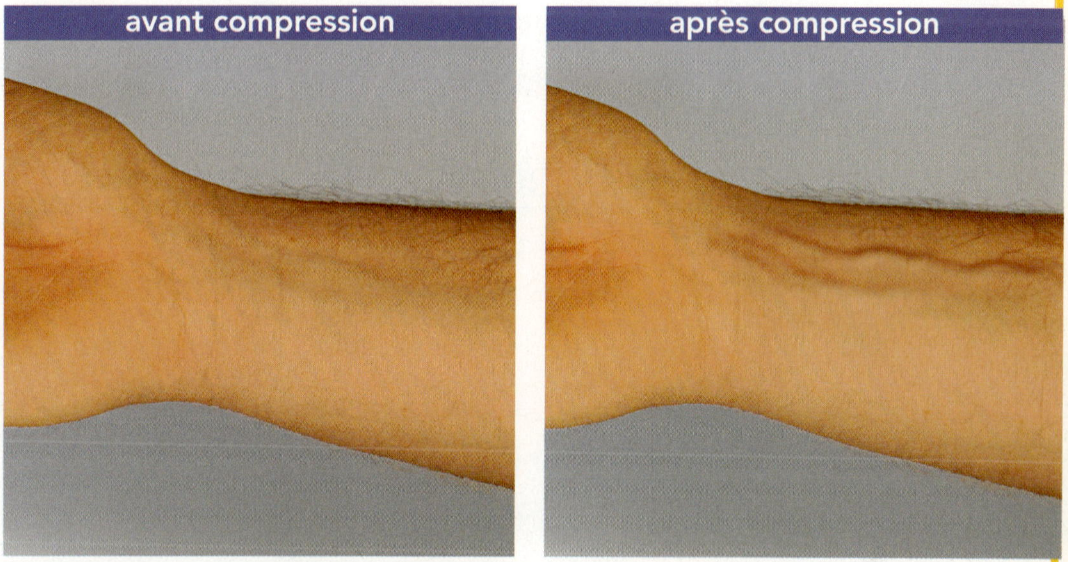

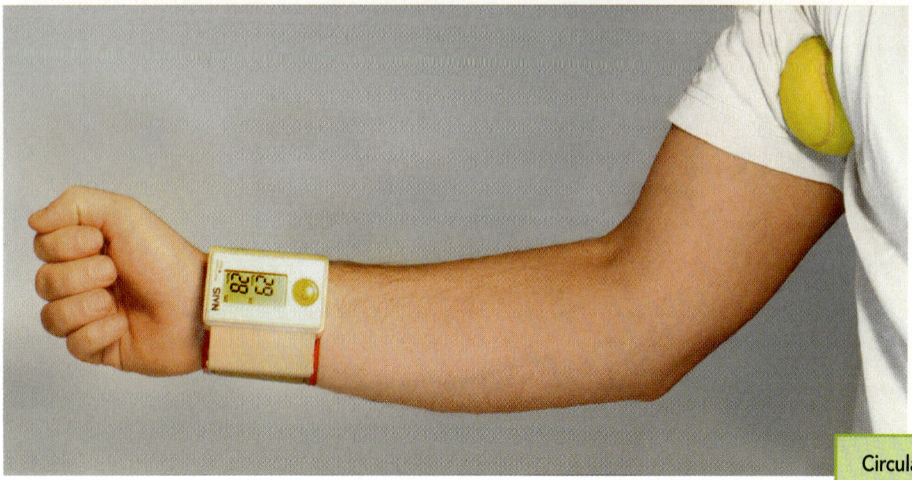

Doc. 5 Une compression de l'artère. L'artère du bras peut être comprimée en plaçant une balle sous *l'aisselle*★. Un bracelet électronique, attaché au poignet, détecte le passage du sang dans l'artère.

	Sans la balle	Avec la balle
Circulation du sang	normale	arrêtée

Je résous le problème

Réponds aux questions pour résoudre le problème.

1. Doc. 1 Décris la disposition des vaisseaux sanguins de la main.
2. Doc. 2, 3 Trouve des différences entre l'artère et la veine.
3. Doc. 4 Décris l'aspect de la veine avant et après la compression.
4. Doc. 4 Déduis alors le sens de circulation du sang dans la veine du bras.
5. Doc. 5 Indique les conséquences de la compression d'une artère.
6. Doc. 5 Déduis alors le sens de circulation du sang dans l'artère du bras.

➔ **Comment le sang circule-t-il dans les vaisseaux sanguins ?**

Vocabulaire ★

Angiographie (n. f.) : examen médical permettant l'observation des vaisseaux sanguins.

Comprimer (vb.) : appuyer très fermement.

Aisselle (n. f.) : partie située à la jonction du bras et du corps.

Activité 3

La mise en mouvement du sang

Le cœur bat toujours, même lorsque l'organisme est au repos. S'il s'arrête, le sang ne circule plus.

➜ Comment le sang est-il mis en mouvement par le cœur ?

A. La circulation du sang dans le cœur

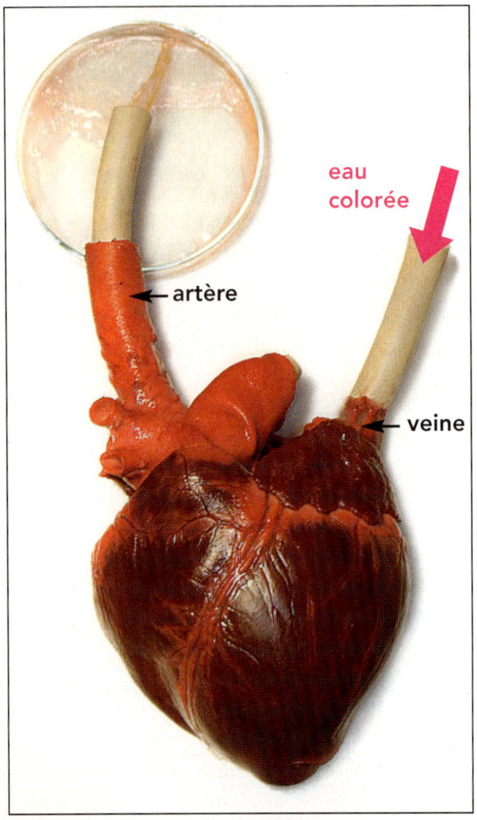

Doc. 1 **Eau colorée introduite dans le cœur par une veine.**

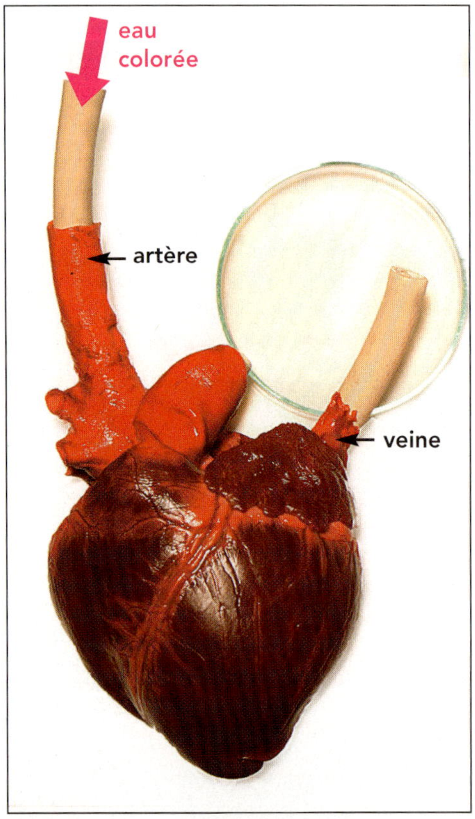

Doc. 2 **Eau colorée introduite dans le cœur par une artère.**

■ Le sang circule en sens inverse dans les artères et dans les veines. Pour rechercher s'il existe un sens de circulation du sang dans le cœur, on injecte de l'eau colorée dans une veine ▶ Doc. 1, puis dans une artère ▶ Doc. 2. On observe dans chaque cas si le liquide peut ressortir du cœur. Sur un schéma du cœur, on pourra alors reconstituer le trajet du sang ▶ Doc. 3.

Je communique

- ✓ Recopie ou décalque le schéma du cœur.
- ✓ Légende ce schéma.
- ✓ Indique par des flèches le sens de circulation du sang dans le cœur.

Doc. 3

Coupe longitudinale* **du cœur.** Le cœur comprend deux parties (droite et gauche) constituées chacune de deux cavités, l'*oreillette** et le *ventricule**.

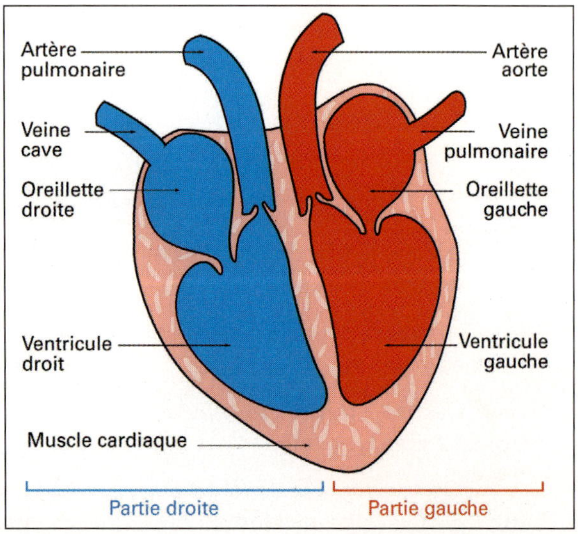

B. Des contractions rythmiques du cœur

■ Le cœur est un muscle dont l'activité peut être enregistrée à l'aide de capteurs placés sur le corps. Sur l'écran, apparaît alors un tracé appelé *électrocardiogramme*★ ▶ Doc. 4. En utilisant l'imagerie médicale, on peut observer les modifications des cavités cardiaques au cours des battements ▶ Doc. 5.

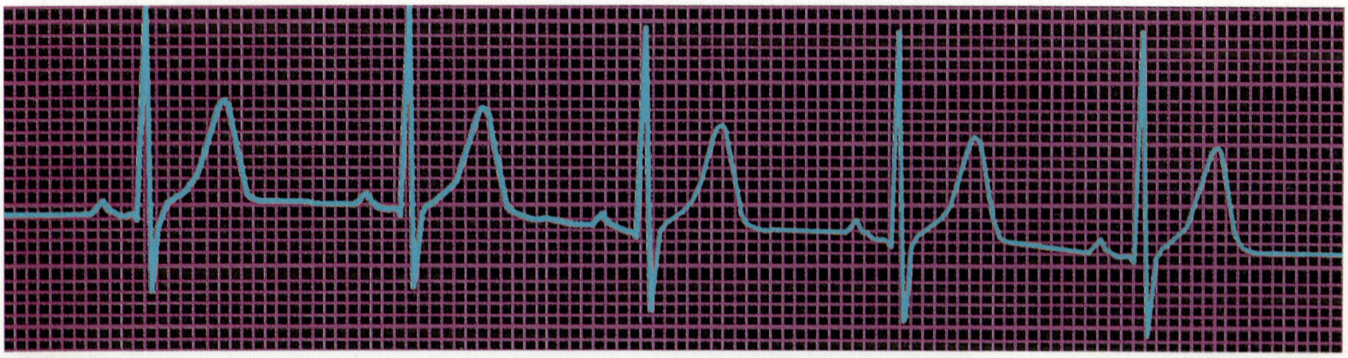

Doc. 4 **Un électrocardiogramme.** Chaque pic correspond à un battement cardiaque.

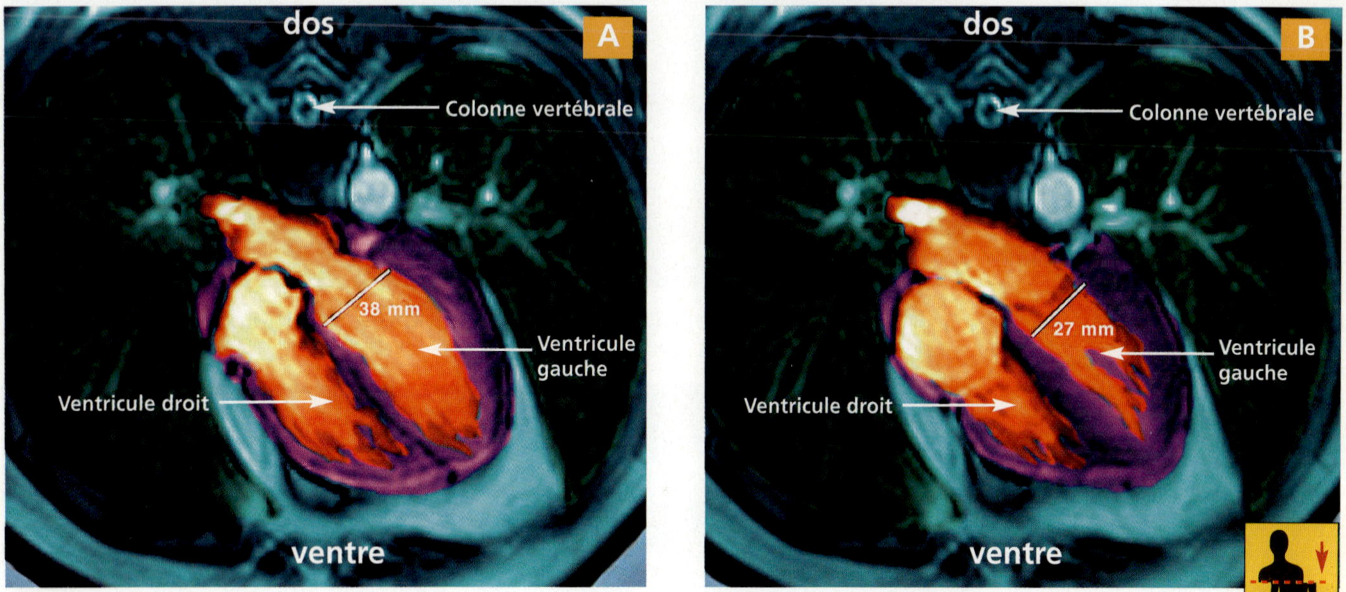

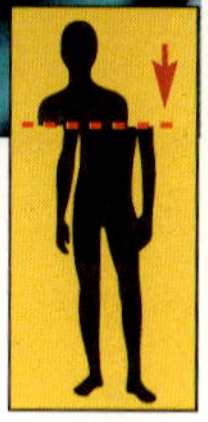

Doc. 5 **Coupe du cœur obtenue par IRM (Imagerie par Résonance Magnétique) à deux instants successifs A et B (à moins d'une seconde d'intervalle).** On injecte dans le sang du patient une substance qui permet de visualiser le cœur dans l'organisme. Ici, le sang apparaît en orange et le muscle cardiaque apparaît en violet. Lorsque le muscle est contracté, le volume des ventricules diminue.

Je résous le problème

Réponds aux questions pour résoudre le problème.

1. Doc. 1, 2 Indique par quel vaisseau le liquide doit entrer dans le cœur pour pouvoir en ressortir.
2. Doc. 1, 2 Nomme le vaisseau par lequel le liquide ressort.
3. Doc. 1, 2, 3 Reconstitue alors le trajet du sang à l'intérieur de chaque moitié du cœur.
4. Doc. 4 Montre que l'activité du cœur est rythmique.
5. Doc. 5 Compare le volume de sang dans les ventricules aux deux instants A et B.
6. Doc. 5 Retrouve à quel instant le muscle cardiaque se contracte.
7. Doc. 1, 5 Indique ce que devient le sang lors de la contraction.

➔ **Comment le sang est-il mis en mouvement par le cœur ?**

Vocabulaire ★

Coupe longitudinale : *coupe réalisée dans la longueur de l'organe.*

Oreillette (n. f.) : *cavité du cœur.*

Ventricule (n. m.) : *cavité du cœur.*

Électrocardiogramme (n. m.) : *enregistrement permettant d'étudier le fonctionnement du cœur.*

Activité 4

Des organes en relation par la circulation

Les muscles prélèvent dans le sang le dioxygène et les nutriments et y rejettent leurs déchets. Les poumons réapprovisionnent le sang en dioxygène et éliminent du dioxyde de carbone, tandis que les reins éliminent les autres déchets comme l'urée.

Comment la circulation du sang met-elle en relation ces différents organes ?

A. Une circulation continue

■ Pour comprendre comment le sang met en relation les organes, on injecte dans le sang d'un rat une substance visible par radiographie. On l'observe d'abord dans les artères ▶ Doc. 1, puis dans d'autres vaisseaux ▶ Doc. 2. Une observation au microscope montre la présence de vaisseaux très fins à l'intérieur d'un organe : les *capillaires*★ sanguins ▶ Doc. 3.

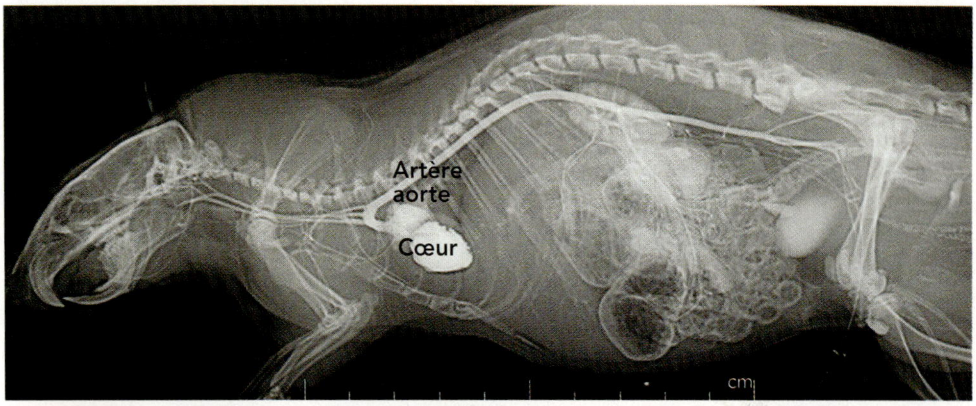

Doc. 1 Radiographie après l'injection d'une substance dans une artère. Les vaisseaux visibles sont des artères.

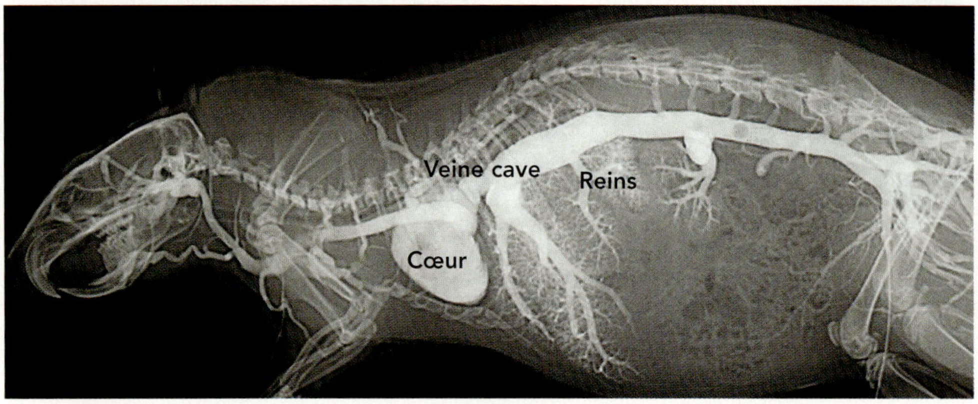

Doc. 2 Radiographie après l'injection de la substance. Les vaisseaux visibles sont des veines.

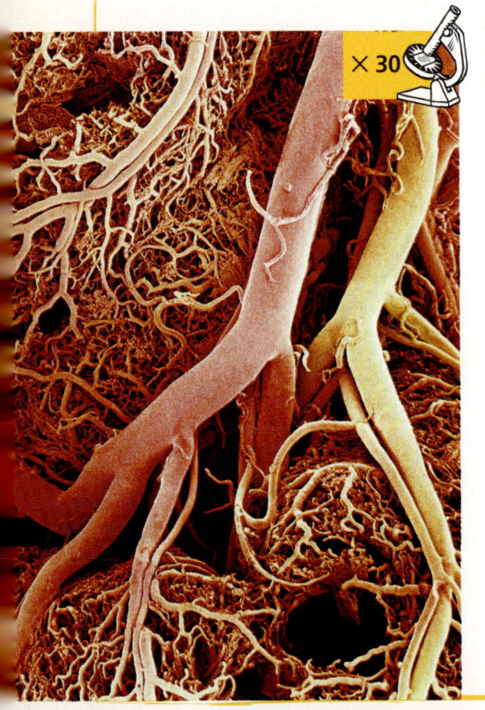

Doc. 3 Des capillaires sanguins à l'intérieur de l'intestin grêle, situés entre les artères et les veines. Les organes réalisent leurs échanges avec le sang au niveau d'un réseau de capillaires.

Je communique

✓ Schématise un muscle selon le modèle.

✓ Place les légendes : veine, artère et capillaire.

✓ Représente par une flèche rouge les échanges de dioxygène et de nutriments et par une flèche bleue les échanges de dioxyde de carbone à l'intérieur du muscle.

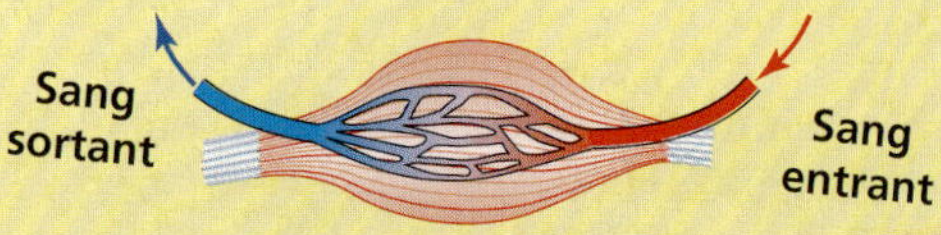

B. Des relations entre organes

Doc. 4 **La circulation sanguine dans l'organisme.**

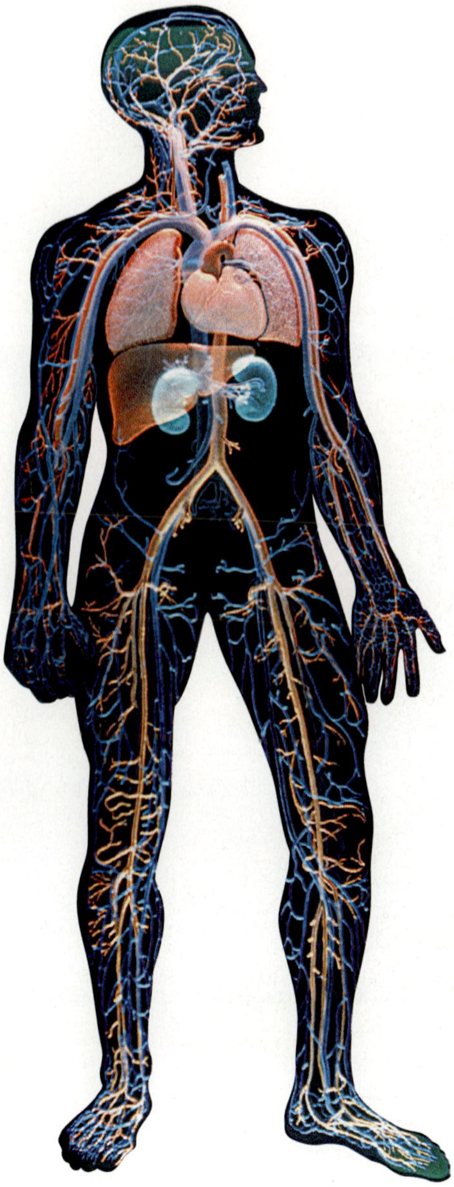

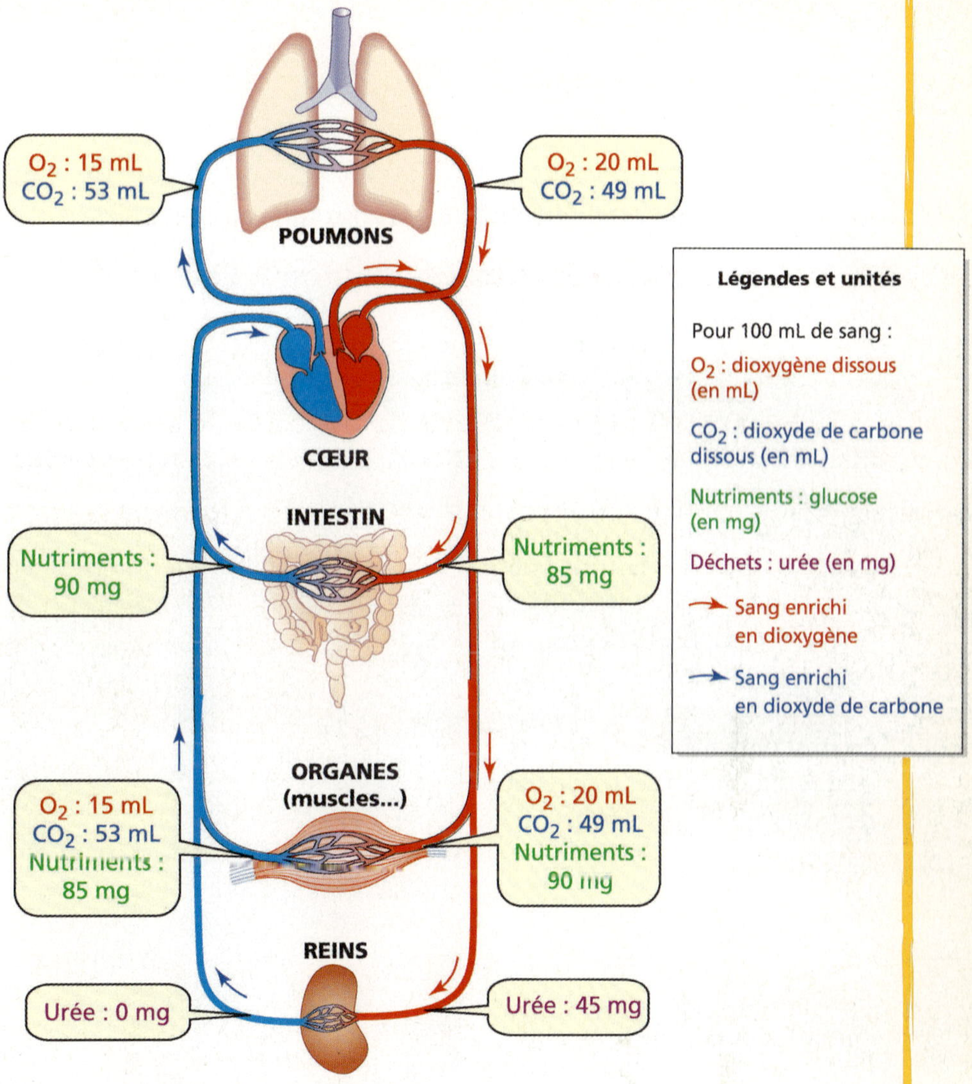

Doc. 5 **Schéma de la circulation sanguine.**
On distingue la circulation pulmonaire (entre le cœur et les poumons) de la circulation générale (entre le cœur et les autres organes). En rouge, est représenté le sang enrichi en dioxygène ; en bleu, le sang appauvri en dioxygène et enrichi en dioxyde de carbone.

Je résous le problème

Réponds aux questions pour résoudre le problème.

1. **Doc. 1, 2** Indique ce que devient la substance présente au départ dans l'artère.
2. **Doc. 3** Retrouve par quel type de vaisseau le sang passe de l'artère à la veine.
3. **Doc. 1 à 3** Reconstitue le trajet du sang depuis son départ du cœur jusqu'à son retour.
4. **Doc. 4** Recherche en quoi la disposition des vaisseaux permet d'*irriguer*★ tous les organes .
5. **Doc. 5** Explique comment le sang arrivant aux organes est toujours enrichi en dioxygène, ainsi qu'en nutriments.
6. **Doc. 5** Explique comment le sang partant des organes peut être débarrassé de ses déchets.

➔ **Comment la circulation du sang met-elle en relation ces différents organes ?**

Vocabulaire ★

Capillaire (n. m.) : vaisseau sanguin très fin situé à l'intérieur des organes.

Irriguer (vb.) : apporter du sang à un organe.

Activité 5 Des maladies de l'appareil cardio-vasculaire

Soudainement, le cœur peut s'arrêter de battre ou un vaisseau sanguin se boucher : c'est un accident *cardio-vasculaire*☆. Sans secours, la personne est en danger.

Comment prévenir les accidents cardio-vasculaires ?

A. L'infarctus du myocarde

Au cours d'un infarctus du *myocarde*☆, une partie du muscle cardiaque est détruite. Pour comprendre la cause de cet accident, on peut réaliser une radiographie des artères coronaires qui irriguent le cœur ▶ Doc. 1. Sur la coupe de deux artères, on peut observer deux stades d'avancement différents de la maladie ▶ Doc. 2 et 3.

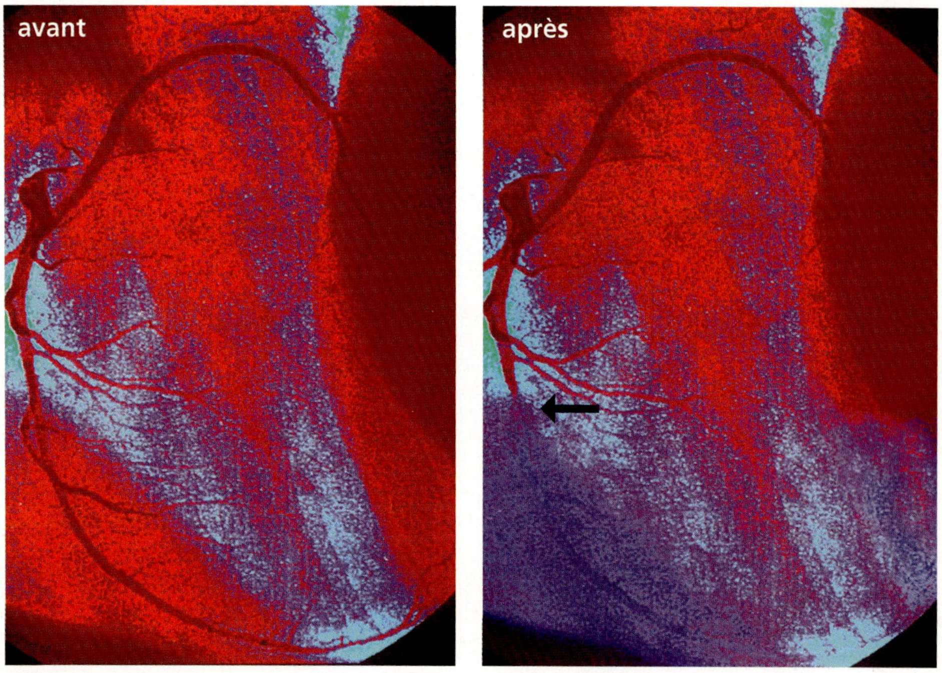

Doc. 1 **Artère du myocarde avant et après un infarctus.** Dans les zones en rouge, le sang circule normalement.

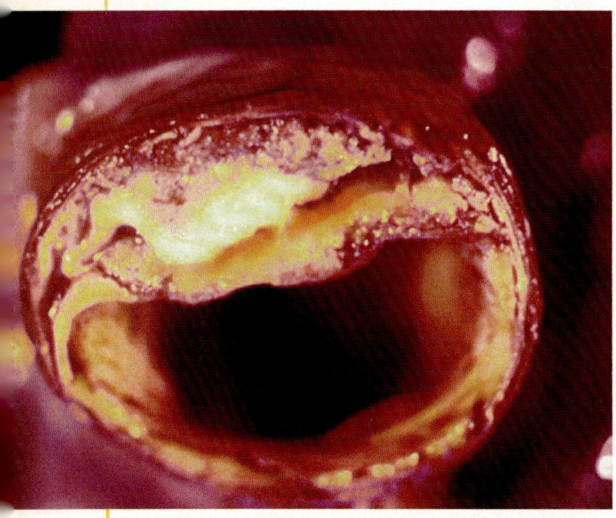

Doc. 2 **Vue en coupe d'une artère avec une plaque d'*athérome*☆.**

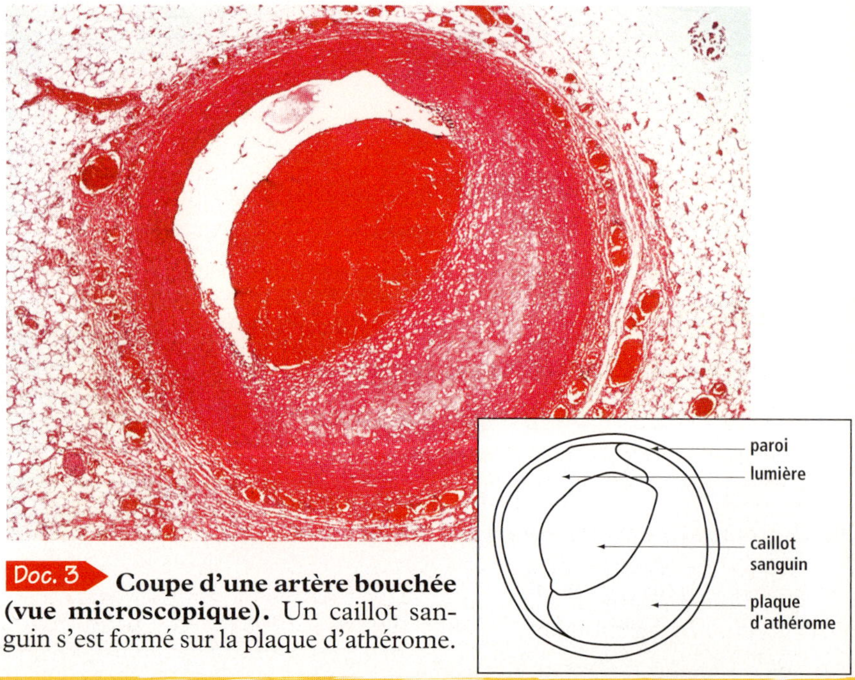

Doc. 3 **Coupe d'une artère bouchée (vue microscopique).** Un caillot sanguin s'est formé sur la plaque d'athérome.

B. D'autres maladies cardio-vasculaires

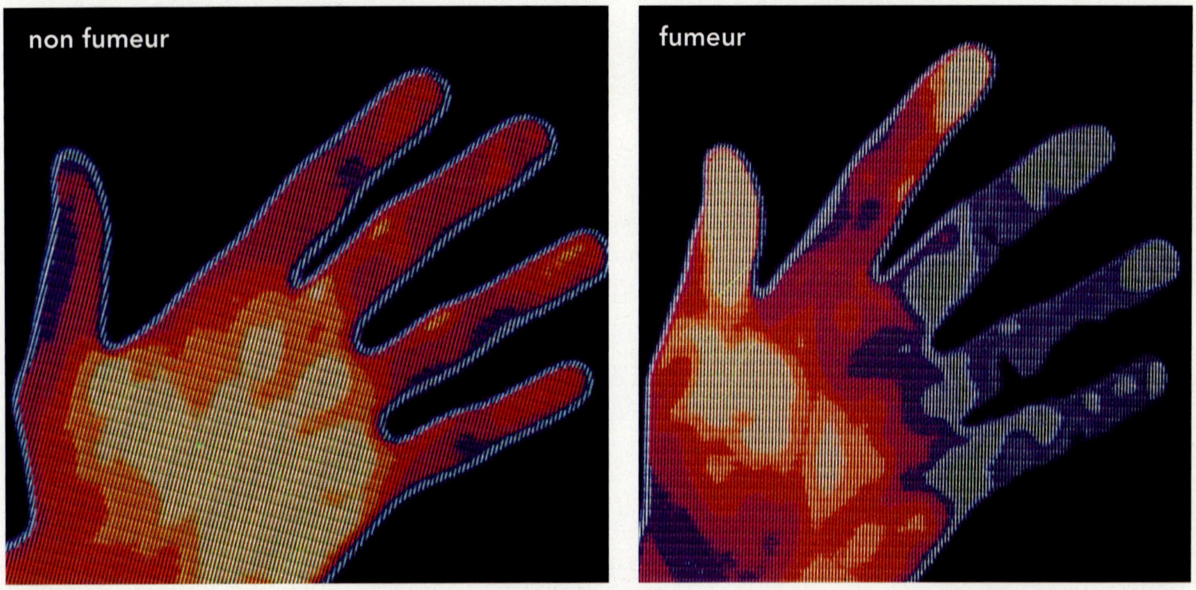

Doc. 4 ***Thermographies**** **de la main d'un non fumeur et de celle d'un fumeur.** La thermographie montre les différences de température à différents endroits du corps. Les zones les plus froides, indiquées en bleu, correspondent à des zones où la circulation sanguine est la plus faible. Dans les zones les plus chaudes, représentées en rouge, la circulation est la plus importante.

Doc. 5 **Comportements et risque de maladies cardio-vasculaires.**

La valeur 1 correspond au risque pour un individu dont la masse est idéale, qui ne fume pas et qui a une activité physique régulière.

Lorsque le risque est égal à 2, la personne concernée risque deux fois plus de développer une maladie cardio-vasculaire.

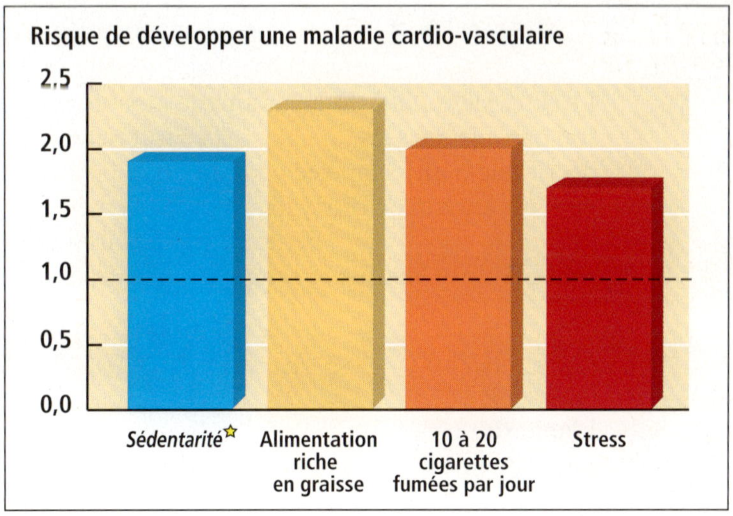

Je résous le problème

Réponds aux questions pour résoudre le problème.

1. Doc. 1 Indique quelle anomalie présente l'artère marquée d'une flèche.
2. Doc. 2 et 3 Propose alors une explication à cette anomalie.
3. Doc. 1 à 3 Explique comment cette anomalie peut alors entraîner la destruction d'une partie du muscle cardiaque.
4. Doc. 4 Compare la circulation sanguine dans les doigts d'un fumeur et dans ceux d'un non fumeur et déduis-en l'effet du tabac.
5. Doc. 5 Retrouve d'autres facteurs qui augmentent le risque de maladie cardio-vasculaire.

➜ **Comment prévenir les accidents cardio-vasculaires ?**

Vocabulaire *

Cardio-vasculaire (adj.) : qui concerne le cœur et les vaisseaux sanguins.

Myocarde (n.m.) : muscle cardiaque.

Plaque d'athérome (n.f.) : dépôt graisseux sur la paroi interne d'une artère.

Thermographie (n.f.) : image montrant les variations de température.

Sédentarité (n.f.) : manque d'activité physique.

Bilan

J'ai découvert...

Activité 1 ... l'élimination des déchets du sang

Les **reins** débarrassent le sang des **déchets** comme l'urée en produisant de l'**urine**. Celle-ci est évacuée de l'organisme. Le **dioxyde de carbone** libéré par les organes est éliminé du sang au niveau des poumons : il est rejeté dans **l'air expiré**.

Activité 2 ... la circulation dans les vaisseaux sanguins

Le sang circule à **sens unique** dans les vaisseaux sanguins. Le sang est amené par les **artères** aux organes et en repart par les **veines**.

Activité 3 ... la mise en mouvement du sang

Le cœur est un **muscle creux** et **cloisonné**. Le sang arrive au cœur par des veines. Il traverse les cavités du cœur : oreillette, puis ventricule. Il ressort du cœur par des artères. Le sang est mis en mouvement grâce aux **contractions rythmiques** du cœur.

Activité 4 ... des organes en relation par la circulation

Le sang provenant du cœur amène aux organes le dioxygène et les nutriments par les artères. Après son passage dans les **capillaires** à l'intérieur des organes, il retourne au cœur par les veines : ce circuit décrit une boucle appelée **grande circulation**. De retour au cœur, le sang est dirigé vers les poumons où il est enrichi en dioxygène et appauvri en dioxyde de carbone, avant de retourner au cœur : c'est la **petite circulation**. Petite et grande circulation forment la **double circulation**. D'autres déchets sont éliminés lorsque le sang passe par les reins.

Activité 5 ... des maladies de l'appareil cardio-vasculaire

L'apparition des **maladies cardio-vasculaires**, comme l'infarctus du myocarde, est favorisée par une alimentation trop riche, la consommation de tabac, le manque d'activité physique, le stress…

Suis le film du cours

Partie 2 – Fonctionnement de l'organisme et besoin en énergie

Chapitre 4	Chapitre 5	Chapitre 6
L'approvisionnement en dioxygène	L'approvisionnement en nutriments, source d'énergie	La circulation sanguine
Le dioxygène de l'air est conduit aux poumons et passe dans le sang au niveau des alvéoles.	Les aliments sont transformés en nutriments qui passent dans le sang au niveau de l'intestin. Les aliments sont source d'énergie. Des apports supérieurs aux besoins favorisent des maladies.	Le sang, mis en mouvement par le cœur, transporte dans des vaisseaux nutriments, dioxygène et déchets liés à l'activité des organes.

Je retiens l'essentiel…

… en apprenant le résumé du cours

- Les déchets comme l'urée sont éliminés du sang au niveau des reins. Le dioxyde de carbone est éliminé au niveau des poumons.
- Le sang circule à sens unique dans un ensemble clos de vaisseaux sanguins : artères, capillaires sanguins et veines.
- Le sang est mis en mouvement par le cœur, qui est un muscle creux, cloisonné, dont le fonctionnement est rythmique.
- La circulation sanguine met en relation les organes et permet les échanges.
- Des maladies cardio-vasculaires peuvent être favorisées par une mauvaise hygiène de vie.

Je réussis le contrôle si

je sais

- Expliquer où et comment sont éliminés les déchets du sang
- Expliquer le rôle de la circulation sanguine dans le fonctionnement de l'organisme
- Décrire le trajet du sang dans l'appareil cardio-vasculaire
- Citer un exemple de maladie cardio-vasculaire

je sais faire

- Représenter par des flèches la circulation du sang
- Légender un schéma du cœur

… en étudiant le schéma-bilan

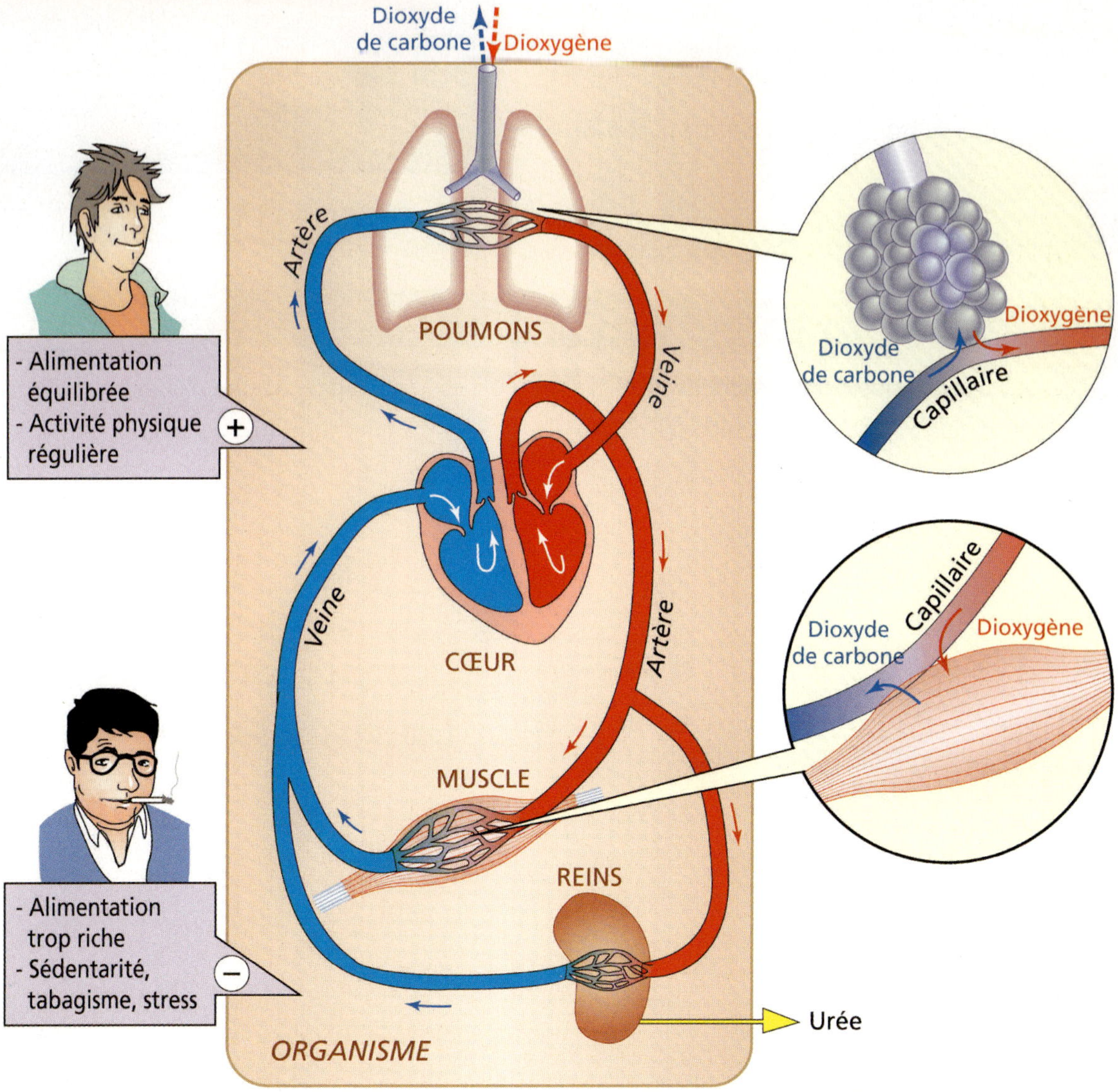

Santé — La greffe d'organes

Tout le monde a entendu parlé de la greffe. Cette opération permet de remplacer un organe qui ne fonctionne plus correctement par un organe sain prélevé chez une autre personne. Mais qui est le donneur ? Le plus souvent, une personne en état de mort clinique : son cerveau est définitivement détruit, mais son cœur bat et la respiration peut être maintenue avec un appareil. Cependant, au bout de quelques heures, les organes se dégradent irréversiblement. D'où une véritable course contre la montre ! Si le donneur n'a pas donné d'avis contraire et si la famille l'autorise, les médecins prélèvent sur le corps un ou plusieurs organes, à condition qu'ils soient encore irrigués. Le donneur peut aussi être un parent proche vivant, car il y aura moins de risque de rejet. Bien sûr, l'organe prélevé doit alors exister en double, comme le rein ! Mais un principe est toujours respecté : la gratuité du don. La greffe reste un acte de solidarité, pas un acte commercial.

- À quelles conditions peut-on prélever un organe chez un donneur ?
- Recherche ce qu'est le phénomène de « rejet » de greffe.

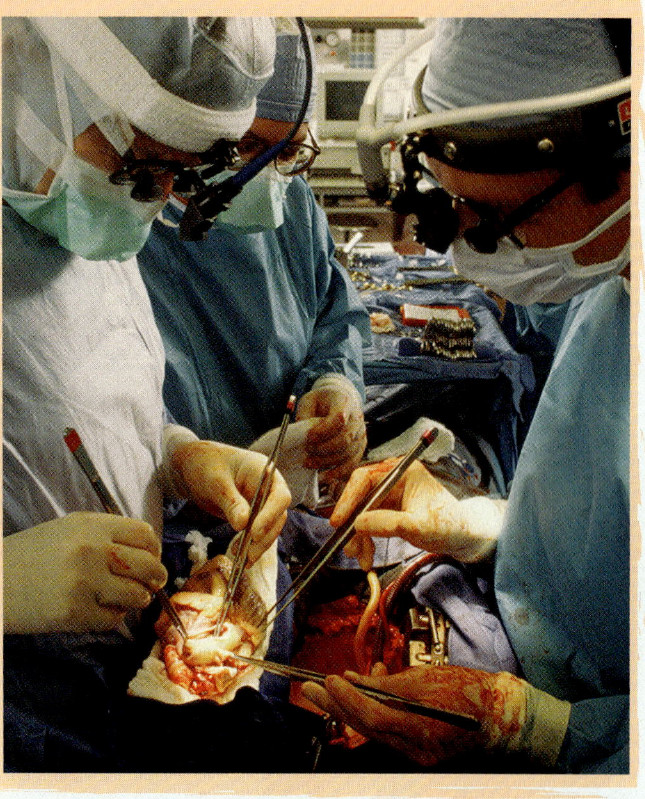

Infos — Les chiffres de la greffe d'organes

Chaque année, plusieurs milliers de greffes sont réalisées en France. Malheureusement, les malades en attente sont encore plus nombreux.

Les greffes pratiquées en France en 2003

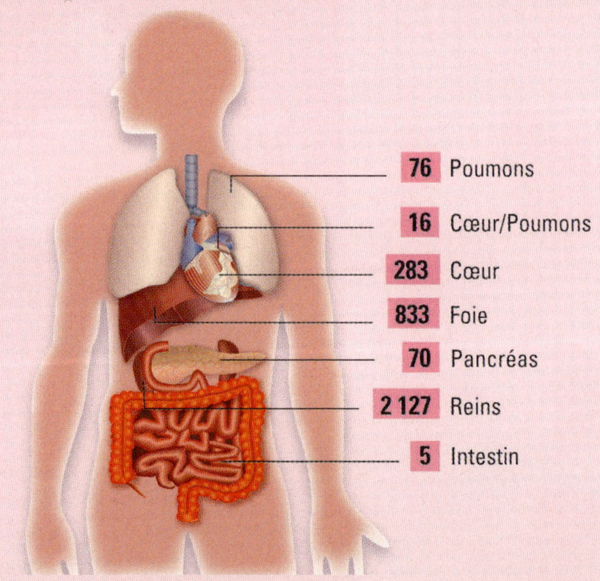

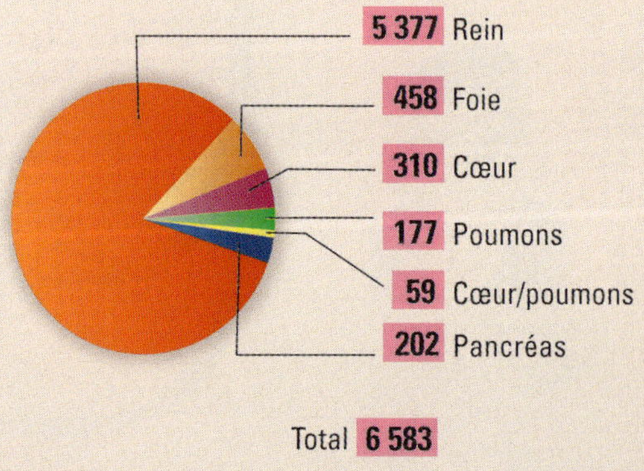

Source : Établissement français des greffes

Histoire — Des idées fausses sur la circulation

Une observation exacte peut parfois être à l'origine d'une idée fausse. Ainsi, on crut pendant longtemps que les artères transportaient de l'air : en effet, lorsqu'on disséquait un animal après l'avoir saigné, elles étaient évidemment vides de sang ! Une autre idée fausse régnait à l'époque : le sang naissait dans le foie, puis se perdait dans les organes sans jamais revenir à son point de départ. Autrement dit, le sang faisait un aller sans retour ! On avait fini par admettre que le sang passait à travers le cœur, mais c'était tout. Il fallut attendre le début du XVIIe siècle et le médecin anglais William Harvey (1578-1657) pour prouver le contraire. Il raisonna très simplement : « D'après son volume », se dit-il, « le cœur peut contenir 60 g de sang. Comme il bat en moyenne 72 fois par minute, il passe par cet organe 72 x 60 x 60 = 259 200 g de sang en 1 heure. Si 260 kg de sang se perdaient dans les organes, l'organisme aurait à fabriquer, toutes les heures, 3 à 4 fois son propre poids de sang ! » Il fallait se rendre à l'évidence : le sang décrivait une boucle. L'admettre demanda un certain temps, car les idées fausses ont la vie dure !

- Explique quelle était l'erreur commise sur la circulation du sang avant les travaux de Harvey.
- Calcule la quantité de sang qui traverse le cœur en une journée.

Internet — Qu'est-ce que l'infarctus du myocarde ?

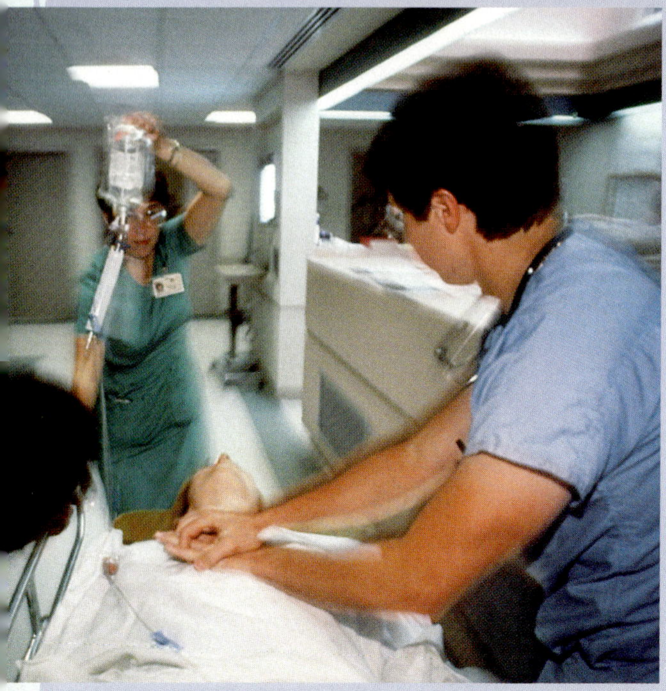

Une vive douleur qui traverse la poitrine, puis se propage à la mâchoire et au bras gauche, la sensation d'étouffer, le sentiment que l'on va mourir, sont quelques signes caractéristiques d'un infarctus du myocarde. Lors d'un infarctus, un caillot dans l'artère coronaire, celle qui alimente le cœur, prive cet organe de dioxygène et le muscle cardiaque, le myocarde, est alors en partie détruit. Si plus de 20% du myocarde est détruit, le cœur ne propulse plus suffisamment le sang ; au-delà de 40 %, les chances de survie sont nulles. C'est la raison pour laquelle, dès les premiers signes, il est impératif d'alerter les secours d'urgence. Ceux-ci, une fois sur place, injecteront dans le sang de la victime une substance pour dissoudre le caillot à l'origine de l'infarctus.

- Trouve d'autres renseignements sur Internet en saisissant dans un moteur de recherche : « myocarde + infarctus ».
- Des tests permettent de déterminer les risques d'infarctus. Recherche un de ces tests sur Internet et déduis-en les facteurs augmentant le risque. Pour cela, saisis les mots : « risques d'infarctus + test ».

Teste tes connaissances

1 Rédige une phrase

Pour chaque phrase, utilise les mots proposés :

a) urée / reins / élimination / sang

b) sang / sens unique / circulation / vaisseaux sanguins

c) circulation / capillaires / fins / vaisseaux sanguins / organes.

2 Réponds en une phrase

a) Dans une artère, dans quel sens le sang circule-t-il entre le cœur et les organes ?

b) Comment le cœur met-il le sang en mouvement ?

c) Cite deux facteurs qui augmentent le risque de maladie cardio-vasculaire.

3 Le mot caché

Recopie la grille, puis complète les lignes à l'aide des définitions suivantes.
Découvre alors le mot caché dans la colonne bleue.

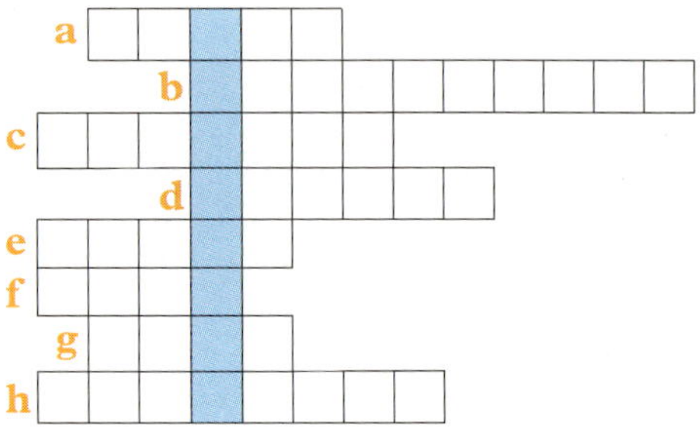

a) Organe qui met le sang en mouvement.

b) Vaisseau dans lequel le sang circule dans un organe.

c) Le dioxyde de carbone et l'urée en sont deux exemples.

d) Vaisseau dans lequel le sang circule du cœur vers un organe.

e) Vaisseau dans lequel le sang circule d'un organe vers le cœur.

f) Il circule dans des vaisseaux.

g) Déchet éliminé par les reins.

h) Type d'activité permettant de limiter le risque de maladie cardio-vasculaire.

Découvre avec l'informatique

CD-ROM

4 La circulation sanguine

Avec ton professeur, visionne l'animation nommée *La circulation sanguine*, puis réponds aux questions.

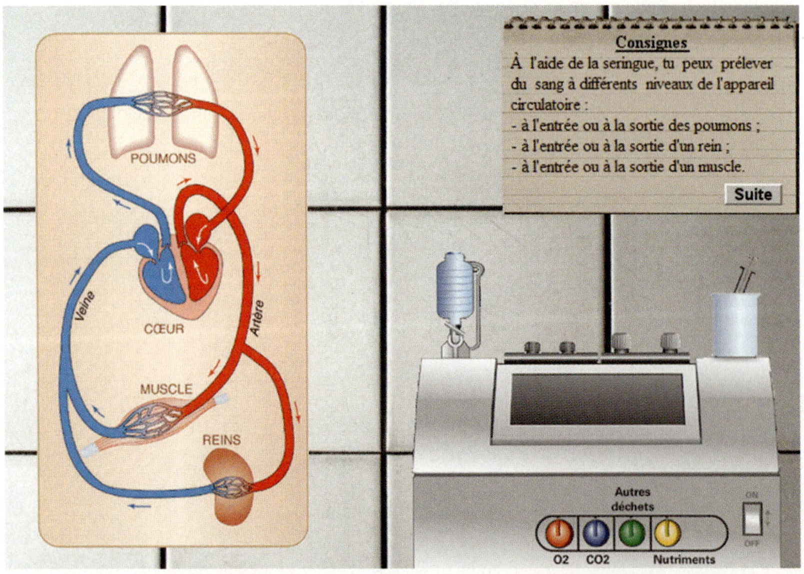

Questions

I, Ra a) Compare la composition du sang entrant et sortant d'un muscle et explique la différence.

I, Ra b) Compare la composition du sang entrant et sortant des poumons et explique ce que devient le dioxyde de carbone à ce niveau.

I, Ra c) Compare la composition du sang entrant et sortant des reins et explique comment sont éliminés les autres déchets produits par l'activité des organes.

Ra d) Explique alors l'intérêt d'une relation entre les organes par le sang.

Applique tes connaissances

5 L'anévrisme, une maladie cardio-vasculaire

La paroi d'une artère peut être déformée, risquant de se déchirer à tout moment : il s'agit d'un anévrisme. Si la rupture d'une artère du cerveau se produit, il y a alors une hémorragie cérébrale.

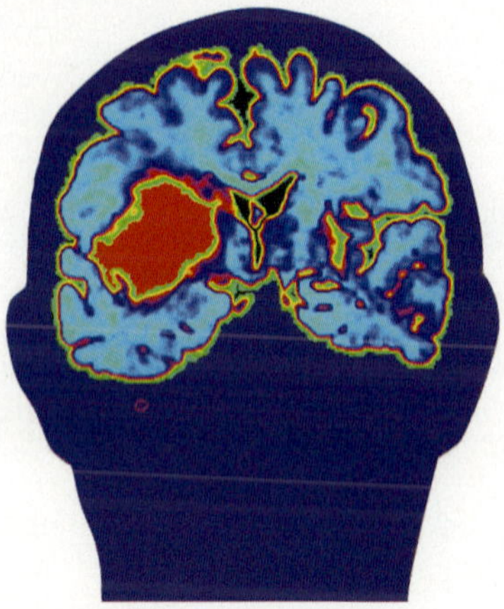

Doc. 1 Hémorragie cérébrale, repérée en rouge par l'imagerie médicale.

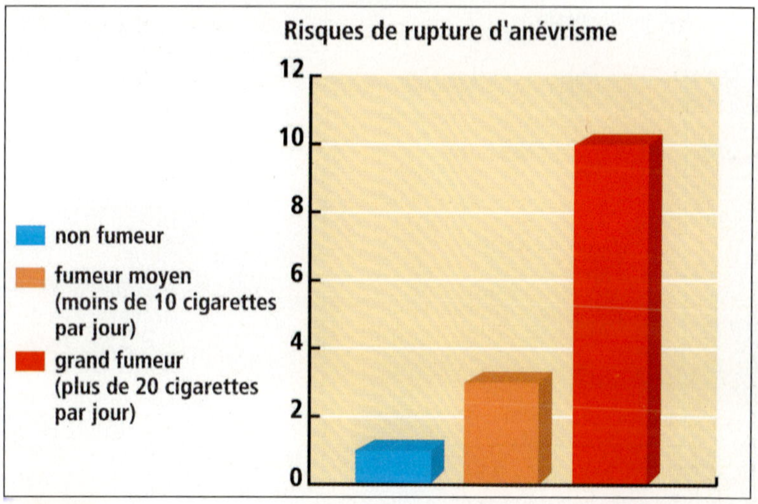

Doc. 2 Facteur de risque de développer une rupture d'anévrisme.

Questions

Ra **a)** Indique quelles seraient les conséquences d'une rupture de l'artère cérébrale pour le cerveau ▶ Doc. 1.

I, C **b)** Compare le risque d'hémorragie cérébrale chez ces trois catégories de personnes ▶ Doc. 2.

Ra **c)** Déduis-en alors quel est le facteur qui augmente le risque.

6 La circulation et les échanges

Le schéma représente l'irrigation sanguine d'un organe. On a précisé la quantité de dioxygène et de dioxyde de carbone dans le sang (en mL pour 100 mL de sang) à l'entrée et à la sortie de l'organe.

Questions

I, C **a)** En comparant les quantités de dioxygène et de dioxyde de carbone, détermine quel point (1 ou 2) correspond à l'entrée du sang dans l'organe et quel autre à la sortie.

C, Ra **b)** Décalque le schéma et représente le sens de circulation dans les vaisseaux A et C par une flèche :
- rouge pour le sang enrichi en dioxygène
- bleue pour le sang appauvri en dioxygène.

C, Ra **c)** Légende les trois vaisseaux sanguins A, B et C.

Ra **d)** Explique alors le phénomène se réalisant au niveau de l'organe.

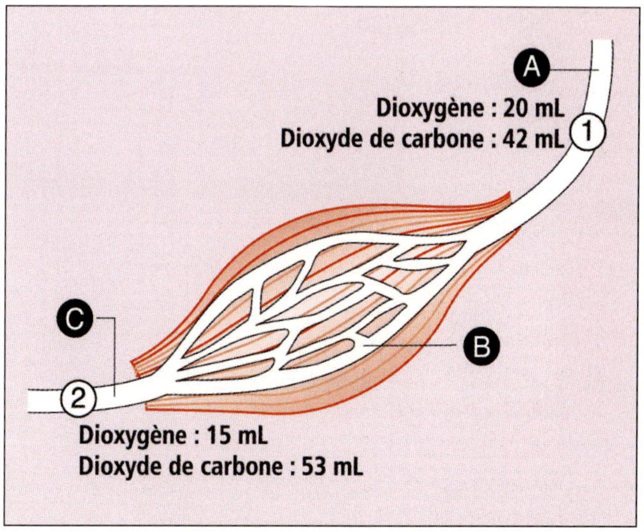

7 Les méfaits d'un excès de cholestérol

Le cholestérol est un constituant de notre organisme qui est nécessaire en quantité normale (inférieure à 2 g par litre de sang). Le graphique ci-dessous montre le nombre de décès pour 1 000 habitants par maladie cardio-vasculaire en fonction du taux de cholestérol dans le sang.

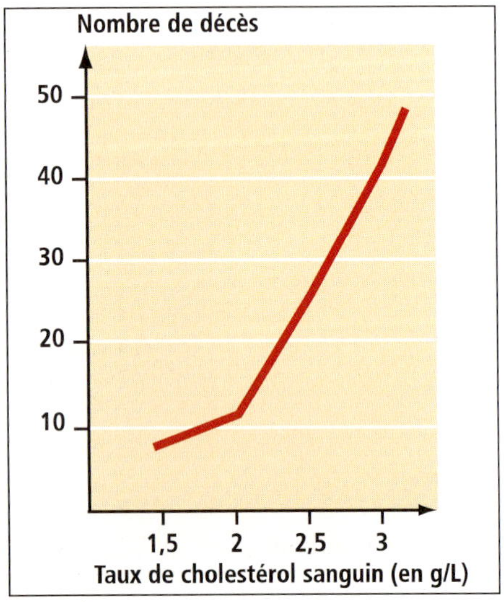

Doc. 1 Nombre de décès par maladies cardio-vasculaires pour 1000 habitants.

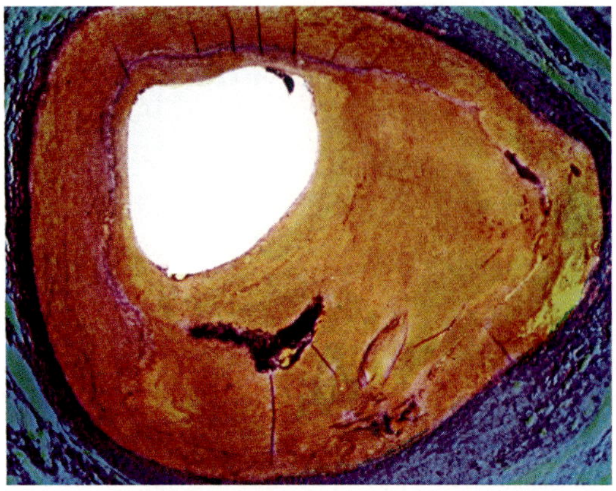

Doc. 2 Coupe d'artère irrigant le cœur d'un individu dont le taux de cholestérol est de 3 g/L.

Questions

I, Ra **a)** Compare le nombre de décès par maladie cardio-vasculaire pour un taux de cholestérol dans le sang de 3 g/L et pour un taux de 1,5 g/L ▶ Doc. 1.

I, Ra **b)** Détermine à partir de quel taux de cholestérol sanguin le nombre de décès augmente fortement ▶ Doc. 1.

I, Ra **c)** Décris les conséquences d'un fort taux de cholestérol sur l'état des artères ▶ Doc. 2.

Ra **d)** Explique pourquoi un fort taux de cholestérol augmente le risque de mourir d'une maladie cardio-vasculaire.

8 Le rôle des reins

Les reins élaborent l'urine et sont richement irrigués. Afin de comprendre leur fonctionnement, on étudie la composition du sang à l'entrée puis la sortie d'un rein ▶ Doc. 1. On compare également la composition du sang sortant du rein à celle de l'urine ▶ Doc. 2.

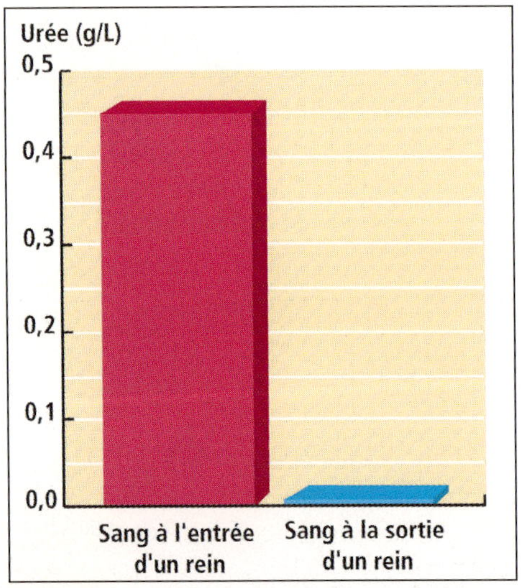

Doc. 1 Teneurs en urée dans le sang (en g pour 1 litre de sang).

Constituants	Urine (quantité pour 1L)	Sang sortant du rein (quantité pour 1L)
Eau	950 mL	900 mL
Protides	0 g	75 g
Glucides	0 g	1 g
Lipides	0 g	6 g
Déchets (urée...)	28,5 g	0 g
Minéraux	11,15 à 21,15 g	7,2 g

Doc. 2 Comparaison de la composition du sang sortant d'un rein et de l'urine.

Questions

I, Ra **a)** Explique la différence de teneur en urée entre le sang arrivant et repartant du rein ▶ Doc. 1.

I **b)** Recherche dans le tableau les deux constituants principaux de l'urine, ainsi que du sang ▶ Doc. 2.

Ra **c)** Explique comment les déchets, comme l'urée, sont éliminés du sang.

Ra **d)** Explique quel est le rôle des reins.

Entraîne-toi seul

9 La maladie bleue

Les nourrissons atteints de la maladie bleue présentent des lèvres bleutées et une respiration accélérée. Ils doivent être opérés dès les premières années de leur vie.
Cette maladie s'explique par la présence d'une ouverture entre les deux cavités cardiaques ▶ Doc. 1 : du sang passe de la cavité droite vers la cavité gauche.
Chez des individus non malades, le sang en provenance des organes arrive dans la partie droite, tandis que la partie gauche du cœur reçoit le sang en provenance des poumons.

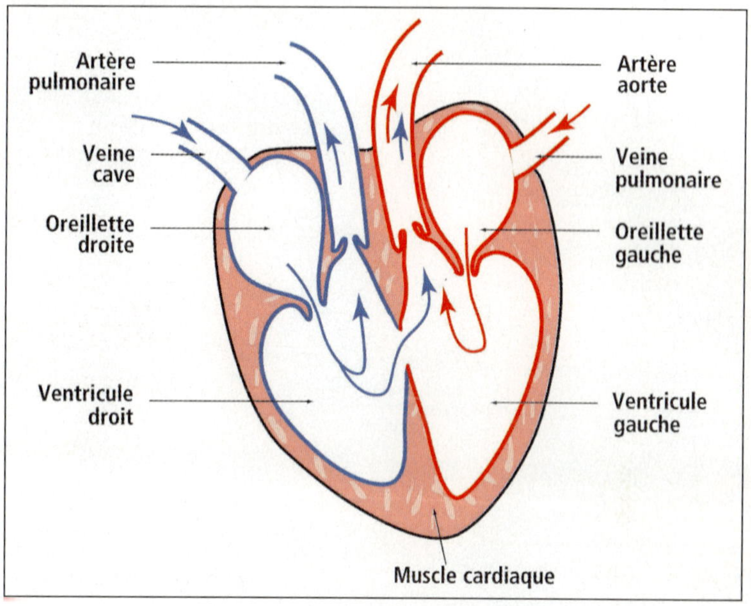

Doc. 1 La circulation du sang dans le cœur d'un malade.

Questions

Ra **a)** Rappelle la différence de teneur en dioxygène entre le sang arrivant dans la partie droite du cœur et celui arrivant dans la partie gauche chez un individu non malade.

I, C **b)** Indique, dans le cas d'un individu atteint de cette maladie, quels peuvent être les trajets du sang lorsque la partie droite du cœur va se contracter.

Ra **c)** Explique la conséquence de cette anomalie sur la richesse en dioxygène du sang quittant la partie gauche du cœur.

Ra **d)** Indique une conséquence de cette maladie pour les organes de l'enfant.

Ra **e)** Explique pourquoi la respiration des enfants atteints de cette maladie est accélérée.

Coups de pouce

- Compare la provenance de ces deux sangs.
- Rappelle-toi que, lors de la contraction du muscle cardiaque, le sang est expulsé des cavités cardiaques.
- Compare avec le trajet du sang quittant la partie droite du cœur chez un individu non malade.
- Utilise tes connaissances sur les besoins des organes.
- Relie la respiration et le besoin des organes en dioxygène.

Réponses

a) Le sang provenant des organes, c'est-à-dire arrivant à la partie droite du cœur, sera moins riche en dioxygène que celui arrivant des poumons à la partie gauche.

b) Une partie du sang de la partie droite va passer dans la partie gauche du cœur et l'autre suivra le trajet normal par l'artère pulmonaire.

c) À la sortie de la partie gauche du cœur, le sang contient moins de dioxygène car le sang de la partie droite (peu oxygéné) s'est mélangé au sang de la partie gauche (normalement oxygéné).

d) Les organes des enfants atteints de cette maladie reçoivent moins de dioxygène. Leurs organes libèrent moins d'énergie.

e) Le rythme respiratoire de ces enfants s'accélère afin de compenser la faible quantité de dioxygène apporté par le sang aux organes.

Partie 3

Géologie externe : évolution des paysages

Falaises normandes, au sud de Saint-Valéry-en-Caux, en 1999.

- **Chapitre 7**
  Le modelé des paysages
- **Chapitre 8**
  Les roches sédimentaires
- **Chapitre 9**
  Les roches sédimentaires, archives du passé
- **Chapitre 10**
  L'action de l'Homme dans son environnement

Je connais déjà

Lire un paysage

Un paysage est constitué d'éléments que nous pouvons reconnaître et identifier.

→ Quels sont les éléments visibles dans ce paysage ?

→ Compare avec un paysage que tu connais. Retrouves-tu les mêmes éléments ?

→ Connais-tu des activités humaines qui laissent des marques dans le paysage ? Lesquelles ?

Des paysages qui changent

Il y a 100 ans, ce paysage était bien différent.

→ Quels changements observes-tu entre ces deux époques ?

→ Connais-tu dans ton environnement des paysages qui ont été modifiés ? Quelle en est la cause ?

Passé récent et passé lointain

Aujourd'hui, nous ne risquons pas de rencontrer ce pharaon ou ces dinosaures : le premier a vécu il y a 3 000 ans, tandis que les seconds vivaient il y a 150 millions d'années.
Imaginons que nous puissions remonter le temps d'une année en une seconde. Ainsi, 3 000 secondes nous séparent de l'époque du pharaon, soit 50 minutes. De la même manière, 150 millions de secondes nous séparent de l'époque de ces dinosaures, soit... près de 5 ans !

→ L'époque du pharaon comme celle des dinosaures appartiennent au passé. Mais est-ce le même ?

→ Comment peux-tu décrire avec deux adjectifs ces deux périodes du passé ?

Des êtres vivants disparus

Certaines espèces ont disparu. Pourtant, on sait qu'elles ont existé et on est même capable de reconstituer leur apparence. C'est le cas de cet animal appelé « tigre aux dents de sabre ».

→ Connais-tu des espèces ou des groupes d'êtres vivants aujourd'hui disparus ? Lesquels ?

→ Comment nomme-t-on leurs restes ? Où les retrouve-t-on ?

Je me souviens

→ La plupart des paysages présentent des éléments en commun : de la végétation qui recouvre parfois les roches, de l'eau, des traces de l'activité humaine.

→ Au cours du temps, les paysages changent d'aspect, parfois en raison de l'activité humaine.

→ Au cours de son histoire, la Terre a été peuplée par différents êtres vivants, aujourd'hui disparus. Des restes de ces êtres vivants sont parvenus jusqu'à nous : ce sont des fossiles.

Chapitre 7

Le modelé des paysages

…→ **Comment expliquer les formes actuelles des paysages ?**

Les roches le long des côtes sont souvent découpées et fracturées, à tel point qu'il est parfois dangereux de s'y promener. En permanence, elles sont battues par les vagues.

Activité 1

Les paysages ont parfois un curieux aspect. Cela peut souvent s'expliquer par l'action de l'eau.

Activité 2

Ces reliefs aux formes étonnantes sont appelés des « cheminées de fée ». Pourtant, il y a des millions d'années, le paysage n'avait pas le même aspect.

Activité 3

Année après année, l'eau coule sur les roches.

Activité 4

Le torrent transporte des roches de toutes les tailles, mais ce n'est pas le cas de la rivière.

Activité 1

Des paysages modelés par l'eau

L'eau est présente partout dans les paysages. Quand il a plu, elle ruisselle sur les reliefs ou elle coule en permanence dans la rivière.

Quelle est l'action de l'eau sur le *modelé des paysages ?**

A. Un paysage spectaculaire

■ Vu d'avion, le Verdon est une rivière étroite qui serpente sur les roches ▶ Doc. 1. Il est encaissé entre d'impressionnantes falaises qui forment des *gorges** très profondes ▶ Doc. 2.

Doc. 1 **Vue aérienne du Verdon.**

Doc. 2 **Les gorges du Verdon.** À l'endroit le plus encaissé, la profondeur des gorges dépasse 700 mètres !

B. Des roches érodées par l'eau

■ Dans les Hautes-Alpes, les *berges*★ du lac de Serre-Ponçon ▶ Doc. 3 montrent des traces *d'érosion*★ ▶ Doc. 4. Un modèle simple permet de comprendre comment les roches des berges sont érodées par l'eau ▶ Doc. 5.

Doc. 3 **Le lac de Serre-Ponçon.** L'eau de pluie ruisselle sur les berges avant de tomber dans le lac.

Doc. 4 **Vue sur les berges.** Des traces d'érosion sont visibles sur les roches.

Doc. 5 **Un modèle pour comprendre l'érosion des berges.**

Je réalise

- ✓ Remplis de sable une cuvette percée sur un côté.
- ✓ Incline la cuvette pour que le trou soit vers le bas.
- ✓ Verse de l'eau du côté le plus haut, d'abord doucement, puis plus fort, jusqu'à ce que l'eau s'écoule en surface.
- ✓ Observe l'action de l'eau sur le sable.

Je résous le problème

Réponds aux questions pour résoudre le problème.

1. Doc. 1 et 2 Fais une liste des éléments constituant ce paysage et indique la position de la rivière par rapport à ceux-ci.
2. Doc. 1 et 2 Propose une explication à la formation des gorges.
3. Doc. 3 et 4 Décris l'aspect des berges du lac de Serre-Ponçon.
4. Doc. 5 Utilise le modèle pour expliquer cet aspect.

➔ **Quelle est l'action de l'eau sur le modelé des paysages ?**

Vocabulaire ★

Modelé d'un paysage : ensemble des formes du relief.

Gorge (n. f.) : vallée étroite et encaissée entre des falaises.

Berge (n. f.) : bord d'un lac ou d'un cours d'eau.

Érosion (n. f.) : dégradation, usure des roches (verbe : éroder).

Activité 2

L'eau et la formation des reliefs

D'un paysage à l'autre, les reliefs sont différents. Pourtant, la plupart ont été façonnés par l'eau.

➔ Comment l'eau peut-elle modeler des reliefs différents ?

A. Les roches du Mont Aiguille

■ Dans le Vercors, le Mont Aiguille a une forme particulière, qui permet de le reconnaître de loin ▶ Doc. 1. Il est constitué de deux types de roches : des calcaires ▶ Doc. 2 et des marnes ▶ Doc. 3.

Doc. 1 **Le Mont Aiguille.**

Doc. 2 ***Affleurement**** **du sommet du Mont Aiguille.** Les roches du sommet du Mont Aiguille sont des calcaires. Ils présentent de larges fissures.

Doc. 3 **Affleurement de la base du Mont Aiguille.** Les roches au pied du Mont Aiguille sont riches en argile, ce sont des marnes.

Je communique

- ✓ Réalise un croquis simple du Mont Aiguille.
- ✓ Indique le nom des roches et précise si la pente est douce ou abrupte*.
- ✓ Dessine sur le croquis une particularité du calcaire.

B. Propriétés des roches et forme du Mont Aiguille

■ En réalisant quelques manipulations simples, on peut comprendre la forme du Mont Aiguille ▶ Doc. 4 à 6.

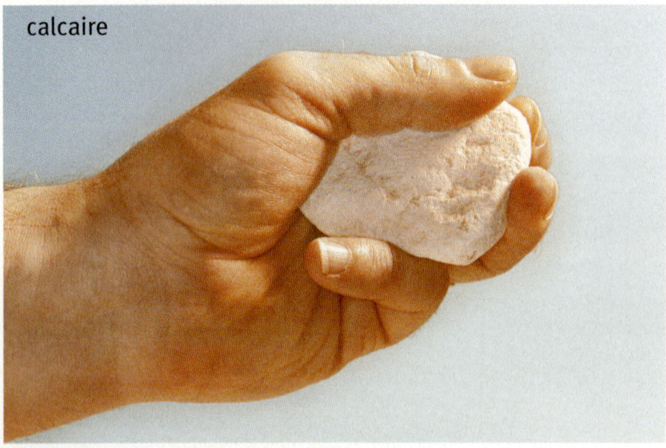

Doc. 4 **Manipulation 1.** On frotte avec la main du calcaire (en haut) et de l'argile (en bas).

Doc. 5 **Manipulation 2.** On verse de l'eau sur un empilement de roches *cohérentes*☆ et de roches *friables*☆.

Doc. 6

Manipulation 3. Régulièrement, l'eau de pluie ou l'eau provenant de la fonte des neiges s'infiltre dans les fissures du calcaire. Pour comprendre son action, on laisse une bouteille remplie d'eau au congélateur pendant quelques heures.

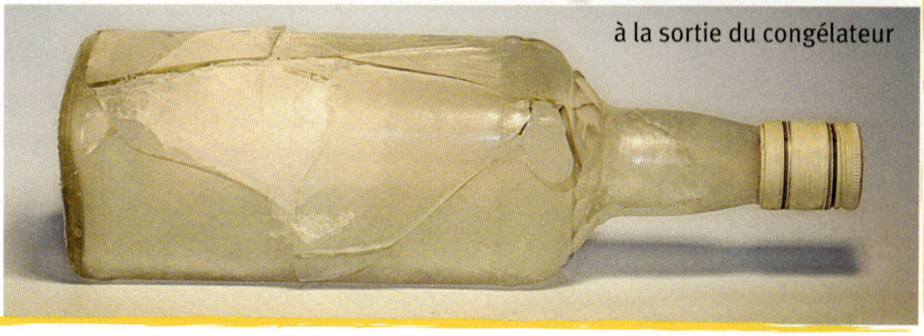

Je résous le problème

Réponds aux questions pour résoudre le problème.

1. **Doc. 1** Décris l'aspect du Mont Aiguille.
2. **Doc. 2 et 3** Indique quelles roches constituent chacune des deux parties de la montagne.
3. **Doc. 2 et 3** Recherche une particularité du calcaire, absente dans les marnes.
4. **Doc. 4** Détermine pour chacune de ces deux roches si elle est *cohérente*☆ ou *friable*☆.
5. **Doc. 5** Décris le comportement de ces deux roches au cours de la manipulation.
6. **Doc. 1 et 5** Explique l'accumulation des marnes au pied du Mont Aiguille.
7. **Doc. 6** Retrouve l'action de l'eau sur le calcaire en hiver et explique la pente abrupte du Mont Aiguille.

➜ **Comment l'eau peut-elle modeler des reliefs différents ?**

Vocabulaire ☆

Abrupt (adj.) : se dit d'une pente très forte, presque verticale.

Affleurement (n. m.) : endroit où les roches sont visibles en surface.

Friable (adj.) : se dit d'une roche que l'on peut réduire en petits fragments.

Cohérent (adj.) : se dit d'une roche qui n'est pas friable.

Activité 3

L'eau et la transformation des roches

Au fil du temps, l'eau coule sur les roches et les transforme, parfois à tel point qu'on ne les reconnaît plus !

➔ Comment les roches sont-elles transformées par l'eau ?

A. Une famille de roches

■ En Bretagne, le granite est une roche fréquente. Parfois, il coexiste avec d'autres roches ▶ **Doc. 1**. Chacune est constituée de petits grains, appelés *cristaux*☆, identifiables par leur aspect ▶ **Doc. 2**.

granite sain

granite altéré

Doc. 1 ▶ **Un paysage granitique en Bretagne.**

Cristaux	Aspect	*Altération*☆
quartz	vitreux, blanc ou grisâtre	peu altérable
feldspaths	blanchâtre ou rosé	transformation en argile, de couleur « rouille » (rouge-marron)
micas	brillants, noirs ou blancs	

Doc. 2 ▶ **Les cristaux des roches granitiques.**

arène granitique☆

B. L'altération du granite

Doc. 3 **Côtes de granite en Bretagne, à marée basse.** Une partie de la roche est recouverte par l'eau à marée haute.

Doc. 4 **Un échantillon de granite altéré dans l'eau.** Après agitation, si on filtre l'eau, on recueille un sable grossier.

Je réalise

- ✓ Dépose un échantillon de granite altéré dans un bécher.
- ✓ Recouvre-le avec de l'eau.
- ✓ Laisse reposer 24 h, puis agite le bécher.
- ✓ Observe l'aspect de l'eau dans le bécher.

Je résous le problème

Réponds aux questions pour résoudre le problème.

1. **Doc. 1 et 2** Recherche des points communs et des différences entre le granite sain, le granite altéré et l'arène granitique.
2. **Doc. 1 et 2** Propose deux arguments permettant de penser que l'arène granitique provient certainement du granite sain.
3. **Doc. 3** Indique quelle semble être l'action de l'eau sur le granite sain.
4. **Doc. 4** Explique la couleur de l'eau dans le bécher et déduis-en l'action de l'eau sur le granite altéré.

➜ **Comment les roches sont-elles transformées par l'eau ?**

Vocabulaire ☆

Cristal (n. m.) : *élément d'une roche, de forme et de couleur particulières.*

Arène granitique : *sable à gros grains.*

Altération (n. f.) : *transformation d'une roche.*

Activité 4

Le devenir des particules de l'érosion

En coulant sur la roche, l'eau transforme celle-ci et entraîne avec elle des particules.

Que deviennent les particules issues de l'érosion des roches ?

A. Des particules déposées ou transportées

■ Des fragments de granite s'accumulent parfois au pied du massif érodé ▶ Doc. 1, mais peuvent aussi se retrouver plus loin dans un *torrent*☆ ▶ Doc. 2 ou même à plusieurs centaines de kilomètres dans un fleuve ▶ Doc. 3.

Doc. 1 **Un massif granitique.** L'arène granitique, au pied des blocs rocheux, se recouvre progressivement de végétaux.

Doc. 2 **Un torrent au printemps.** Le torrent transporte les blocs de granite qui finissent par se déposer.

Doc. 3 **Des bancs de sable dans la Loire.** Ils sont visibles en été quand le niveau de l'eau est bas, et se déplacent d'une année à l'autre.

B. Les conditions de transport

■ On peut construire une maquette de cours d'eau. La partie haute de la maquette modélise le torrent en *amont*★ (pente forte) et la partie basse la rivière en *aval*★ (pente faible). Des particules de tailles diverses sont déposées au sommet de la maquette ▶ Doc. 4, puis sont arrosées avec de l'eau ▶ Doc. 5. On augmente ensuite la vitesse du courant ▶ Doc. 6.

Je réalise

- ✓ Du côté amont de la maquette, dépose des morceaux de granite et de l'arène granitique.
- ✓ Verse de l'eau en amont avec un faible courant.
- ✓ Recommence en augmentant la vitesse du courant.

Les trois particules A, B et C servent de repère.

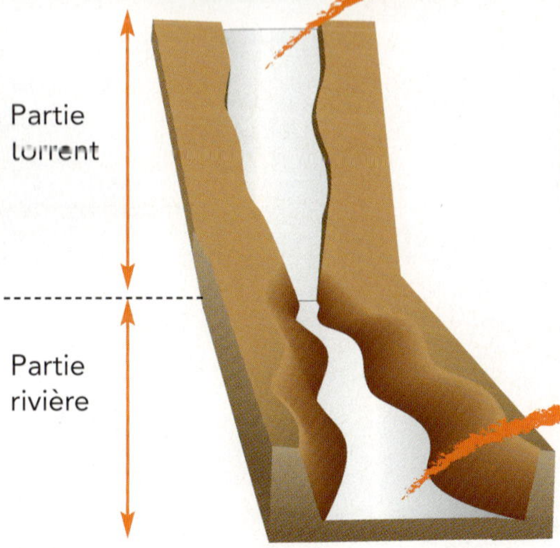

Doc. 4 ▶ Modèle de cours d'eau et particules déposées au sommet de la maquette.

Doc. 5 ▶ Fonctionnement du modèle. On verse de l'eau sur les particules d'érosion.

Doc. 6 ▶ Le même modèle, avec un courant plus fort.

Je résous le problème

Réponds aux questions pour résoudre le problème.

1. Doc. 1 Recherche une preuve de la formation d'un sol à partir de l'arène.
2. Doc. 2 et 3 Compare les tailles des fragments déposés dans le torrent (en amont) et dans la rivière (en aval).
3. Doc. 4 et 5 Compare la distance parcourue selon la taille des particules.
4. Déduis-en de quel facteur dépend le transport des particules.
5. Doc. 2 et 3 Explique alors la différence de taille des particules déposées dans le torrent et dans la Loire.
6. Doc. 6 Trouve un autre facteur ayant une influence sur le transport des particules.

➜ **Que deviennent les particules issues de l'érosion des roches ?**

Vocabulaire ★

Torrent (n.m.) : cours d'eau à forte pente.

Amont (n. m.) : partie d'un cours d'eau située en regardant vers sa source.

Aval (n. m.) : partie d'un cours d'eau située en regardant dans le sens du courant.

Bilan

J'ai découvert...

Activité 1 ... des paysages modelés par l'eau

Dans un paysage, l'eau **coule sur les roches** qui constituent le sous-sol. Elle les creuse et laisse des marques. Elle **modèle les paysages** : par exemple, des gorges creusées par une rivière ou les traces laissées sur les pentes d'une montagne. Ainsi, l'eau est un **agent d'érosion**.

Activité 2 ... l'eau et la formation des reliefs

Le Mont Aiguille est constitué de marnes friables à sa base et de calcaires à son sommet. En gelant dans les fissures du calcaire, l'eau les élargit et **provoque des éboulements**, formant une pente abrupte. En ruisselant sur les marnes, elle **arrache des particules** qui s'accumulent vers le bas, créant une pente plus douce. Les **propriétés différentes des roches** expliquent la formation de reliefs variés sous l'action de l'eau.

Activité 3 ... l'eau et la transformation des roches

L'eau érode le **granite sain** en séparant lentement les cristaux qui le constituent. Il perd alors peu à peu sa cohérence et se transforme en un sable grossier, appelé **arène granitique**. L'érosion des roches aboutit à la formation de particules de **tailles différentes**.

Activité 4 ... le devenir des particules de l'érosion

Les particules issues de l'érosion d'une roche peuvent **s'accumuler sur place** et participer à la formation d'un sol. Elles peuvent aussi **être transportées par les cours d'eau**, plus ou moins loin selon leur taille et la vitesse du courant.

Suis le film du cours...

Partie 3 – Géologie externe : évolution des paysages

Partie 3
Je connais déjà

Chapitre 7
Le modelé des paysages

Chapitre 8
Les roches sédimentaires

La plupart des paysages présentent les mêmes éléments : de la végétation, des roches, de l'eau, des traces de l'activité humaine.

L'eau érode les roches et modèle les paysages. Les particules de l'érosion sont transportées ou s'accumulent sur place.

Je retiens l'essentiel...

... en apprenant le résumé du cours

- À la surface de la Terre, les roches constituant le sous-sol subissent une érosion dont l'eau est le principal agent.
- Selon leur nature, les roches résistent plus ou moins à l'érosion. Leurs propriétés différentes expliquent le modelé des paysages.
- Au cours de l'érosion des roches, des particules de différentes tailles se forment. Certaines s'accumulent sur place et participent à la formation d'un sol. D'autres sont transportées sur des distances plus ou moins longues par les cours d'eau.

Je réussis le contrôle si

je sais

- Donner un exemple de traces d'érosion dans un paysage
- Expliquer l'action de l'eau sur une roche comme le granite
- Expliquer ce que deviennent les particules de l'érosion

je sais faire

- Réaliser une manipulation pour mettre en évidence une propriété d'une roche
- Utiliser une modélisation pour expliquer le modelé d'un paysage

... en étudiant le schéma-bilan

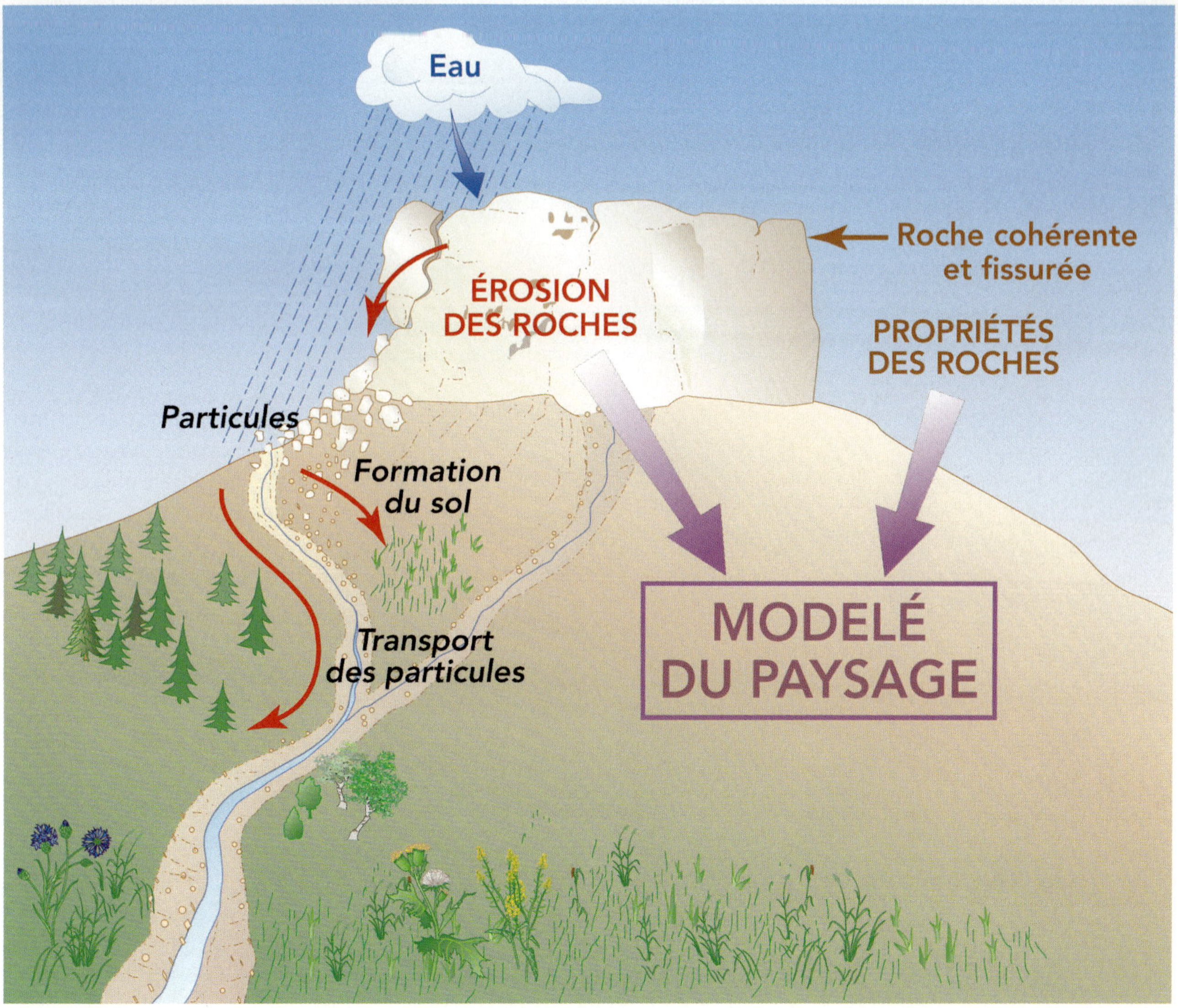

Terre

Une chaîne de montagnes en Bretagne il y a 300 millions d'années

Les géologues sont formels : il y a plus de 300 millions d'années, il aurait était possible de skier en Bretagne… si l'Homme avait existé ! Une immense chaîne de montagnes, appelée Chaîne hercynienne, traversait alors la France d'est en ouest et se poursuivait jusqu'en Slovaquie. Longue de 3 000 km et large de 700 km, son altitude dépassait celle de l'Himalaya actuel. En France, les principaux massifs se trouvaient en Bretagne, dans le Massif central, en Provence et dans les Ardennes. Or, de nos jours, l'altitude en Bretagne culmine à 500 m ! Seuls, ça et là, quelques petits reliefs subsistent. Ils ont tous un point commun : les roches qui les constituent sont particulièrement résistantes.

- Qu'est devenue la Chaîne hercynienne ?
- Explique pourquoi on retrouve encore quelques reliefs aux endroits où s'élevait autrefois la Chaîne hercynienne.

Infos

Des bunkers sur la plage

Ces bunkers, datant de la Seconde Guerre mondiale, n'ont pas été construits à cet endroit, ni dans cette position. Censés protéger le littoral, ils ont bien sûr été édifiés en hauteur, au sommet d'une dune. Pourtant, aujourd'hui, ils ont les pieds dans l'eau ! C'est l'érosion des dunes, par l'action du vent, qui en est la cause.

- Si un bunker est à 100 m de sa position d'origine, calcule à quelle vitesse se déplace la dune.

Internet

Pourquoi l'érosion progresse-t-elle ?

Le signal d'alarme est tiré : l'érosion progresse rapidement le long des côtes européennes. Dans les cas extrêmes, on enregistre même un recul du littoral de 15 mètres par an. Comment expliquer ce phénomène ? D'abord, par l'augmentation du nombre de tempêtes. En quelques heures, la quantité de roches arrachées aux falaises est la même qu'en plusieurs mois de temps calme. Et l'élévation du niveau de la mer ne fait qu'aggraver les choses. Mais l'Homme, semble-t-il, a aussi sa part de responsabilité. Normalement, le sable et les galets emportés par la mer sont remplacés par les particules apportées par les rivières, entretenant ainsi un rempart à l'avancée de l'eau. Aujourd'hui, l'Homme prélève de plus en plus de matériaux dans les rivières. Chaque année, en Europe, 100 millions de tonnes de sable sont ainsi utilisées pour la construction ou piégées par des barrages. Autant qui ne viennent pas freiner l'action destructrice de la mer !

- Explique pourquoi l'érosion est plus importante aujourd'hui qu'il y a quelques années.
- Trouve d'autres renseignements sur Internet en saisissant dans un moteur de recherche : « érosion + côtes ».

Terre

Chercheurs d'or

Chercheur d'or, ce n'est pas un métier : on passe ses journées plié en deux, les pieds dans l'eau ! La cuve à la main, le chercheur d'or répète toujours le même geste : il fait tourner le sable prélevé au fond de la rivière pour séparer l'or des autres matériaux. Mais d'où vient cet or ? Au départ, il est contenu dans des roches comme le granite. Celles-ci, en subissant l'érosion, libèrent les particules qu'elles contiennent, dont l'or. Au cours de leur transport, les particules d'or cognent contre les galets. Les plus petites prennent la forme de paillette aplatie (l'or est un métal mou), et les plus grosses, celle d'une pépite. Il reste alors au chercheur à se poster en aval… et à faire preuve de beaucoup de patience ! Car si la plus grosse pépite découverte en France pesait plus de 500 g, une paillette moyenne mesure un tiers de millimètre et pèse un tiers de milligramme.

- Quels indices géologiques peuvent guider le chercheur d'or dans sa recherche ?
- À quel endroit de la rivière aura-t-il le plus de chance de trouver de l'or ?

Exercices

Teste tes connaissances

1 Rédige une phrase

Pour chaque phrase, utilise les mots proposés :

a) roches / agent / eau / érosion

b) modelé / action / eau / roches / paysage

c) transport / eau / vitesse / taille / particules

2 Réponds en une phrase

a) Quel phénomène subissent les roches sous l'action de l'eau ?

b) Explique comment se forme l'arène granitique à partir du granite sain.

c) Que deviennent les particules de l'érosion ?

3 Le mot caché

Recopie la grille, puis complète les lignes à l'aide des définitions suivantes.
Découvre alors le mot caché dans la colonne rouge.

a) Se développent sur le sol.

b) Propriété de l'argile.

c) Constituent le sous-sol.

d) Peuvent être transportées par les cours d'eau.

e) Peut être sain ou altéré.

f) Ensemble des reliefs de la surface terrestre.

g) Sable grossier provenant de l'érosion du granite.

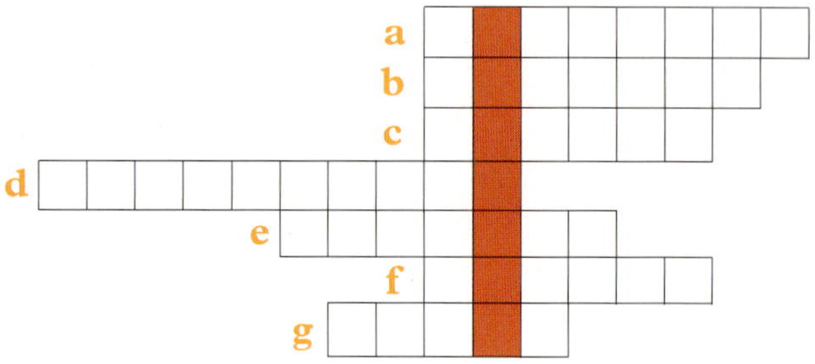

Découvre avec l'informatique

CD-ROM

4 La formation des cheminées de fée

Avec ton professeur, visionne l'animation nommée *Les cheminées de fée*, puis réponds aux questions.

Les cheminées de fée sont des formations visibles dans plusieurs régions de France, dont le Queyras. Elles sont constituées par un bloc rocheux dur qui surmonte une colonne de sable et de graviers plus tendre.

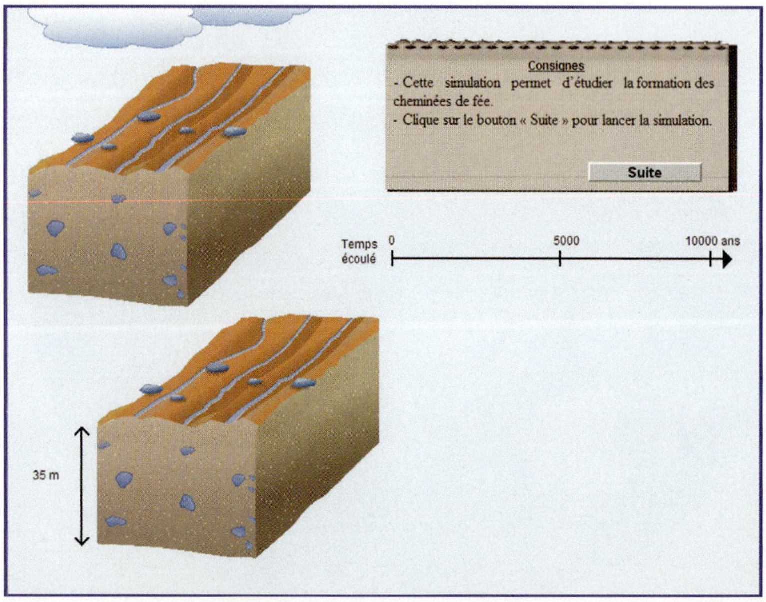

Questions

I **a)** Décris le paysage avant l'action de l'eau.

I **b)** Compare l'action de l'eau sur les roches dures et sur les roches tendres.

Ra **c)** Résume comment se forment les cheminées de fée.

Applique tes connaissances

5 Des agents d'érosion

Dans certaines régions, le sol est absent. Certains végétaux peuvent alors se développer directement sur les roches ▶ Doc. 1. Dans ce cas, celles-ci présentent des fissures en grand nombre.

Questions

I, C **a)** Décris la relation entre les racines de la plante et la roche.

Ra **b)** Propose une explication à la présence des fissures dans la roche.

Ra **c)** Cite alors un autre agent d'érosion que l'eau.

Doc. 1 Des végétaux se développant sur les roches.

6 Le glacier, agent d'érosion et de transport

Dans les régions de montagne, la glace qui s'accumule forme un glacier. Celui-ci se déplace, entraîné par son propre poids.

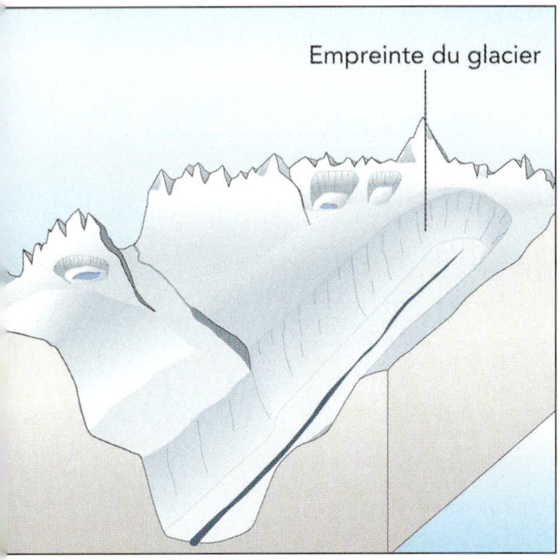

Doc. 2 Empreinte d'un glacier dans la montagne.

Doc. 1 L'extrémité d'un glacier.

Questions

I, C **a)** Décris et identifie les éléments à l'avant du glacier ▶ Doc. 1.

I, C **b)** Décris l'action du glacier sur la roche ▶ Doc. 2.

Ra **c)** Indique alors le phénomène subi par la roche.

Ra **d)** Explique la présence des éléments visibles à l'avant du glacier.

7 Un paysage du Jura

La vallée de Baume-les-Messieurs, dans le Jura, est constituée d'un plateau calcaire fissuré, reposant sur une épaisse couche de roches argileuses ▶ Doc. 1. En bas de la vallée, coule un petit cours d'eau (non visible sur la photo).

Doc. 1 Vallée près de Baume-les-Messieurs (Jura).

Questions

C **a)** Fais un croquis de la vallée en mettant en légende les roches ▶ Doc. 1.

C **b)** Dessine les fissures du calcaire sur le croquis.

I **c)** Compare les pentes au niveau du plateau calcaire et de l'argile.

Ra **d)** Explique ces différences, sachant que le calcaire est une roche cohérente, alors que l'argile est friable.

8 Un paysage d'Auvergne

Près du Puy-en-Velay, en Auvergne, se dresse le rocher Saint-Michel ▶ Doc. 1, constitué d'une roche cohérente appelée la brèche basanitique. On cherche à comprendre l'origine de ce rocher sachant que cette région est constituée d'anciens volcans ▶ Doc. 2.

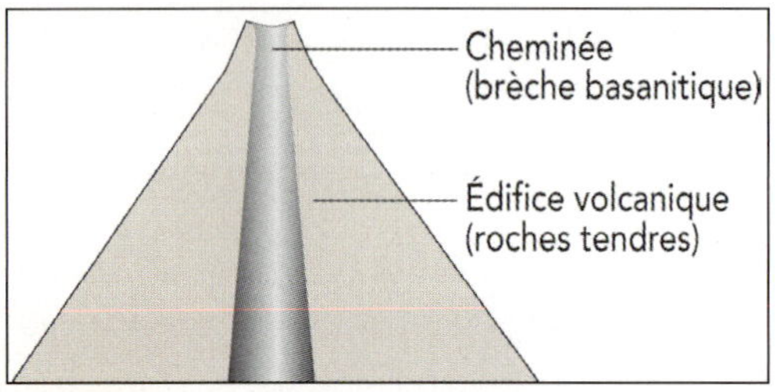

Doc. 2 Coupe d'un volcan, plusieurs années après une éruption.

Doc. 1 Le rocher Saint-Michel.

Questions

I, Ra **a)** Trouve un point commun entre la forme du volcan et celle du rocher Saint-Michel.

I, C **b)** Indique les roches dont ils sont constitués.

Ra **c)** Explique la relation entre le volcan et le rocher Saint-Michel.

Ra **d)** Explique comment ce dernier s'est formé.

Entraîne-toi seul

9 Érosion et transport des particules

Un petit cours d'eau sans affluent coule sur une longueur de 16 km en région granitique. On divise ce cours d'eau en quatre tronçons selon la pente pour étudier le transport des particules provenant de l'érosion du granite. Dans chacun des quatre tronçons du cours d'eau, on a prélevé les particules transportées par le courant. Le tableau ci-dessous donne leurs caractéristiques.

Distance à la source	0 (source) à 4 km	4 à 8 km	8 à 12 km	12 à 16 km
Pente du cours d'eau	forte 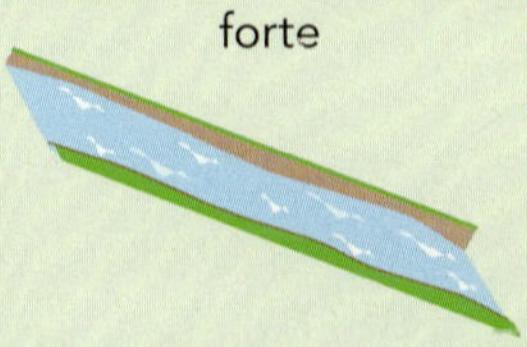	faible 	forte 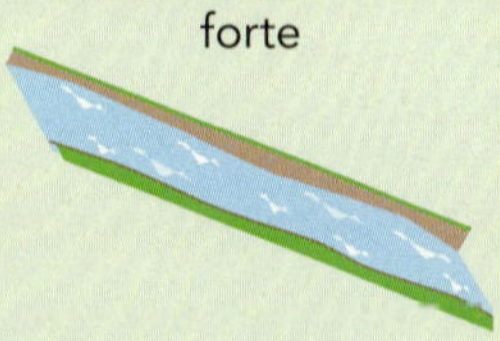	faible 
Cristaux trouvés dans les prélèvements	quartz feldspaths micas	quartz feldspaths micas	quartz feldspaths	quartz
Taille maximale des particules transportées	20 mm	8 mm	5 mm	moins de 2 mm

Questions

I **a)** Compare la taille des particules transportées dans le premier et dans le deuxième tronçon.

Ra **b)** Explique la différence.

I, Ra **c)** Compare la taille des particules transportées dans les deuxième et troisième tronçons et explique la différence.

I **d)** Indique les cristaux présents en amont et en aval.

Ra **e)** Explique le phénomène subi par les feldspaths et les micas.

Ra **f)** Détermine quel est le cristal du granite le plus résistant à l'érosion.

Coups de pouce

- **Lis les deux premières colonnes du tableau.**
- **Plus la pente est forte, et plus la vitesse du courant est importante.**
- **Lis la deuxième et la troisième colonne du tableau.**
- **Lis la deuxième ligne du tableau.**
- **Rappelle-toi que certains cristaux, une fois érodés, disparaissent des roches.**
- **Le cristal le plus résistant à l'érosion est celui qui ne disparaît pas.**

Réponses

a) Les particules transportées dans le premier tronçon sont plus grosses que les particules transportées dans le deuxième tronçon.

b) Dans le premier tronçon, où la pente est forte, la vitesse du courant est rapide. Ainsi, les grosses particules de 20 mm peuvent être transportées.
Dans le deuxième tronçon, où la pente est faible, la vitesse de l'eau diminue. Elle n'est plus suffisante pour transporter les grosses particules qui se sont déposées.

c) Les particules sont plus petites dans le troisième tronçon. Pourtant, la pente étant plus forte dans ce tronçon, le courant y est plus rapide et peut transporter toutes les particules y arrivant. Celles-ci deviennent donc de plus en plus petites dans le troisième tronçon : elles subissent une érosion pendant leur transport.

d) En amont, on trouve trois types de cristaux dans les roches : du quartz, des feldspaths et des micas. En descendant vers l'aval, on ne trouve plus que du quartz.

e) Les feldspaths et les micas ont disparu des roches : ils ont été érodés.

f) Le quartz est le seul cristal encore présent 16 km après la source. C'est donc le quartz le cristal le plus résistant du granite.

Chapitre 8

Les roches sédimentaires

Que deviennent les particules d'érosion après leur transport ?

Lorsque l'eau se retirera après l'inondation, les habitants devront enlever la couche de boue qui s'est déposée à l'intérieur des maisons.

Activité 1

Les fleuves transportent des particules d'érosion jusque dans les mers et les océans où ils se jettent.

Activité 2

Ces gravures ont été réalisées dans le grès, une roche composée de petits grains, comme ceux du sable.

Activité 3

Si les roches sédimentaires n'ont pas toutes la même couleur ou le même aspect, elles ont souvent la même disposition.

Activité 1 Le dépôt des sédiments

Le Mont-Saint-Michel, sur les côtes de la Manche, était autrefois une île plus éloignée du rivage. Entouré par les *prés salés**, il est aujourd'hui en train de se rattacher à la terre.

➜ Comment expliquer le recul de la mer autour du Mont-Saint-Michel ?

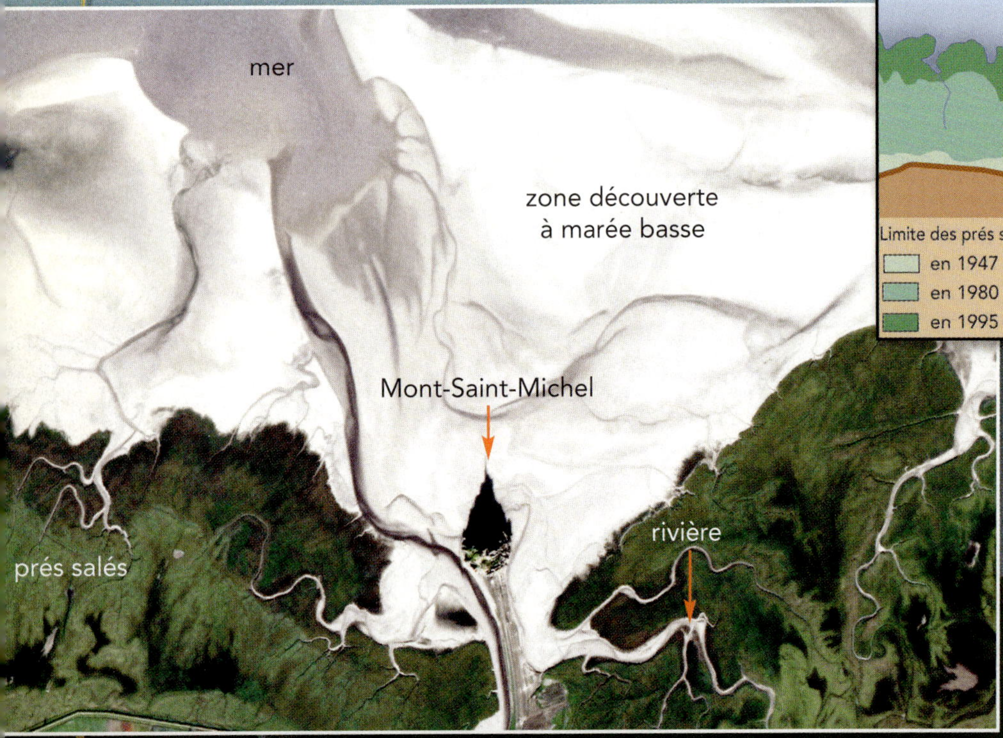

Doc. 1 **Image satellite de la baie du Mont-Saint-Michel, à marée basse.** En se retirant, la mer découvre de vastes zones alimentées par l'eau douce des rivières.

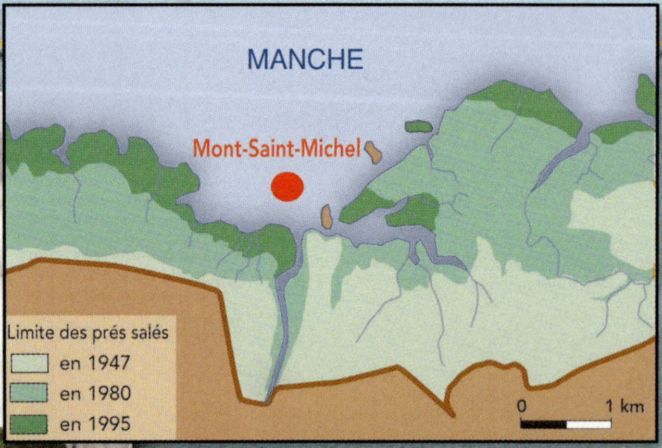

Doc. 2 **Progression des prés salés autour du Mont-Saint-Michel.**

Doc. 3 **Une coupe dans les *sédiments** des prés salés.** Ils sont constitués principalement de fines particules argileuses.

Doc. 4 **Modèle de *sédimentation*★ dans l'eau :** on verse du sable (à gauche) et on laisse reposer (à droite).

Je réalise

- ✓ Verse de l'eau dans une éprouvette.
- ✓ Mélange du sable avec l'eau.
- ✓ Laisse reposer et observe.

Je résous le problème

Réponds aux questions pour résoudre le problème.

1. **Doc. 1** Décris la baie du Mont-Saint-Michel à marée haute (photo en fond de page) et à marée basse.
2. **Doc. 2** Indique comment la limite des prés salés évolue au cours du temps.
3. **Doc. 3** Propose une hypothèse pour expliquer la présence des sédiments.
4. **Doc. 4** Déduis de l'expérience ce que deviennent des particules en suspension dans l'eau.
5. Explique alors la présence des sédiments dans la baie du Mont-Saint-Michel.

➔ **Comment expliquer le recul de la mer autour du Mont-Saint-Michel ?**

Vocabulaire ★

Pré salé (n. m.) : zone de terre où pousse une végétation adaptée à un milieu riche en sel, parfois recouverte par la marée.

Sédiments (n. m.) : ensemble de particules qui se déposent après avoir été transportées.

Sédimentation (n. f.) : dépôt de sédiments.

Activité 2

Des sédiments à la roche sédimentaire

Les sédiments sont transportés par les cours d'eau et la mer, puis une fois déposés, ils s'accumulent.

➔ Que deviennent les sédiments après leur dépôt ?

A. Le grès et le sable, deux roches qui se ressemblent

Dans les Alpes, le massif d'Annot est constitué de grès ▶ Doc. 1. L'observation du grès à la loupe ▶ Doc. 2 permet d'établir des ressemblances avec une autre roche, le sable ramassé dans la région ▶ Doc. 3.

Doc. 1 Massif d'Annot, dans les Alpes.

Doc. 2 Un échantillon de grès.

Doc. 3 Un échantillon de sable.

B. La formation du grès

■ Pour comprendre comment le grès se forme, on tasse fortement du sable ▶ Doc. 4. Une fine lamelle de grès est ensuite observée au microscope ▶ Doc. 5.

Je réalise

✓ Verse du sable mouillé dans une cafetière à piston.

✓ Appuie sur le piston et observe.

✓ Vide l'eau, retire le piston, puis retourne le récipient.

Doc. 4 **Une modélisation de la formation du grès.** Le sable mouillé, qui joue le rôle des sédiments, est progressivement *compacté*★.

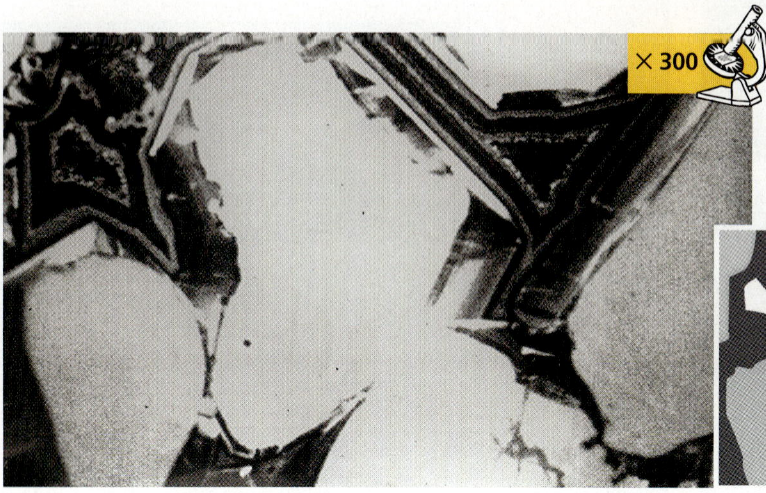

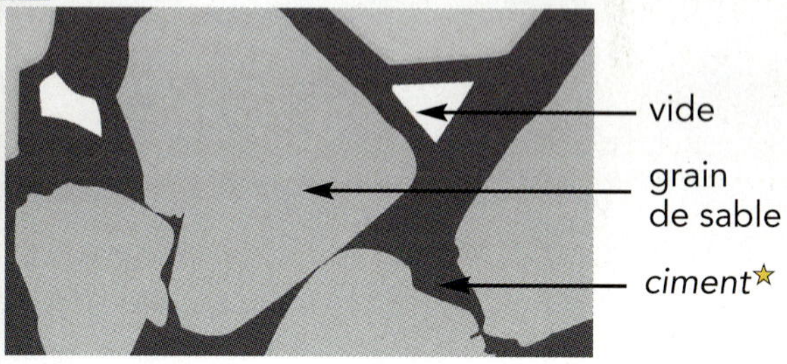

Doc. 5 **Du grès observé au microscope à fort grossissement.**

Je résous le problème

Réponds aux questions pour résoudre le problème.

1. Doc. 1 à 3 Recherche un point commun et une différence entre le grès et le sable.
2. Doc. 1 à 3 Propose alors une hypothèse pour expliquer l'origine du grès.
3. Doc. 4 Décris la transformation subie par le sable mouillé et indique quelle action a permis cette transformation.
4. Doc. 4 Recherche comment est exercée cette action dans les conditions naturelles.
5. Doc. 4 Utilise le modèle pour expliquer comment les sédiments enfouis sous plusieurs couches sont transformés.
6. Doc. 5 Précise quel élément apparu au cours de la transformation permet au grès d'être une roche *cohérente*★.

➔ **Que deviennent les sédiments après leur dépôt ?**

Vocabulaire ★

Compacté (adj.) : se dit d'un matériau dont les constituants sont fortement tassés.

Ciment (n.m.) : matière qui soude entre eux les éléments d'une roche.

Cohérent (adj.) : se dit d'une roche dont les constituants sont liés entre eux.

Activité 3

Une succession de roches sédimentaires

Lorsque les roches sédimentaires sont visibles, dans une falaise par exemple, elles présentent le plus souvent la même disposition.

Comment la disposition des roches sédimentaires permet-elle de comprendre leur mise en place ?

A. Une disposition caractéristique

■ Dans les Alpes ▶ Doc. 1, comme en Normandie ▶ Doc. 2, d'importantes formations de roches sédimentaires *affleurent*★. Bien que très éloignées géographiquement et de nature différente, elles présentent néanmoins des ressemblances.

Doc. 1 Un affleurement dans les Alpes-de-Haute-Provence. Il est constitué d'une alternance de calcaires (clairs) et de marnes (foncées), disposés en couches appelées *strates*★. Les particules formant une couche se sont déposées pendant des milliers d'années.

Doc. 2

La falaise d'Étretat en Normandie, constituée de strates de calcaire.

B. Le dépôt de couches superposées

Doc. 3 **Couches de sédiments dans la baie du Mont-Saint-Michel.** À chaque marée, de nouveaux sédiments sont apportés par la mer et recouvrent les anciens.

Le travail du géologue se heurte à une difficulté : comprendre comment se sont formées des roches, alors que le phénomène s'est déroulé il y a plusieurs millions d'années. Le premier à apporter une réponse est un scientifique danois du XVIIe siècle, Nicolas Sténon (1638-1686). Il observe que les roches sédimentaires sont disposées en strates, comme le sont aujourd'hui les couches déposées par des eaux boueuses. Sténon énonce alors un principe simple, qui permettra de résoudre de nombreux problèmes : si une structure ancienne est identique à une structure actuelle, alors les deux se sont formées de la même façon.

Doc. 4 **Un principe fondamental en géologie.** En médaillon figure le portrait de Nicolas Sténon.

Doc. 5

Formation d'une alternance de couches de sable gris et de sable jaune.

Je réalise

- ✓ Verse du sable de couleur grise dans un bécher plein d'eau.
- ✓ Verse ensuite du sable de couleur jaune.
- ✓ Verse à nouveau du sable de couleur grise.

Je résous le problème

Réponds aux questions pour résoudre le problème.

1. **Doc. 1, 2** Compare les deux affleurements et trouve leur point commun.
2. **Doc. 1, 2** Propose alors une hypothèse pour expliquer cette disposition.
3. **Doc. 1 à 3** Décris la disposition des couches de sédiments dans la baie du Mont-Saint-Michel et compare-la avec celle des roches sédimentaires.
4. **Doc. 4** Récapitule le principe permettant de reconstituer des phénomènes du passé.
5. Explique alors comment les roches sédimentaires se sont mises en place.
6. **Doc. 5** Précise comment on peut dater les couches les unes par rapport aux autres.

➔ **Comment la disposition des roches sédimentaires permet-elle de comprendre leur mise en place ?**

Vocabulaire ★

Affleurer (vb.) : pour des roches, être visibles en surface (*nom : affleurement*).

Strate (n. f.) : couche de roche dans un affleurement.

Bilan

J'ai découvert...

Activité 1 ... le dépôt des sédiments

Après avoir été transportées par les cours d'eau, les **particules provenant de l'érosion** des roches se déversent dans les mers et les océans. Dans la baie du Mont-Saint-Michel, ces particules, appelées **sédiments**, se déposent : c'est la **sédimentation**. Cet ensablement provoque un recul de la mer dans la baie.

Activité 2 ... des sédiments à la roche sédimentaire

Le grès est une roche constituée de grains de sable reliés entre eux par un ciment. C'est une **roche sédimentaire**, car elle provient de la transformation de sédiments. Ceux-ci s'accumulent et sont progressivement enfouis sous d'autres sédiments. Sous l'effet du poids qui les recouvre, les sédiments se **compactent** lentement en une roche sédimentaire.

Activité 3 ... une succession de roches sédimentaires

Les roches sédimentaires sont organisées en couches superposées, appelées **strates**. Cette disposition est liée au dépôt des sédiments **en couches successives**. Ainsi, chaque couche est plus récente que celle qu'elle recouvre.

Suis le film du cours

Partie 3 – Géologie externe : évolution des paysages

Chapitre 7	Chapitre 8	Chapitre 9
Le modelé des paysages	Les roches sédimentaires	Les roches sédimentaires, archives du passé

Chapitre 7 : L'eau érode les roches et modèle les paysages. Les particules de l'érosion sont transportées ou s'accumulent sur place.

Chapitre 8 : Les sédiments se déposent, s'accumulent et forment des roches sédimentaires disposées en couches superposées.

Je retiens l'essentiel...

... en apprenant le résumé du cours

- Les particules issues de l'érosion des roches, appelées **sédiments**, se déposent au fond des cours d'eau, des lacs, des mers et des océans : c'est la **sédimentation**.
- Les sédiments **s'accumulent** et **se transforment** progressivement en **roches sédimentaires** en se compactant.
- Les roches sédimentaires sont organisées en **strates superposées**, les plus récentes recouvrant les plus anciennes.

Je réussis le contrôle si

je sais

- Définir « sédiments » et « roche sédimentaire »
- Expliquer la formation d'une roche sédimentaire comme le grès
- Décrire et expliquer la disposition des roches sédimentaires

je sais faire

- Réaliser un modèle de sédimentation
- Comparer à la loupe deux roches sédimentaires

... en étudiant le schéma-bilan

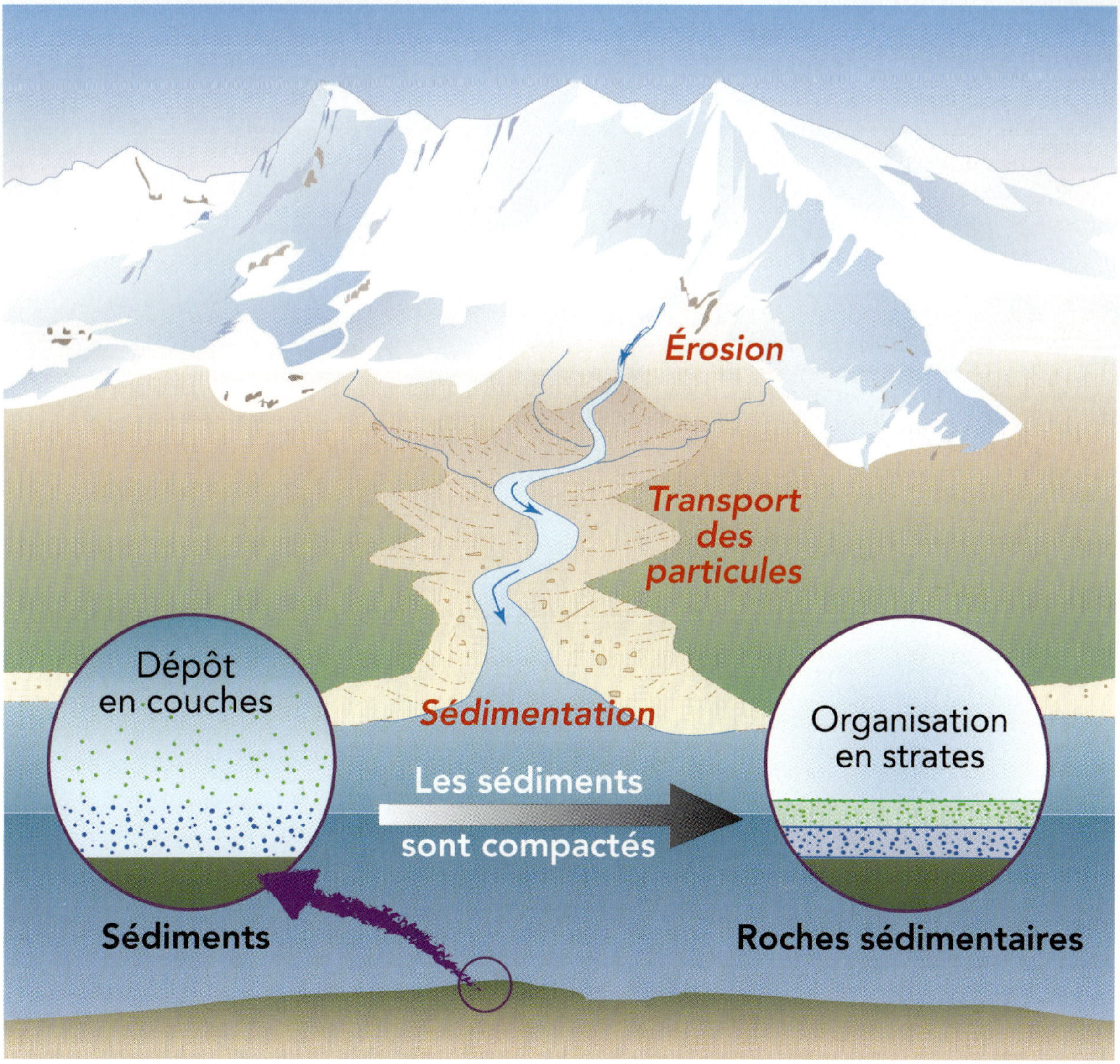

Internet

Le delta du Nil recule

Vu du ciel, le delta du Nil forme un vaste triangle dans lequel le fleuve se divise en plusieurs bras. Pour les Égyptiens, le Nil est depuis toujours synonyme de richesse. Le sol y est gorgé de sédiments appelés « limons », véritables engrais naturels qui favorisent la culture des terres. Apporté par le fleuve, le limon se dépose lorsqu'il entre au contact de l'eau de mer, formant ainsi cette zone très fertile entre terre et mer. Mais les images satellites montrent depuis plusieurs années que la mer avance sur le delta, qui risque de se transformer en un marécage salé. Le coupable ? Le barrage d'Assouan, construit près de 1 000 km en amont, et qui retient une grande partie des sédiments transportés par le fleuve. Alors qu'autrefois, un équilibre s'était établi entre l'érosion marine et la sédimentation fluviale, aujourd'hui, l'érosion l'emporte largement…

- Tu peux rechercher sur Internet les différents problèmes causés par le barrage d'Assouan. Pour cela, saisis dans un moteur de recherche les mots-clés : « delta du Nil + érosion +… ». Identifie dans le texte d'autres mots-clés qui compléteront ta recherche.
- Le barrage d'Assouan a été construit pour remplir certaines fonctions. Recherche-les en saisissant des mots-clés comme : « barrage d'Assouan + construction ». Dresse alors la liste des avantages et des inconvénients apportés par le barrage.

Image satellite du delta du Nil et carte de l'Égypte.

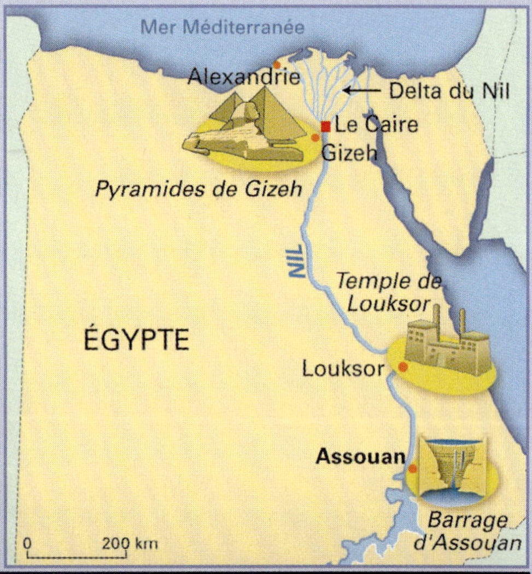

Infos

Une roche comestible

À table, saler ses aliments est un geste si machinal que nous n'y réfléchissons guère. Pourtant, plus d'un gourmet serait bien étonné d'apprendre que pour donner du goût à ses légumes, il ajoute une petite pincée... de roche sédimentaire ! Le sel est en effet un minéral dissous dans l'eau de mer. Lorsque l'eau s'évapore, par exemple en été dans les marais salants, une partie du sel ne peut plus être dissous dans l'eau. Il se dépose alors sur le fond... comme n'importe quel sédiment.

- Recherche comment le sel est produit dans les marais salants.

Terre

La dune du Pyla, une montagne de sable

Gigantesque ! Longue de 2 700 m et large de 500 m, la dune du Pyla s'élève à plus de 100 m de hauteur, ce qui ne l'empêche pas de se déplacer, et d'ensevelir régulièrement des maisons construites à proximité. D'où vient tout ce sable ? Il y a 18 000 ans, en pleine glaciation, le niveau de la mer était 120 m en dessous du niveau actuel. Lorsque plus tard, le climat s'est réchauffé, la fonte des glaciers a provoqué une montée des eaux et la mer a recouvert une vaste zone constituée de blocs rocheux, de galets et d'autres matériaux. Pendant des milliers d'années, les vagues et les courants ont déplacé et fragmenté ces blocs, les transformant en particules de plus en plus petites, et finalement, en grains de sable. Quand la mer a reculé, il y a 6 000 ans, elle a laissé place à une immense plage. Les vents soufflant de l'océan ont alors entraîné les grains de sable vers la terre. Là, ils se sont accumulés pour former plusieurs dunes, dont la plus belle est, sans aucun doute, celle du Pyla !

- D'où vient le sable constituant la dune du Pyla ?
- Comment la dune peut-elle se déplacer ?

Exercices

Teste tes connaissances

1 Rédige une phrase

Pour chaque phrase, utilise les mots proposés :

a) sédimentation / érosion / particules / dépôt

b) grès / transformation / roche sédimentaire / sable

c) disposition / roches sédimentaires / strates

2 Qui a raison ?

Lis le texte, et dis qui a raison en justifiant ton choix.

Le professeur demande : « Une strate de roche sédimentaire en recouvre une autre. Laquelle est la plus ancienne ? ». Trois élèves répondent :

a) « Il s'agit de la strate qui est sur l'autre. »

b) « Elles ont le même âge toutes les deux. »

c) « Il s'agit de la strate qui est sous l'autre. »

3 Le mot caché

Recopie la grille, puis complète les lignes à l'aide des définitions suivantes. Découvre alors le mot caché dans la colonne rouge.

a) Dépôt des particules.

b) Ce qui lie les grains dans le grès.

c) Usure des roches.

d) Roche à l'origine des grès.

e) Tassement des sédiments.

f) Une roche sédimentaire.

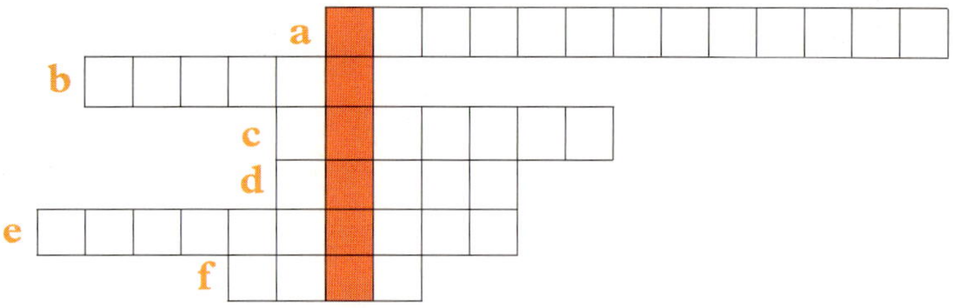

Découvre avec l'informatique

CD-ROM

4 La formation des roches sédimentaires

Avec ton professeur, visionne l'animation nommée *La formation des roches sédimentaires*, puis réponds aux questions.

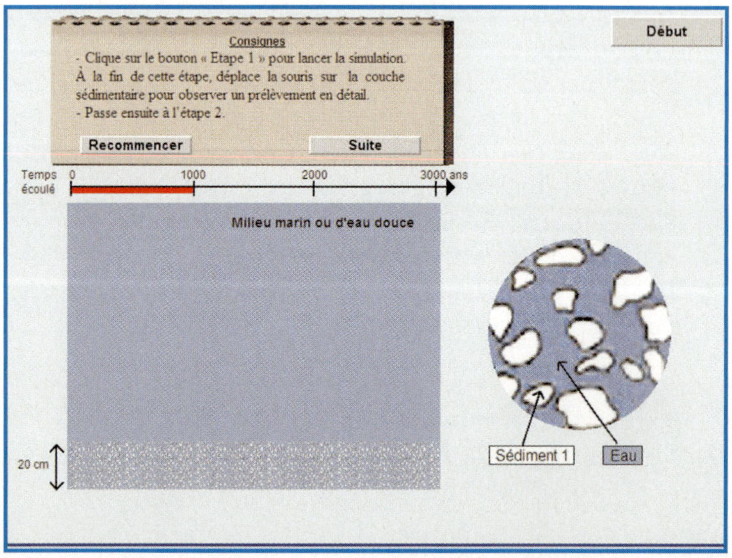

Questions

C **a)** Rappelle l'origine des particules qui se déposent.

I, Ra **b)** Compare l'épaisseur de la première couche de sédiments avant le dépôt de la deuxième couche (étape 1) et après (étape 2). Déduis-en un phénomène subi par les sédiments.

I, C **c)** Indique ce que l'on observe entre les particules de la première couche de sédiments avant le dépôt de la troisième couche (étape 2) et après (étape 3).

Ra **d)** Déduis-en un autre phénomène intervenant dans la formation de la roche sédimentaire.

Applique tes connaissances

5 La confluence entre deux cours d'eau

L'Arve est une rivière qui se jette dans le Rhône à Genève, en Suisse ▶ Doc. 1.

Doc. 1 Confluence entre l'Arve et le Rhône.

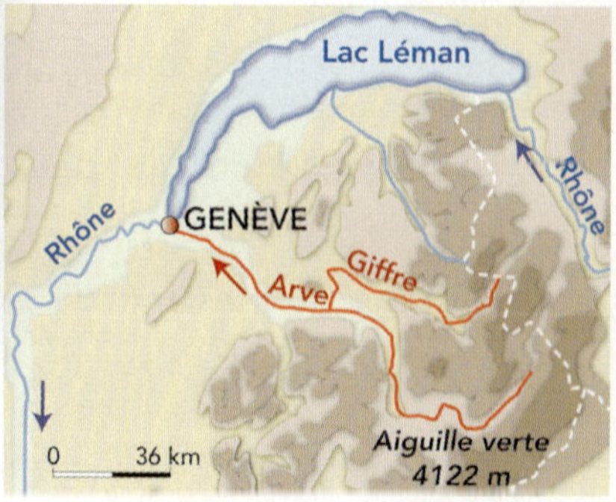

Doc. 2 Carte de la région.

Questions

I **a)** Compare la couleur des eaux du Rhône à celles de l'Arve ▶ Doc. 1.

I **b)** Compare le parcours de l'Arve à celui du Rhône ▶ Doc. 2.

Ra **c)** Explique alors la différence de couleur entre ces deux cours d'eau.

6 Étude d'une roche sédimentaire : le poudingue

Doc. 1 Des galets déposés au fond d'une rivière.

Doc. 2 Le poudingue, une roche sédimentaire particulière.

Questions

Ra **a)** Explique la présence de galets dans la rivière ▶ Doc. 1.

C **b)** Décris l'aspect du poudingue ▶ Doc. 2.

Ra **c)** Propose une hypothèse pour expliquer son origine.

Ra **d)** Justifie que le poudingue est une roche sédimentaire.

7 La formation d'un méandre

Les cours d'eau présentent régulièrement des courbes : ce sont des méandres. Un méandre est constitué de deux rives : une rive à l'extérieur de la courbe et une rive à l'intérieur de la courbe ▶ Doc. 1.

Questions

C **a)** Fais un croquis en représentant les particules déposées sur le bord et en indiquant le nom des rives ▶ Doc. 1.

I **b)** Décris et compare les deux rives du méandre ▶ Doc. 1.

I, Ra **c)** En utilisant les informations fournies par le tableau ▶ Doc. 2,, explique les différences entre les deux rives.

	Rive extérieure	Rive intérieure
Estimation de la vitesse du courant	+++	+

Doc. 2 Vitesse du courant selon la rive dans un méandre.

Doc. 1 Méandres dans un cours d'eau.

8 La disposition des roches sédimentaires

À Évreux, on peut observer un affleurement présentant une alternance de roches claires (des craies) avec des roches plus sombres (des silex) ▶ Doc. 1.

Questions

I **a)** Décris la disposition des roches.

I **b)** Indique alors à quelle catégorie de roches elles appartiennent.

Ra **c)** Détermine quelle roche (A, B ou C) est la plus ancienne.

Doc. 1 Affleurement présentant une alternance de craie et de silex.

Entraîne-toi seul

9 Le devenir des particules

Des simulations réalisées sur un modèle ont permis de déterminer la vitesse minimale d'un cours d'eau nécessaire pour éroder, transporter ou déposer des particules rocheuses de tailles variables. Les résultats de ces simulations sont présentés dans le tableau ci-dessous. La vitesse du courant est exprimée en centimètres par seconde (cm/s) : ainsi, « 50 cm/s » signifie que l'eau parcourt « 50 cm pendant 1 s ».

Taille de la particule	Vitesse du courant nécessaire pour l'érosion	Vitesse du courant nécessaire pour le transport	Vitesse du courant nécessaire pour la sédimentation
0,2 mm	> 50 cm/s	8 à 50 cm/s	< 8 cm/s
1 mm	> 80 cm/s	30 à 80 cm/s	< 30 cm/s
10 mm	> 250 cm/s	100 à 250 cm/s	< 100 cm/s

Questions

I, Ra **a)** Montre que la vitesse du courant a une influence sur le devenir d'une particule.

I, Ra **b)** Pour une vitesse du courant de 70 cm/s, que devient une particule de 0,2 mm ? de 1 mm ? de 10 mm ?

Ra **c)** Déduis-en un autre facteur ayant une influence sur le devenir des particules.

Ra **d)** Explique pourquoi les particules les plus petites se retrouvent beaucoup plus en aval que les particules les plus grosses.

Coups de pouce

Tu dois lire dans une ligne du tableau ce que devient une particule de taille donnée selon la vitesse du courant.

Il faut trouver à quelle case correspond la vitesse de 70 cm/s pour chaque ligne du tableau.

Utilise la réponse à la question b.

Tu dois savoir que la vitesse du courant est plus grande en amont qu'en aval.

Réponses

a) Une particule de 0,2 mm est érodée si la vitesse du courant est supérieure à 50 cm/s. Pour une vitesse comprise entre 8 et 50 cm/s, la particule est transportée. Pour une vitesse inférieure à 8 cm/s, elle est déposée. La vitesse du courant a donc une influence sur le devenir de la particule.

b) À une vitesse de 70 cm/s, une particule de 0,2 mm est érodée, une particule de 1 mm est transportée et une particule de 10 mm sédimente.

c) La taille de la particule a donc une influence sur son devenir.

d) Contrairement aux grosses particules, les petites particules peuvent être transportées par les cours d'eau même avec une faible vitesse du courant. Comme la vitesse du courant est plus grande en amont qu'en aval, les petites particules se déposent donc plus en aval que les grosses particules.

Chapitre 9

Les roches sédimentaires, archives du passé

···› Comment peut-on reconstituer les paysages aujourd'hui disparus ?

Personne ne risque de se promener dans ce paysage où les fougères géantes côtoient les Dinosaures : il a en effet disparu depuis des millions d'années. Pourtant, les scientifiques ont pu le reconstituer.

Activité 1

Ce fossile de trilobite, comme la plupart des autres fossiles, ne nous donne qu'une idée incomplète de ce qu'était l'animal vivant.

Activité 2

Dans cette roche, plus d'un millier d'ammonites sont incrustées. Ces animaux vivaient dans la mer il y a près de 200 millions d'années. Aujourd'hui, leurs fossiles se retrouvent dans le massif alpin, en altitude.

Activités 3 et 4

En étudiant les carrières de la région parisienne, les géologues ont conclu que l'Île-de-France était recouverte par la mer il y a environ 40 millions d'années.

Activité 1

Des fossiles dans les roches sédimentaires

Les roches sédimentaires sont constituées de *minéraux*☆, mais on y découvre parfois une coquille ou un fragment d'os : ce sont des fossiles.

Qu'est-ce qu'un fossile ?

A. Des restes d'êtres vivants

Les Dinosaures n'existent plus, et pourtant, ils nous sont familiers : nous les connaissons par les fossiles extraits de la roche. D'autres fossiles peuvent être comparés à des espèces vivant aujourd'hui ▶ Doc. 1 et 2.

Doc. 1

Une *ammonite*☆ fossile (à gauche) et un nautile vivant (à droite). Les ammonites et les nautiles sont des mollusques. Les ammonites, aujourd'hui disparues, peuplaient les mers il y a entre 230 et 65 millions d'années. Le nautile vit dans les eaux chaudes de l'Océan Indien.

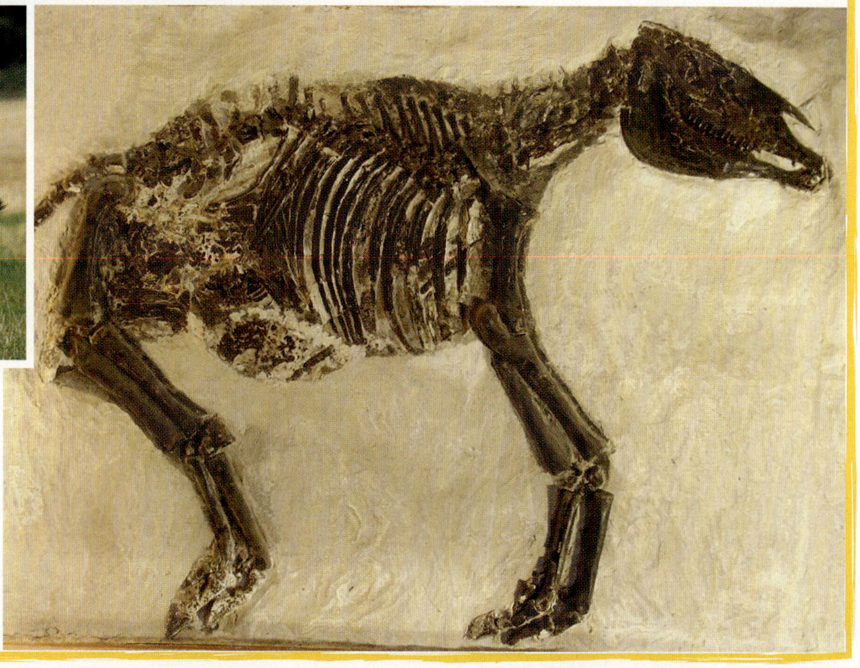

Doc. 2

L'hipparion (à droite) et le cheval actuel (à gauche). L'hipparion a vécu il y a entre 20 millions d'années et 500 000 ans.

B. Des fossiles variés

■ Les fossiles ne sont pas toujours spectaculaires mais présentent une grande variété ▶ Doc. 3 et 4. Il est parfois difficile d'identifier l'être vivant auquel les rattacher ▶ Doc. 5.

Doc. 3 **La pieuvre, un fossile très rare.**

Doc. 4 **Différents fossiles extraits de la roche.**

Doc. 5 **De curieux fossiles, dans la Lozère.**

Je résous le problème

Réponds aux questions pour résoudre le problème.

1. Doc. 1 et 2 Compare le fossile avec l'animal actuel et indique quelles parties sont conservées.
2. Doc. 1 et 2 Propose alors une définition pour le mot « fossile ».
3. Doc. 3 Compare ce fossile aux précédents et explique pourquoi il est très rare.
4. Doc. 4 Identifie quelques-uns de ces fossiles pour montrer leur variété.
5. Doc. 5 Détermine la nature de ce fossile et complète alors la définition de la question **2**.

➔ **Qu'est-ce qu'un fossile ?**

Vocabulaire ☆

Minéral (n.m.) : *élément constituant les roches.*

Ammonite (n.f.) : *être vivant, aujourd'hui disparu, du groupe des mollusques.*

Activité 2

La formation des fossiles

Coquilles ou os fossilisés appartenaient autrefois à des êtres vivants. Pourtant, ils sont aujourd'hui incrustés à l'intérieur de la roche.

Comment se forment les fossiles ?

A. Un enfouissement dans les sédiments

Doc. 1 **Des coquilles sur la plage.** À chaque marée, de nombreuses coquilles d'animaux morts sont amenées sur la plage depuis le fond de l'eau.

Doc. 2 **Des coquilles d'animaux morts au fond de l'eau.** Des sédiments se déposent en permanence sur le fond.

Doc. 3

Un calcaire coquillier. Cette roche contient de nombreuses coquilles d'animaux marins.

Je m'informe

- ✓ Observe les fossiles dans cette page.
- ✓ Relève leurs principaux caractères.
- ✓ Utilise la clé de détermination pour identifier les groupes auxquels ils appartiennent ▶ Méthode 8.

B. Des transformations au cours du temps

■ Après leur *enfouissement*★ sous les sédiments, les restes d'êtres vivants continuent à subir des transformations ▶ Doc. 4. Parfois, le fossile se retrouve à nouveau en surface ▶ Doc. 5. Entre la mort d'un animal et la découverte du fossile, il peut s'écouler … plusieurs centaines de millions d'années ▶ Doc. 6 !

Doc. 4 **Coupe d'une ammonite.** Les grains de couleur blanche sont des cristaux de *calcite*★.

Doc. 5 **Fossiles découverts aux États-Unis.** Ils affleurent dans une roche vieille de 150 millions d'années.

Doc. 6 **De la *fossilisation*★ à la découverte du fossile.**

Je résous le problème

Réponds aux questions pour résoudre le problème.

1. Doc. 1 et 3 Indique quelles coquilles sont des fossiles et justifie ta réponse.
2. Doc. 2 Explique pourquoi seulement une partie de la coquille est visible.
3. Doc. 1 à 3 Explique alors la présence de fossiles dans les roches sédimentaires.
4. Doc. 4 Retrouve un indice montrant que les restes d'êtres vivants subissent des transformations au cours de la fossilisation.
5. Doc. 5 Indique quel phénomène permet de retrouver les fossiles à la surface après leur enfouissement.
6. Doc. 5 Explique comment on peut dater ce fossile et donne son âge.
7. Doc. 6 Associe à chaque étape du dessin un document de l'activité.

➔ **Comment se forment les fossiles ?**

Vocabulaire★

Enfouissement (n. m.) : enterrement sous les sédiments.

Calcite (n. f.) : minéral, constituant principal des roches calcaires.

Fossilisation (n. f.) : formation d'un fossile.

Activité 3

Reconstituer un paysage ancien

Au cours de son histoire, la Terre a changé d'aspect à de nombreuses reprises. Ainsi, en un même lieu, les paysages se sont modifiés au cours du temps.

➔ Comment reconstituer un paysage du passé ?

A. Un paysage actuel, le Quercy

■ Dans le Sud-Ouest de la France, le village de Crayssac ▶ Doc. 1 se situe à 300 km de la mer. Tout près, dans une carrière de calcaire, des roches datant de 140 millions d'années ont été mises à jour ▶ Doc. 2 et 3, ainsi que des fossiles de la même époque ▶ Doc. 4 et 5.

Doc. 1 **La vallée du Lot, vue du village de Crayssac.**

Doc. 2 ***Fentes de rétraction**** **dans des roches à Crayssac (à gauche) et bord de mer en Camargue (à droite).** Lorsque le niveau de l'eau baisse, dans un lac ou en bord de mer, les sédiments se dessèchent et des fentes de rétraction apparaissent.

Doc. 3 ***Rides**** **sur des roches à Crayssac (à gauche) et sur le sable d'une plage aujourd'hui (à droite).**

Doc. 4 **Un fossile de Crayssac.**

Doc. 5 **Des empreintes fossiles à Crayssac.** Elles ont été laissées par un reptile volant, un ptérosaure, dans un sable gorgé d'eau.

B. Crayssac, il y a 140 millions d'années

■ Grâce aux indices relevés aujourd'hui, les scientifiques ont pu reconstituer le paysage à Crayssac il y a 140 millions d'années ▶ Doc. 6. D'autres études ont permis de reconstituer le contour des côtes de la France à cette époque.

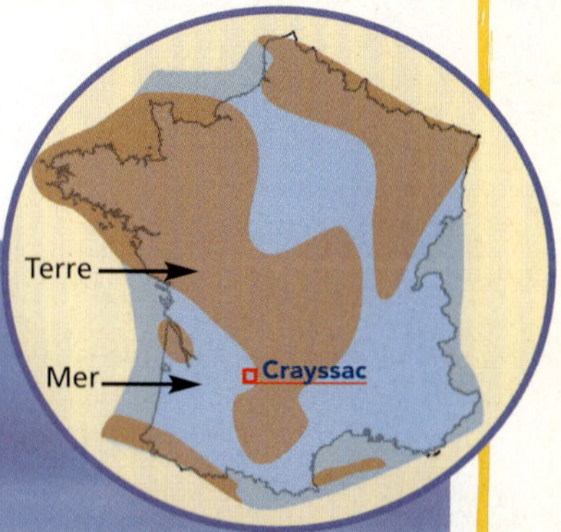

Doc. 6 ▶ **Reconstitution de Crayssac, il y a 140 millions d'années.**

Je résous le problème

Réponds aux questions pour résoudre le problème.

1. Doc. 1 Décris le paysage dans la région de Crayssac aujourd'hui.
2. Doc. 2 et 3 Compare l'aspect des roches mises à jour à Crayssac avec l'aspect des sédiments en bord de mer aujourd'hui.
3. Propose une hypothèse sur le milieu existant à Crayssac il y a 140 millions d'années.
4. Doc. 4 et 5 Utilise alors les informations données par les fossiles pour confirmer ton hypothèse.
5. Doc. 6 Justifie la reconstitution de Crayssac il y a 140 millions d'années.

➔ **Comment reconstituer un paysage du passé ?**

Vocabulaire ☆

Fente de rétraction : fissure apparaissant dans un sol lorsqu'il se dessèche.

Ride (n. f.) : ondulation laissée sur le sable par le mouvement de l'eau.

Activité

4 Une succession de paysages différents

Au cours de l'histoire de la Terre, plusieurs paysages se sont succédés au même endroit. Chacun a laissé des traces dans les roches, que le *géologue*★ peut exploiter.

➔ Comment reconstituer la succession des paysages au cours du temps ?

A. Les fossiles de la carrière d'Ormoy

■ Dans la localité d'Ormoy-la-Rivière, en Île-de-France, une falaise haute de plusieurs mètres est un lieu apprécié pour les excursions géologiques ▶ Doc. 1. Elle contient en effet de très nombreux fossiles d'espèces différentes.

Doc. 1

La falaise d'Ormoy-la-Rivière et quelques fossiles extraits de la roche.

Les hauteurs où les fossiles ont été trouvés sont indiquées par des flèches. Chaque fossile est repéré par un numéro.

Je m'informe

✓ Observe les fossiles dans ces pages.

✓ Relève alors leurs principaux caractères.

✓ Utilise la clé de détermination pour identifier les groupes auxquels ils appartiennent ▶ Méthode 8.

B. La reconstitution du milieu

Certains fossiles extraits de la falaise d'Ormoy ressemblent à des animaux actuels, comme la planorbe (à droite). Celle-ci vit dans les lacs et vient respirer en surface grâce à son poumon. Si les planorbes fossiles ont la même forme que les planorbes actuelles, alors elles possèdent sans doute les mêmes organes. On en déduit que leur milieu et leur mode de vie sont semblables. Ainsi, à partir des espèces vivantes, on reconstitue le milieu et le mode de vie des espèces disparues : c'est le principe d'actualisme.

Doc. 2 **Le principe d'actualisme.**

Animal	Aspect	Milieu de vie	Mode de vie
Huître		mer peu profonde (< 50 m)	fixée aux rochers
Coque		rivage marin, plage de sable fin ou vaseux	enfouie dans le sable
Palourde		rivage marin, sable grossier	enfouie dans le sable
Limnée		rivière, étang	se déplace sur le fond
Potamide		*lagune*★, estuaire… (milieu de *salinité*★ variable)	se déplace sur le fond

Doc. 3 **Des espèces actuelles, proches de celles découvertes à Ormoy.**

Je résous le problème

Réponds aux questions pour résoudre le problème.

1. **Doc. 1** Indique la couche la plus ancienne dans la falaise et justifie.
2. **Doc. 1** Compare les fossiles découverts à différents niveaux de la falaise.
3. **Doc. 2** Explique comment on peut connaître le milieu de vie d'une espèce fossile et indique celui de la planorbe fossile.
4. **Doc. 1 et 3** Utilise le même principe pour retrouver le milieu de vie des autres espèces fossiles présentes à Ormoy.
5. Déduis-en dans quel milieu s'est formée chaque couche et décris les changements du paysage dans la région.

➜ **Comment reconstituer la succession des paysages au cours du temps ?**

Vocabulaire★

Géologue (n.m.) : scientifique qui étudie la Terre.

Falun (n.m.) : sable formé de nombreuses coquilles.

Lagune (n.f.) : étendue d'eau entre la mer et la terre.

Salinité (n.f.) : quantité de sel dans une eau de mer.

Bilan

J'ai découvert...

Activité 1 ... des fossiles dans les roches sédimentaires

Les fossiles sont **des restes ou des traces** d'êtres vivants conservés dans les roches sédimentaires. Le plus souvent, seules les **parties dures de l'organisme** (coquille, squelette...) sont préservées. Les fossiles appartiennent à des groupes d'êtres vivants variés, animaux comme végétaux.

Activité 2 ... la formation des fossiles

Après sa mort, un organisme tombé sur le sol ou sur le fond de l'eau peut être **enfoui sous les sédiments** qui se déposent. Il est progressivement inclus **dans la roche sédimentaire** en cours de formation et il subit des transformations. Après plusieurs millions d'années, il est parfois **dégagé par l'érosion**.

Activité 3 ... reconstituer un paysage ancien

Les roches sédimentaires présentent des traces qui dépendent des **conditions dans lesquelles elles se sont formées**. De la même façon, les fossiles qu'elles contiennent apportent des informations sur le milieu de formation de la roche. Ainsi, les roches et les fossiles permettent de **reconstituer des paysages anciens**.

Activité 4 ... une succession de paysages différents

Pour connaître le milieu de vie des fossiles, on applique le **principe d'actualisme**. Selon celui-ci, des espèces fossiles proches des espèces actuelles ont des milieux de vie semblables. L'étude d'une succession de strates sédimentaires permet de **reconstituer les changements de milieux** au cours du temps.

Suis le film du cours...

Partie 3 – Géologie externe : évolution des paysages

Chapitre 8	Chapitre 9	Chapitre 10
Les roches sédimentaires	Les roches sédimentaires, archives du passé	L'action de l'Homme dans son environnement

Chapitre 8 : Les sédiments se déposent, s'accumulent et forment des roches sédimentaires disposées en couches superposées.

Chapitre 9 : Les fossiles conservés dans les roches sédimentaires permettent de reconstituer les paysages du passé.

Je retiens l'essentiel...

... en apprenant le résumé du cours

- **Les fossiles sont des restes ou des traces d'êtres vivants conservés dans les roches sédimentaires.**
- **Après leur mort, les êtres vivants recouverts par les sédiments peuvent être fossilisés, puis mis à jour par l'érosion des roches.**
- **Le milieu de vie des espèces fossiles peut être reconstitué par comparaison avec celui des espèces actuelles. Cela permet de reconstituer les milieux anciens.**

Je réussis le contrôle si

je sais

- Expliquer la formation d'un fossile
- Reconstituer un paysage ancien à partir du contenu des roches sédimentaires
- Comparer des milieux ou des êtres vivants anciens et actuels

je sais faire

- Dessiner et légender un fossile
- Utiliser une clé de détermination pour identifier un fossile

... en étudiant le schéma-bilan

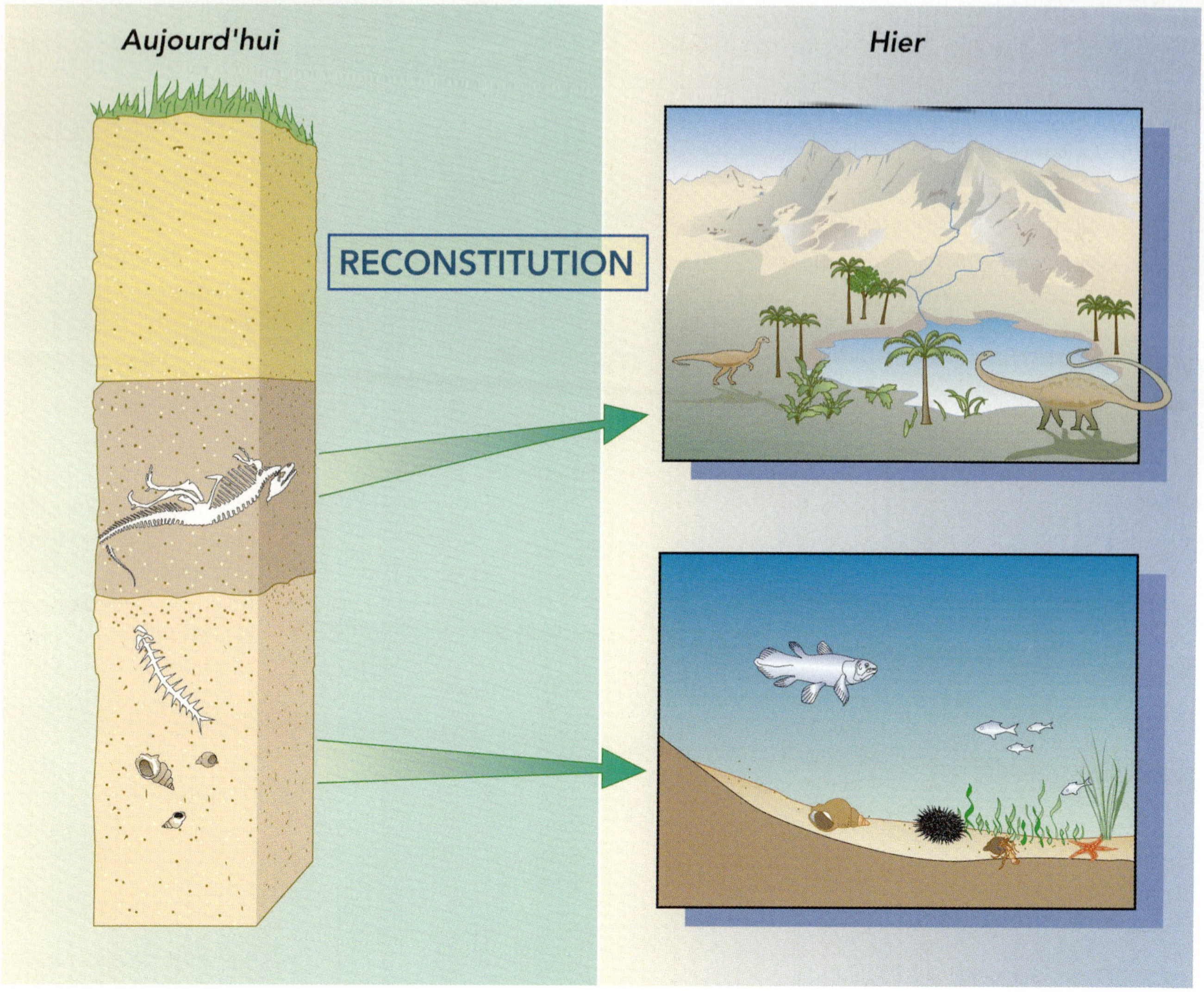

Histoire

L'histoire de la découverte des fossiles

Pendant longtemps, on a cru que les fossiles étaient tout, sauf des restes d'animaux ! Certains pensaient que la Terre créait des copies d'êtres vivants incrustées dans les roches. D'autres prétendaient que les fossiles étaient des objets magiques, fabriqués par des fées ou des sorciers ! Léonard de Vinci (1452-1519), artiste et savant italien curieux de tout, comprit, l'un des premiers, l'origine des fossiles. Il avait observé sur les coquilles fossilisées la présence de lignes parallèles, tout comme il en existe sur les coquilles des mollusques vivants. Or chez ces derniers, ces lignes sont les marques de croissance de l'animal. « Si ces fossiles possèdent des marques de croissance », réfléchit le grand Léonard, « c'est qu'ils ont un jour grandi. Donc, ce sont d'anciens êtres vivants ! ». Cependant, il fallut attendre encore quelques siècles pour que cette idée simple finisse par s'imposer.

- **Explique le raisonnement de Léonard de Vinci.**
- **Recherche d'autres arguments montrant que les fossiles ont pour origine des êtres vivants.**

Terre

Des traces qui en disent beaucoup

Zoom sur quelques empreintes (il y en a d'autres !).

Les chercheurs utilisent le principe d'actualisme pour reconstituer les milieux, mais aussi pour faire « revivre » les fossiles. Ainsi, à Crayssac (dans le Lot), les chercheurs ont étudié minutieusement toutes les empreintes fossilisées et les ont comparées avec celles d'animaux actuels. Lorsqu'un animal court sur une surface meuble, par exemple une plage de sable humide, ses pattes s'enfoncent plus ou moins profondément selon sa masse et sa vitesse. De même, lorsque l'animal effectue un brusque changement de direction, il laisse des traces de dérapage faciles à reconnaître. Autant de précieux renseignements que les paléontologues savent exploiter pour retrouver l'allure d'animaux disparus depuis des millions d'années !

- **Quels renseignements apportent les empreintes fossilisées ?**

Infos — Des mammouths congelés

Lorsqu'on parle de fossiles, on imagine le plus souvent des os figés dans la roche. Pourtant, certains fossiles ont conservé intacts leurs muscles, leur chair, leur sang et leur peau. C'est le cas de mammouths morts il y a plusieurs milliers d'années : pris au piège dans un sol marécageux, ceux-ci se sont ensuite congelés lors d'un refroidissement climatique. Rien de tel pour conserver les parties molles ! Fait exceptionnel, on a même retrouvé des végétaux non digérés à l'intérieur de leur tube digestif et de nombreux grains de pollens dans leurs poumons. Autant d'indices pour reconstituer leur milieu de vie : une steppe, paysage sans arbres et à la végétation rase, où règne une température très basse, comme en Sibérie aujourd'hui. Les autres fossiles découverts avec le mammouth, comme le rhinocéros laineux ou le bœuf musqué, n'ont fait que confirmer cette hypothèse.

- Pourquoi les mammouths sont-ils des fossiles particuliers ?
- Quel intérêt présentent-ils ?

Atelier — Fabriquer des fossiles !

J'ai besoin

- d'un sachet de plâtre à modeler
- de coquilles d'animaux (moules, huîtres, escargots...)
- d'une boîte en plastique (par exemple, une boîte de glace)
- d'un marteau

Tu peux fabriquer facilement des fossiles pour comprendre comment ceux-ci se forment dans la nature. Mélange d'abord le plâtre avec de l'eau. Verse ensuite une couche du mélange dans la boîte en plastique, puis dépose quelques coquilles. Répète cette opération pour faire plusieurs couches et laisse le plâtre se solidifier.

- Après quelques heures, démoule le bloc de plâtre et casse-le avec un marteau. Donne des petits coups et fais attention à ne pas endommager les « fossiles ».
- Observe alors les « fossiles » que tu as fabriqués. Certains correspondent à l'intérieur de la coquille, d'autres à l'extérieur.

Teste tes connaissances

1 Rédige une phrase

Pour chaque phrase, utilise les mots proposés :

a) roches / fossile / êtres vivants

b) os / coquille / fossile / parties dures

c) roches / érosion / fossiles / extraire

2 Qui a raison ?

Lis le texte, et dis qui a raison en justifiant ton choix.

Le professeur demande : « Pourquoi peut-on retrouver des fossiles inclus dans les roches ? ». Trois élèves répondent :

a) « Une fois qu'ils sont morts, les animaux se transforment en fossiles sur le sol. »

b) « Ils sont recouverts par un dépôt permanent de sédiments. »

c) « Ils peuvent se glisser et s'incruster dans les roches durant des millions d'années. »

3 Le mot caché

Recopie la grille, puis complète les lignes à l'aide des définitions suivantes. Découvre alors le mot caché dans la colonne bleue.

a) Se dit d'un animal mort recouvert par les sédiments.

b) Partie d'un vertébré le plus souvent conservé lors de la fossilisation.

c) Particules qui formeront des roches.

d) Phénomène permettant de rendre visible les fossiles.

e) Lieu et conditions de vie des êtres vivants.

f) Principe selon lequel les espèces fossilisées avaient le même milieu de vie que les espèces actuelles qui leur sont proches.

Découvre avec l'informatique

CD-ROM

4 La reconstitution des milieux anciens

Avec ton professeur, visionne l'animation nommée *La fossilisation*, puis réponds aux questions.

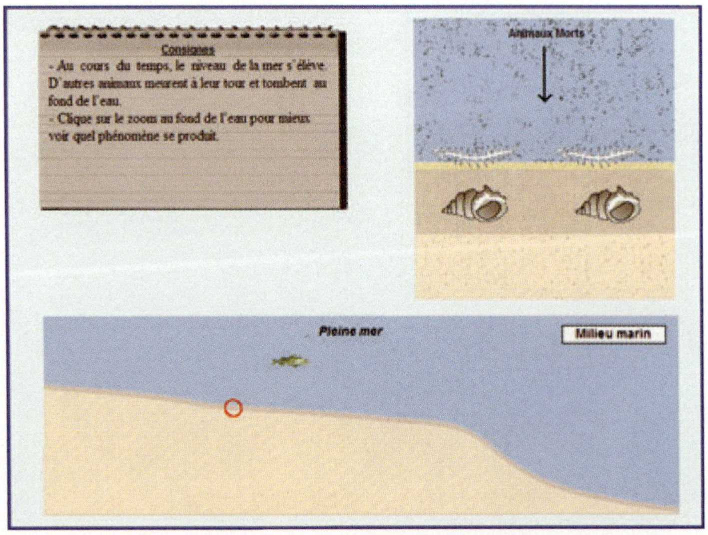

Questions

I a) Indique ce que deviennent les animaux du bord de mer après leur mort.

Ra b) Explique pourquoi les espèces sont différentes entre les deux périodes.

I c) Indique la position des animaux de pleine mer après leur mort par rapport à celle des animaux du bord de mer.

Ra d) Explique comment on peut, en étudiant cette falaise, reconstituer les milieux anciens aujourd'hui disparus.

Applique tes connaissances

5 Reconstituer une caractéristique du milieu

Sur le croquis, on a dessiné les fossiles contenus dans une roche en respectant leur position les uns par rapport aux autres ▶ Doc. 1. On connaît des organismes actuels semblables à ces fossiles et qui vivent aujourd'hui en bord de mer.

Questions

Ra **a)** Dans quel milieu vivaient probablement ces êtres vivants ?

Ra **b)** On a pu reconstituer qu'à l'endroit où s'est formée la roche contenant ces fossiles, il existait de forts courants. Trouve un argument ayant permis cette reconstitution.

C, Ra **c)** Réalise un schéma de ces fossiles et représente par une flèche la direction et le sens de ces courants.

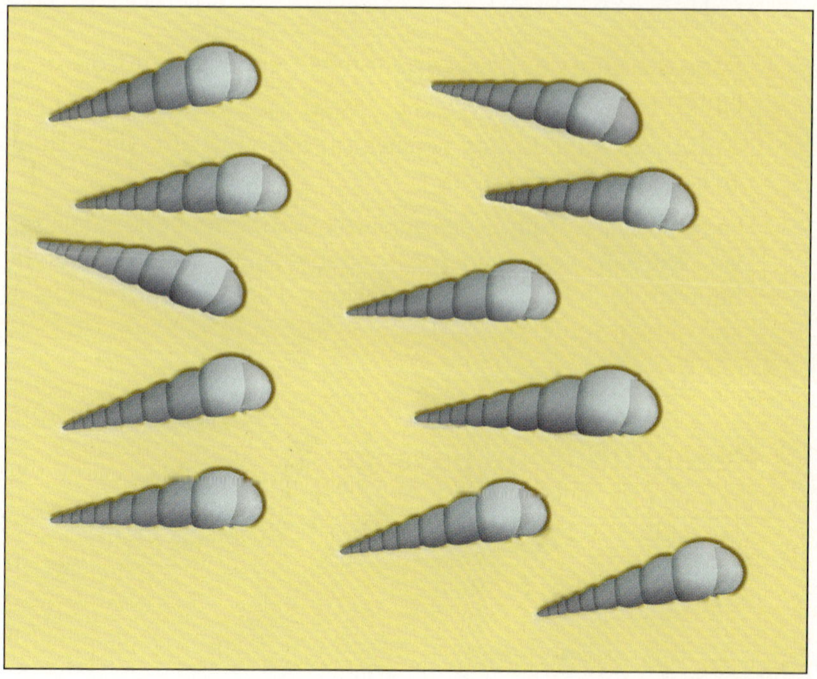

Doc. 1 Disposition des fossiles mis à jour.

6 Des fossiles comparables

On trouve dans certaines roches des fossiles particuliers, comme les fossiles photographiés sur le ▶ Doc. 1.

Questions

I **a)** Retrouve, à l'aide de la clé de détermination ▶ Méthode 8, la place du fossile a dans la classification.

I **b)** Décris et compare la forme de ces deux fossiles.

Ra **c)** Explique alors comment le fossile b s'est formé.

Doc. 1 Deux fossiles a et b, trouvés dans les mêmes roches.

7 La craie et ses fossiles

La craie est une roche sédimentaire qui constitue parfois d'impressionnantes falaises, comme celles d'Étretat en Normandie, hautes de 100 mètres. La roche s'est formée il y a un peu moins de 100 millions d'années et on y trouve, par exemple, des fossiles d'ammonites ▶ Doc. 1.

Doc. 1 Un fossile d'ammonite.

Questions

C **a)** Rappelle comment ces organismes peuvent se retrouver à l'intérieur d'une roche.

Ra **b)** Retrouve, à l'aide des fossiles qu'elle contient, dans quel milieu s'est formée la craie.

Ra **c)** Les ammonites, retrouvées aujourd'hui au sommet de la falaise, vivaient dans l'eau à une profondeur de 200 m. Déduis-en la hauteur de la mer il y a 100 millions d'années par rapport à son niveau actuel.

8 Reconstituer un paysage

Différents fossiles ont été retrouvés dans la même région dans un rayon de quelques dizaines de kilomètres ▶ Doc. 1. Quelques informations portant sur les fossiles ou sur des animaux actuels qui leur ressemblent sont données dans le ▶ Doc. 2.

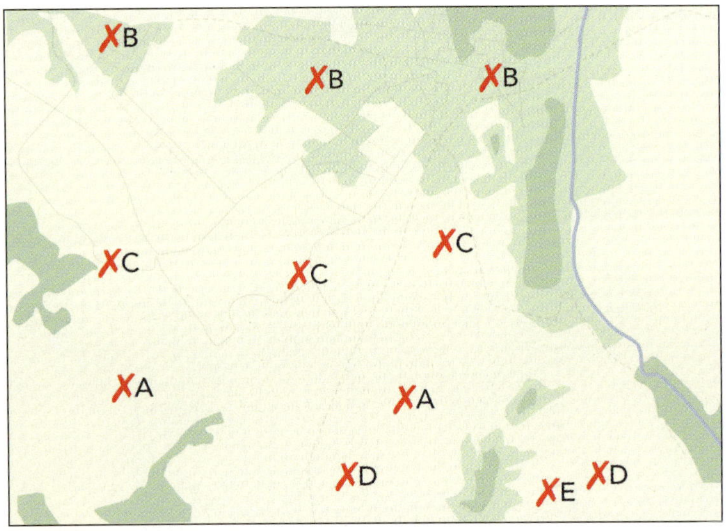

Doc. 1 Localisation des fossiles.

Fossiles	Localisation	Caractéristiques
Huître	A	Les huîtres vivent aujourd'hui fixées sur les rochers du rivage marin.
Empreintes de racines d'arbres	B	Les empreintes sont de grandes tailles.
Couteau	C	Animal qui creuse aujourd'hui son trou dans le sable des plages.
Ammonite	D	Animal marin bon nageur, pouvant se laisser couler.

Doc. 2 Caractéristiques des fossiles.

Questions

I **a)** Associe un milieu à chaque fossile A, B, C et D ▶ Doc. 1.

C, Ra **b)** Recopie sur une feuille la position des fossiles A, B, C et D et trace les limites approximatives des différents milieux dans lesquels vivaient ces animaux.

Dans les mêmes roches, on a aussi retrouvé, à l'endroit noté E sur le dessin, un fossile d'un animal proche du cheval actuel. Ce fossile n'était constitué que de petits fragments d'os, tous brisés.

Ra **c)** En quoi cette découverte peut-elle être surprenante ?

Ra **d)** En tenant compte de l'état du squelette retrouvé, propose une explication à sa présence à cet endroit.

Entraîne-toi seul

9 Des fossiles dans une carrière

Dans une carrière, on a relevé le contenu en fossiles de différentes couches de roches sédimentaires superposées ▶ Doc. 1.

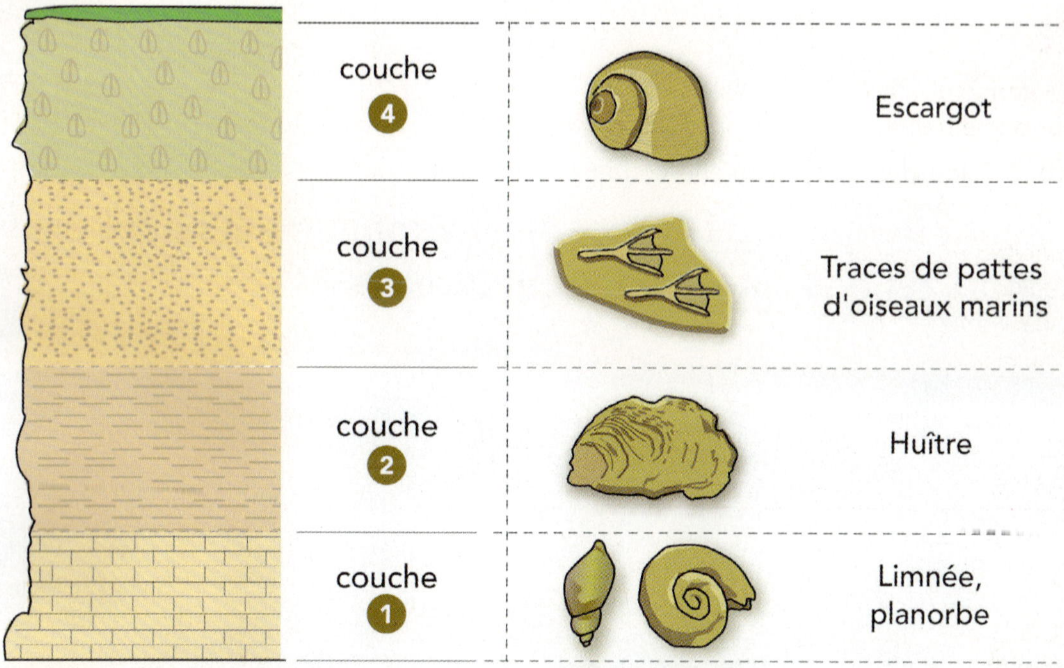

Doc. 1 Fossiles extraits de la falaise.

Questions

Ra **a)** Classe ces couches de la plus ancienne à la plus récente.

I, Ra **b)** Retrouve le milieu de vie de chaque fossile en indiquant le principe utilisé.

Ra **c)** Reconstitue les événements qui se sont succédés au cours du temps.

Coups de pouce

Il faut se souvenir de la façon dont se forment les roches sédimentaires.

Compare les espèces fossiles avec des espèces actuelles.

Déduis-en les changements de milieux selon l'ordre de dépôt des couches.

Réponses

a) Les roches sédimentaires se forment par dépôt de particules, donc la couche la plus ancienne est située à la base de cette falaise (c'est la n°1) et la plus récente à son sommet (c'est la n°4). Les couches se sont déposées les unes après les autres, de la base au sommet de la falaise.

b) On utilise le principe d'actualisme, selon lequel les espèces fossiles vivaient dans le même milieu que les espèces actuelles qui leur ressemblent.

- Escargot : milieu terrestre et humide.
- Traces de pattes d'oiseaux marins : plage.
- Huître : mer peu profonde.
- Limnée, planorbe : lac, étang.

c) Le milieu est d'abord occupé par un lac ou un étang (couche n°1), puis par la mer (couche n°2). Lors du dépôt de la couche n°3, le milieu a changé : il s'agit d'une plage. Enfin, on trouve un milieu terrestre (couche n°4).

Chapitre 10

L'action de l'Homme dans son environnement

Comment l'Homme agit-il sur son environnement pour l'exploiter et se protéger des catastrophes naturelles ?

Ce château fort date du XIe siècle. À cette époque, ni béton ni acier pour le construire, mais seulement des matériaux provenant du sous-sol. À moins d'une catastrophe naturelle, il sera encore là dans plusieurs siècles.

Activité 1

On dit parfois qu'il suffit d'observer les maisons pour connaître la géologie d'une région.

Activité 2

L'exploitation des roches laisse des traces dans le paysage et pose des problèmes de sécurité.
Il existe néanmoins des solutions pour y remédier.

Activité 3

Si les roches rendent bien des services à l'Homme, elles sont aussi parfois responsables de catastrophes.
Cette route, vue d'hélicoptère et à moitié détruite, n'est plus praticable.

Activité 1

Le prélèvement des matériaux de construction

Pierre, plâtre, ardoises… sont quelques-uns des matériaux les plus utilisés pour la construction, de la simple maison jusqu'à la cathédrale.

➔ D'où proviennent les matériaux de construction utilisés par l'Homme ?

A. Des matériaux bruts

Doc. 1 Église de Strasbourg, en Alsace. Elle est célèbre pour sa couleur, comme d'autres monuments de la ville.

Doc. 2 Riquewhir, un village alsacien.

Doc. 3 Carrière de grès en Alsace. Les carrières sont des lieux où le sous-sol est visible.

Carte d'identité

Roche	**le grès rose** (des Vosges)
Propriété	dure
Aspect	rose, *granuleux*★
Production	extraction, puis *taille*★ des pierres
Utilisation	constructions, pavés des rues

Doc. 4

B. Des matériaux transformés

Doc. 5

Un plâtrier au travail. On mélange de l'eau à la poudre de plâtre avant de l'utiliser.

■ Les Égyptiens utilisaient déjà le *plâtre*★ pour assembler les pierres et construire leurs maisons, comme nous aujourd'hui ▶ Doc. 5. Le plâtre est fabriqué ▶ Doc. 6 en transformant une roche très abondante dans le sous-sol de nombreuses régions : le gypse ▶ Doc. 7.

Carte d'identité

Roche	le gypse (nom courant : « pierre à plâtre »)
Propriété	tendre
Aspect	souvent *translucide*★
Production	extraction, puis broyage et chauffage (pour le plâtre)
Utilisation	revêtement des maisons, moulages…

Doc. 7

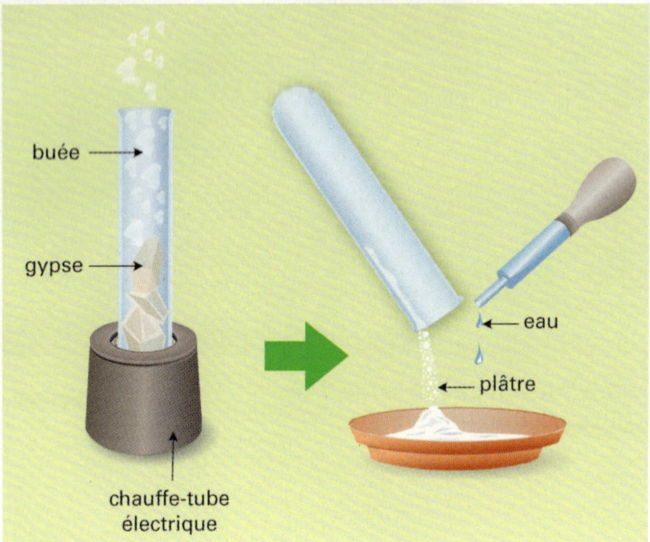

Doc. 6

La fabrication du plâtre.

Je réalise

✓ Dépose du gypse en morceaux dans un tube à essai.

✓ Chauffe le tube jusqu'à ce que le gypse devienne blanc.

✓ Verse son contenu dans une soucoupe et laisse refroidir. Observe l'aspect du plâtre.

✓ Verse ensuite quelques gouttes d'eau et mélange. Observe l'aspect du mélange.

Je résous le problème

Réponds aux questions pour résoudre le problème.

1. Doc. 1, 2 Compare les matériaux de construction de la cathédrale et ceux des maisons du village.
2. Doc. 3 Explique en quoi consiste le travail dans une carrière.
3. Doc. 1 à 3 Observe les roches de la carrière et retrouve l'origine des matériaux de construction de la cathédrale et du village.
4. Doc. 5, 6 Décris les transformations subies par le gypse avant son utilisation par le plâtrier.
5. Doc. 4, 7 Trouve un point commun et une différence dans l'exploitation du grès et du gypse.

➔ **D'où proviennent les matériaux de construction utilisés par l'Homme ?**

Vocabulaire ★

Granuleux (adj.) : formé de petits grains.

Taille (n. f.) : opération consistant à couper une roche pour lui donner une forme précise.

Plâtre (n. m.) : poudre obtenue à partir du gypse. Dans le langage courant, on appelle souvent « plâtre » la pâte formée par le mélange de poudre de plâtre et d'eau.

Translucide (adj.) : qui laisse passer la lumière, mais ne permet pas de distinguer nettement les formes.

Activité 2

Une exploitation contrôlée

Le prélèvement de matériaux dans le sous-sol laisse des traces qui peuvent enlaidir l'environnement ou présenter un danger.

Comment l'Homme peut-il gérer les problèmes liés à l'exploitation du sous-sol ?

A. Des mines sous surveillance

Doc. 1 Maison construite au-dessus d'une mine de fer, en Lorraine.

Doc. 2 Une *mine*★ de fer, en Lorraine. Dans une mine, le sous-sol est creusé de nombreuses galeries.

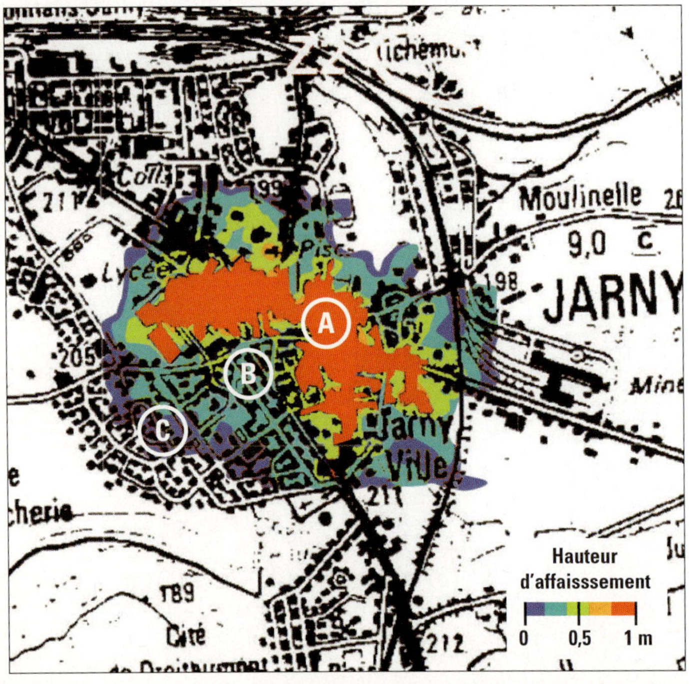

Doc. 3 Les variations du niveau du sol de Jarny, en Lorraine. Pour surveiller la surface du sol, un *radar*★ embarqué sur un satellite mesure en permanence la distance avec le sol. Un ordinateur construit ensuite une carte dont les couleurs indiquent l'importance de l'*affaissement*★.

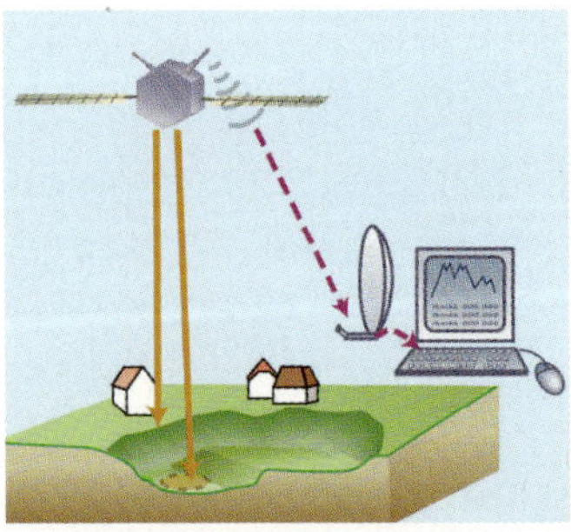

Schéma du dispositif de mesure.

Je m'informe

- ✓ Observe sur la carte les légendes des couleurs.
- ✓ Repère sur la carte les zones où l'affaissement est le plus grand et celles où il est le plus petit.
- ✓ Indique l'endroit le plus dangereux dans la ville de Jarny : A, B ou C.

B. Des carrières réaménagées

Pour réduire l'impact sur l'environnement, l'ancienne carrière d'uranium de La Crouzille, dans le Limousin, a été réaménagée ▶ Doc. 4.
Aujourd'hui, le sol nu laisse place à une abondante végétation ▶ Doc. 5. Une partie de l'ancienne carrière est remplacée par un étang qui accueille des espèces protégées comme le martin-pêcheur ▶ Doc. 6. Pourtant, il semble encore rester des traces d'uranium dans le sol. Cela montre qu'il est nécessaire d'évaluer l'impact d'une carrière sur l'environnement avant de commencer son exploitation.

Doc. 4 **La carrière de La Crouzille en cours d'exploitation en 1993.**

Doc. 6 **Un martin-pêcheur.**

Doc. 5 **La carrière de La Crouzille réaménagée en 2001.**

Je résous le problème

Réponds aux questions pour résoudre le problème.

1. Doc. 1, 2 Décris l'état des murs de la maison et propose une explication.
2. Doc. 3 Décris la forme du sol à Jarny et explique quel est le danger pour les habitants.
3. Doc. 3 Indique quel est alors l'intérêt de surveiller la surface du sol grâce à un satellite.
4. Doc. 4, 5 Indique en quoi a consisté le réaménagement de cette carrière.
5. Doc. 4 à 6 Explique l'intérêt de réaménager d'anciennes carrières.

➜ **Comment l'Homme peut-il gérer les problèmes liés à l'exploitation du sous-sol ?**

Vocabulaire ☆

Mine (n. f.) : endroit où l'on extrait un métal (fer, or, argent...) ou une roche.

Radar (n. m.) : appareil qui permet de mesurer des distances ou de détecter la présence d'objets.

Affaissement (n. m.) : baisse du niveau du sol.

Activité 3 Les glissements de terrain

Parfois, un pan entier de la montagne se détache et glisse, mettant en danger des vies humaines.

➔ Comment peut-on prévenir les glissements de terrain ?

A. La cause des glissements de terrain

■ À La Clapière, des pans entiers de falaise ont glissé plus ou moins rapidement par le passé, laissant des traces bien visibles dans le paysage ▶ Doc. 1.
Aujourd'hui, le glissement semble s'être ralenti, mais des détecteurs de mouvements fixés dans la roche permettent de surveiller le phénomène et, en cas d'alerte, d'évacuer le village situé plus bas dans la vallée. Pour comprendre la cause de ces glissements, des scientifiques ont mesuré mois après mois pendant plusieurs années les déplacements de terrain à La Clapière et la fonte de l'épaisse couche de neige qui recouvre la zone en hiver ▶ Doc. 2.

Doc. 1 La montagne La Clapière, dans les Alpes-Maritimes, en 2003.

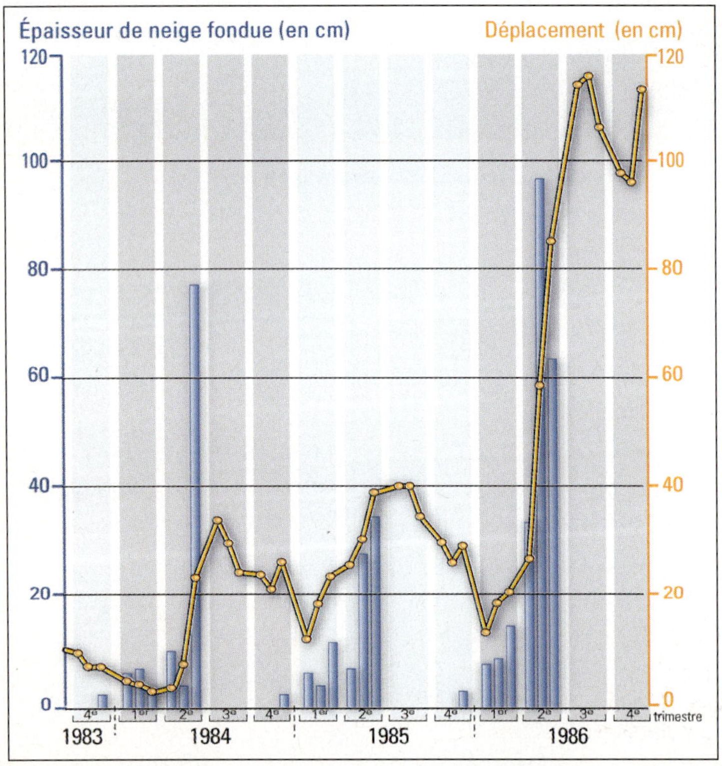

Doc. 2 Mesure des déplacement de terrain et de la fonte des neiges à La Clapière entre 1983 et 1986 (les mois sont regroupés par trimestre).

Je m'informe

✓ Repère la grandeur représentée sur l'axe horizontal, puis repère les grandeurs représentées sur les axes verticaux à gauche et à droite.

✓ Compare, en 1984, les déplacements de terrain pour chaque trimestre et indique quand le déplacement est le plus grand.

✓ Compare, en 1984, l'épaisseur de la couche de neige fondue pour chaque trimestre et indique quand la fonte de neige est la plus grande.

✓ Fais de même pour 1985 et 1986.

B. Des mesures prises par l'Homme

■ Dans certaines régions, on cherche à lutter contre une érosion importante et empêcher ainsi des glissements de terrain. On place pour cela dans la partie supérieure de la montagne des *drains*★ qui recueillent l'eau de pluie ou de la fonte des neiges ▶ Doc. 3. Cette eau est alors évacuée jusqu'au pied de la montagne. Mais le drainage n'est pas la seule solution et d'autres actions sont possibles ▶ Doc. 4.

Doc. 3 **Des drains dans la montagne.**

Doc. 4 **Le même *versant*★ d'une montagne, avant et après l'intervention de l'Homme.**

Je résous le problème

Réponds aux questions pour résoudre le problème.

1. Doc. 1 Observe le versant de La Clapière et trouve une particularité.
2. Doc. 2 Indique quel évènement saisonnier précède un déplacement de terrain important.
3. Doc. 1, 2 Explique alors le rôle de l'eau.
4. Doc. 3 Explique l'action des drains pour empêcher les glissements de terrain.
5. Doc. 4 Compare les deux photos de la montagne à deux époques différentes et retrouve l'action de l'Homme.
6. Doc. 4 Recherche comment cette action peut limiter le risque d'un glissement de terrain.

➔ **Comment peut-on prévenir les glissements de terrain ?**

Vocabulaire ★

Drain (n. m.) : tube recueillant l'eau pour l'évacuer ailleurs (on appelle cette opération le drainage).

Versant (n. m.) : chacune des deux pentes d'un relief.

Bilan

J'ai découvert...

Activité 1 ... le prélèvement des matériaux de construction

Les bâtiments et les habitations sont construits à partir de matériaux prélevés dans le **sous-sol**, comme par exemple dans des **carrières**. Certains de ces matériaux, tels que les pierres de construction, sont **utilisés directement**. D'autres sont **transformés**, comme le gypse que l'on chauffe pour fabriquer du plâtre.

Activité 2 ... une exploitation contrôlée

L'exploitation du sous-sol pose différents problèmes. Les maisons situées au-dessus des mines souterraines peuvent se fissurer ou s'effondrer. Les carrières enlaidissent l'environnement et peuvent présenter des dangers.
Pour prévenir les accidents, l'Homme utilise des techniques permettant de **surveiller** le niveau du sol. Pour limiter les effets sur l'environnement, l'exploitation d'une carrière peut être suivie d'une **remise à l'état naturel**.

Activité 3 ... les glissements de terrain

Les roches d'un versant de montagne peuvent être instables et glisser progressivement ou brusquement : c'est un **glissement de terrain**. L'Homme peut lutter contre les glissements de terrain en ralentissant **l'érosion**. Pour cela, il peut **détourner l'eau** du versant qui risque de glisser. Il peut aussi **planter des arbres** afin que les racines retiennent le sol.

Suis le film du cours

Partie 3 – Géologie : évolution des paysages

Chapitre 8	Chapitre 9	Chapitre 10
Les roches sédimentaires	Les roches sédimentaires, archives du passé	L'action de l'Homme dans son environnement
Les sédiments se déposent, s'accumulent et forment des roches sédimentaires disposées en couches superposées.	Les fossiles conservés dans les roches sédimentaires permettent de reconstituer les paysages du passé.	L'Homme influe sur les paysages en exploitant l'environnement géologique, mais aussi en prévenant les catastrophes naturelles.

Je retiens l'essentiel...

.. en apprenant le résumé du cours

- L'Homme prélève des matériaux dans le sous-sol, qu'il utilise directement ou transforme.
- L'exploitation du sous-sol peut poser des problèmes pour l'environnement. L'Homme essaie d'en limiter les conséquences par la gestion de l'environnement.
- L'érosion favorise les catastrophes naturelles, comme les glissements de terrain. En limitant l'érosion, l'Homme peut empêcher certaines d'entre elles.

Je réussis le contrôle si

je sais

- Définir ce qu'est la gestion de l'environnement
- Donner des exemples d'exploitation du sous-sol par l'homme
- Expliquer comment intervient un glissement de terrain
- Donner des exemples d'actions pour prévenir les catastrophes naturelles et gérer l'environnement

je sais faire

- Lire une carte de zones de risque
- Lire un graphique avec deux paramètres

... en étudiant le schéma-bilan

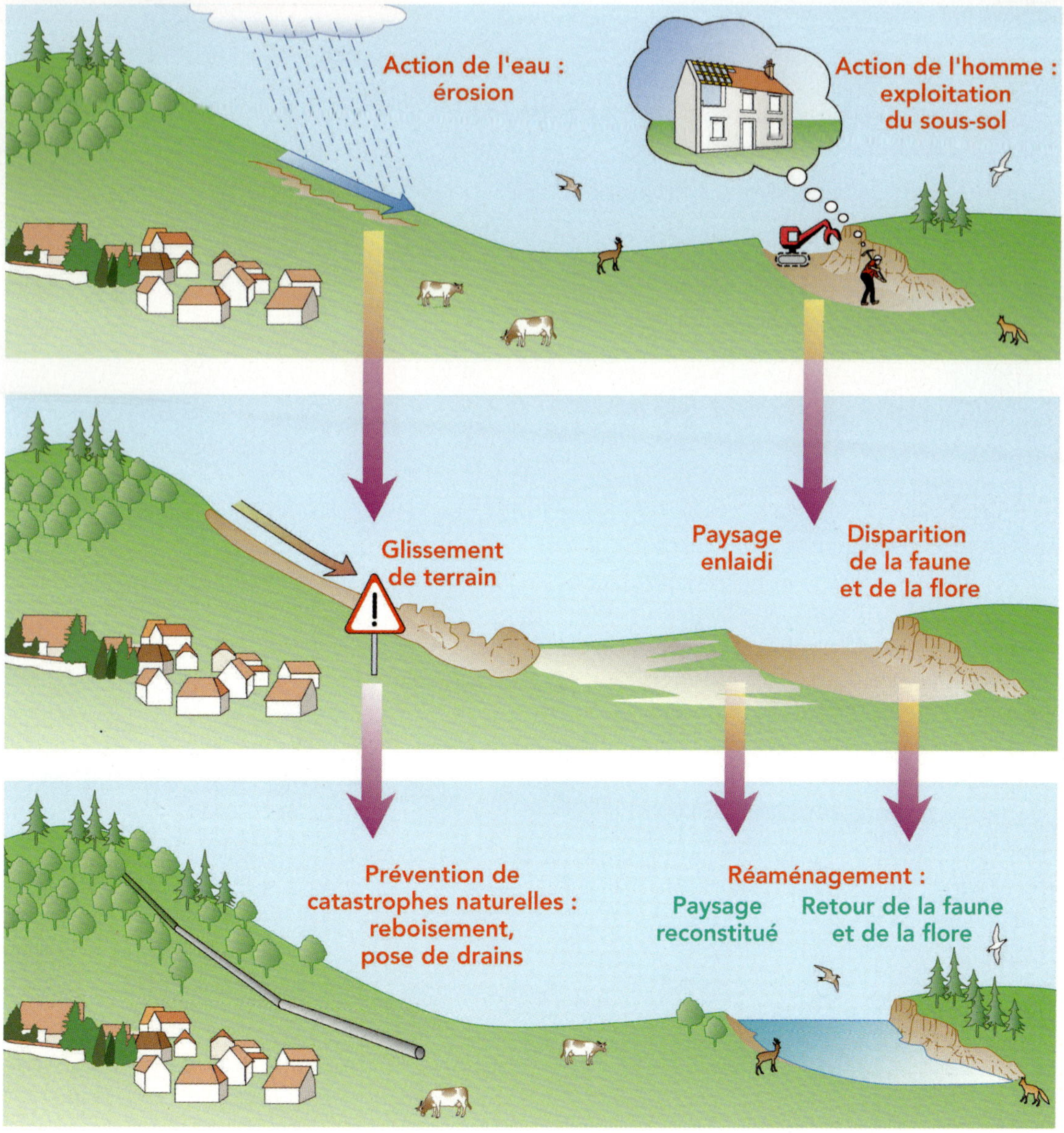

Terre

Le tunnel sous la Manche

Tout le monde a entendu parler du tunnel sous la Manche, mais peu de gens savent que la première tentative de percement date de… 1876 ! À cette époque, 2 km seulement ont été creusés de chaque côté, avant que l'on arrête les travaux de peur que les Anglais n'utilisent le tunnel pour envahir la France. Déjà, les géologues s'étaient demandé dans quelle couche de roche il fallait creuser le tunnel. En effet, sous les 50 à 100 m d'eau, quatre couches de roches se superposent : la craie grise, la craie bleue, des argiles et enfin des sables. Pour accueillir le tunnel, la roche devait être imperméable et friable. C'est la craie bleue qui a été choisie. En effet, la craie est une roche friable grâce aux minuscules pores qu'elle renferme. Pourquoi la craie bleue mais pas la craie grise ? Car la craie bleue contient de fines couches d'argile, contrairement à la craie grise.

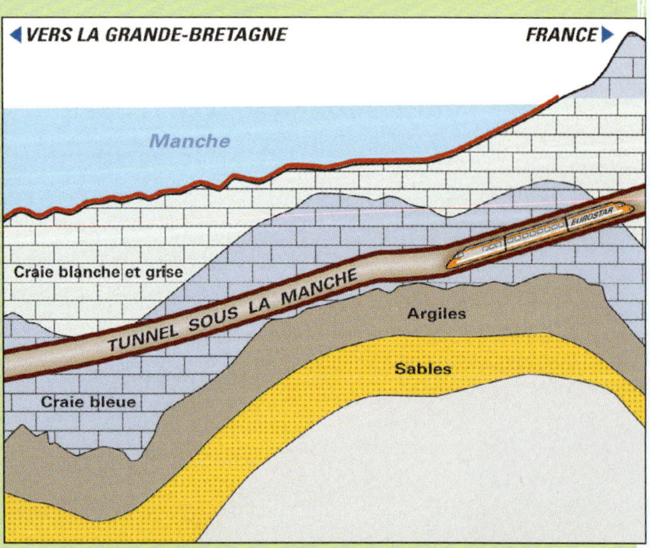

- Recherche dans un dictionnaire les propriétés du sable et de l'argile et explique pourquoi ils n'ont pas été choisis.
- Explique quelles propriétés sont importantes pour creuser le tunnel.
- Pourquoi la craie bleue possède-t-elle ces qualités ?

Histoire

L'exploitation du sous-sol, une histoire bien ancienne

Saviez-vous que les Hommes préhistoriques creusaient déjà des mines ? Les plus anciennes, profondes d'une dizaine de mètres, datent de 15 000 ans et permettaient d'extraire des silex. Plus tard, pendant l'Antiquité, les Hommes apprennent à découvrir la présence de minéraux en profondeur. Par exemple, l'observation de traces de rouille sur le sol indique la présence probable de fer en profondeur. Puis vient le tour du bronze et du cuivre. Pour ce dernier, l'homme descend jusqu'à une centaine de mètres de profondeur. Comme il n'y a pas de puissantes machines pour extraire la roche, on utilise le feu. La roche, portée à haute température, finit par éclater. Déjà, l'action de l'Homme a une influence sur les paysages…

- Retrouve dans le texte les différents matériaux extraits du sous-sol durant la Préhistoire et l'Antiquité.
- Recherche dans tes cours d'histoire les différentes utilisations de ces matériaux par les Hommes préhistoriques et par ceux de l'Antiquité.

Internet

Ma commune est-elle exposée à un risque naturel prévisible ?

Les catastrophes naturelles sont le plus souvent imprévisibles. Pourtant, certaines conditions peuvent favoriser la survenue d'une catastrophe. Tu peux réaliser une enquête pour rechercher si dans ton département ou ta commune, un risque de catastrophe naturelle est répertorié.
Plusieurs pistes de recherche sont possibles, tu peux faire une enquête à la mairie, auprès de ton entourage ou dans la presse locale, ou rechercher sur Internet.

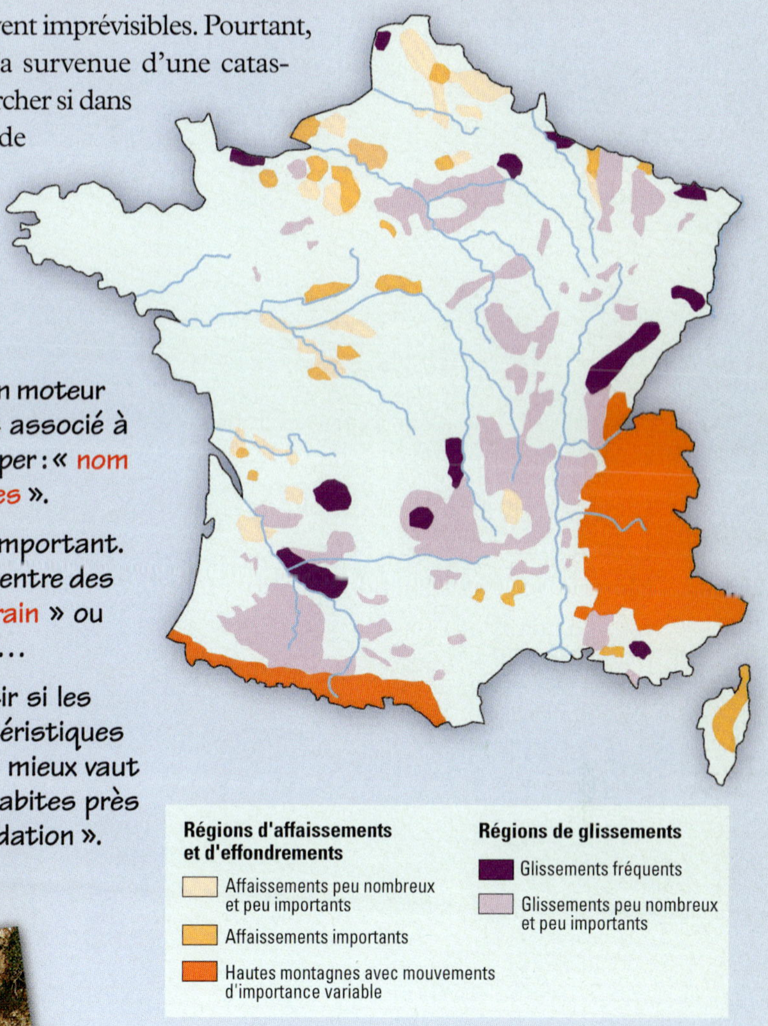

- Pour la recherche sur Internet, entre dans un moteur de recherche le nom de ton département associé à d'autres mots-clés. Par exemple, tu peux taper : « nom du département + catastrophes naturelles ».

Le nombre de réponses sera sans doute important. Il faut alors affiner ta recherche. Pour cela, entre des mots-clés comme « mouvements de terrain » ou « inondations » ou « érosion de falaises »…

Ta recherche aura plus de chance d'aboutir si les mots-clés sont en rapport avec les caractéristiques de ta région. Si tu habites en montagne, mieux vaut mettre « risque d'éboulement » et si tu habites près d'une rivière ou d'un fleuve, le terme « inondation ».

- Pour t'aider dans la sélection d'un risque, tu peux aller sur l'un des deux sites suivants, qui répertorient les différents risques :

http://www.prevention2000.org/cat_nat/index2.htm

http://www2.environnement.gouv.fr/dossiers/risques/risques-majeurs/

Avec cette recherche, tu peux construire un exposé !

Exercices

Teste tes connaissances

1 Rédige une phrase

Pour chaque phrase, utilise les mots proposés :

a) pierre / construction / carrière

b) construction / transformés / matériaux / bruts

c) réaménagement / protection de l'environnement / carrières

2 Réponds en une phrase

a) Comment l'Homme se procure-t-il des matériaux de construction ?

b) Quels types de problèmes peut poser le prélèvement des ressources du sous-sol ?

c) Quelles peuvent être les conséquences de l'érosion ?

3 Le mot caché

Recopie la grille, puis complète les lignes à l'aide des définitions suivantes. Découvre alors le mot caché dans la colonne rouge.

a) Lieu où l'on peut extraire du fer.

b) Lieu d'exploitation du sous-sol.

c) Matériau de construction utilisable sans transformation.

d) Constituent le sous-sol.

e) Phénomène favorisant les glissements de terrain.

f) Ressource du sous-sol utilisée pour la construction des toits.

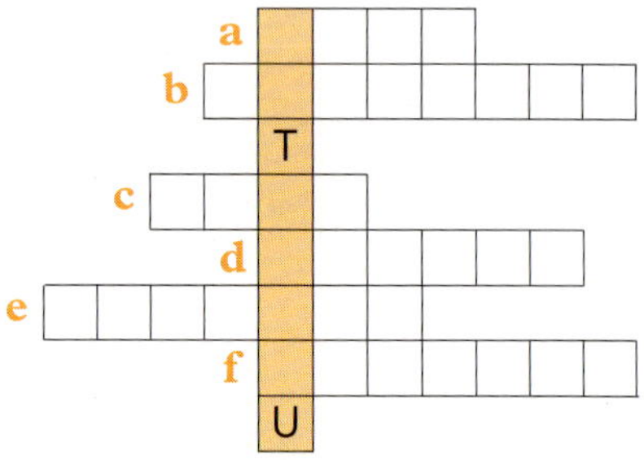

Découvre avec l'informatique

CD-ROM

4 Les glissements de terrain

Avec ton professeur, visionne l'animation nommée *Les glissements de terrain*, puis réponds aux questions.

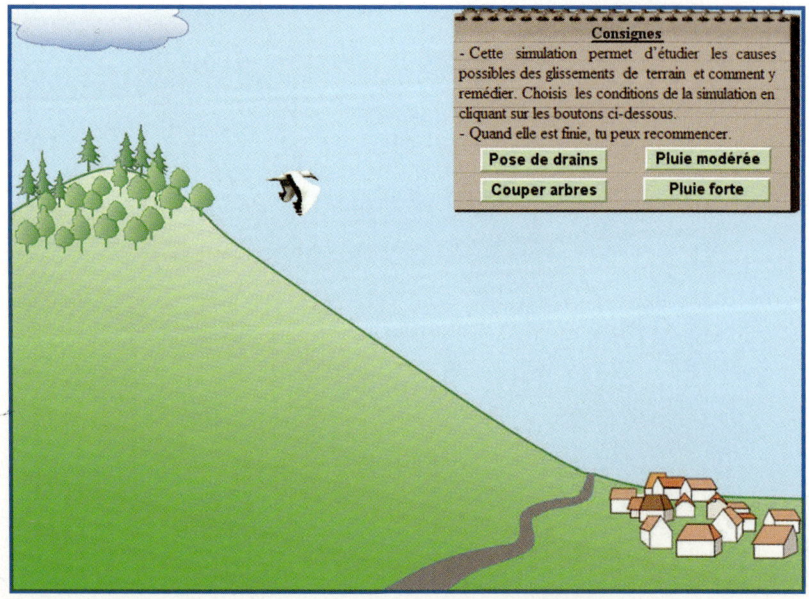

Questions

I **a)** Fais varier l'intensité des précipitations (pluie modérée et pluie forte) et indique les conséquences.

I **b)** Coupe les arbres sur la montagne et recommence.

Ra **c)** Explique les résultats observés.

I **d)** Compare, pour de fortes précipitations, les mouvements de terrain avant et après la pose des drains.

Ra **e)** Explique alors l'intérêt des drains.

Applique tes connaissances

5 Les matériaux de construction d'une maison

Le dessin ci-contre représente une maison et les matériaux qui ont permis sa construction.

Questions

I **a)** Retrouve les matériaux de la maison (toit, sol, murs…) provenant du sous-sol.

I, Ra **b)** En utilisant tes connaissances et en t'aidant d'un dictionnaire, classe-les en deux catégories : matériaux bruts et matériaux transformés.

I **c)** Recherche les roches dont sont issus les matériaux transformés.

6 Les propriétés de l'ardoise

Dans de nombreuses régions de France, les toits des maisons sont construits en ardoise. Le ▶ Doc. 1 montre une de ces roches avant qu'elle ne soit taillée pour constituer un élément du toit.

Questions

C **a)** Oberserve ce bloc d'ardoise et indique une particularité de la structure de cette roche.

Ra **b)** Les murs de la maison doivent supporter le poids du toit. Connaissant la structure de l'ardoise, explique l'intérêt de ce matériau pour construire le toit.

On réalise une expérience pour savoir si l'eau traverse ou non l'ardoise ▶ Doc. 2.

I **c)** Décris le résultat et indique une propriété de cette roche.

Ra **d)** Établis un lien avec l'utilisation de cette roche.

Doc. 1 **La structure de l'ardoise.**

Doc. 2 **Expérience avec l'ardoise.** On verse de l'eau sur un bloc d'ardoise.

7 La gestion des risques en Nouvelle-Zélande

En Nouvelle-Zélande, les glissements de terrain sont nombreux et causent des dégâts importants. Pour limiter les dangers pour la population, des scientifiques ont voulu comprendre comment les glissements de terrain étaient favorisés. Ils ont pour cela compté le nombre de glissements de terrain et mesuré la surface occupée par la forêt. Les résultats sont donnés dans le ▶ Doc. 1.

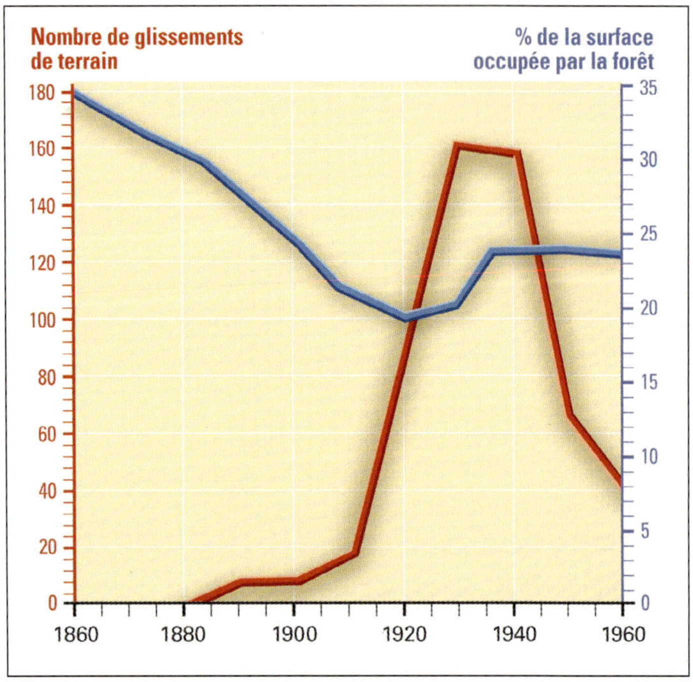

Doc. 1 **Évolution au cours du temps du nombre de glissements de terrain (courbe rouge) et de la surface occupée par la forêt (courbe bleue).**

Questions

I **a)** Comment a évolué de 1860 à 1930 :
– le nombre de glissements de terrain ?
– la surface occupée par la forêt ?

I **b)** Même question de 1930 à 1960.

Ra **c)** Déduis-en ce qui peut favoriser les glissements de terrain et explique pourquoi.

Ra **d)** Quelle action pourrait limiter ces glissements de terrain ?

8 Les carrières de la ville de Laon

En Picardie, la ville de Laon est en partie construite sur des carrières souterraines, comme le montre le ▶ Doc. 1.

Questions

I, Ra **a)** Observe le sous-sol dans les carrières qui sont les plus proches de la surface et indique quelles roches y ont été exploitées.

I, Ra **b)** Même question pour les carrières les plus profondes.

Ra **c)** Quel problème peuvent poser ces anciennes exploitations ?

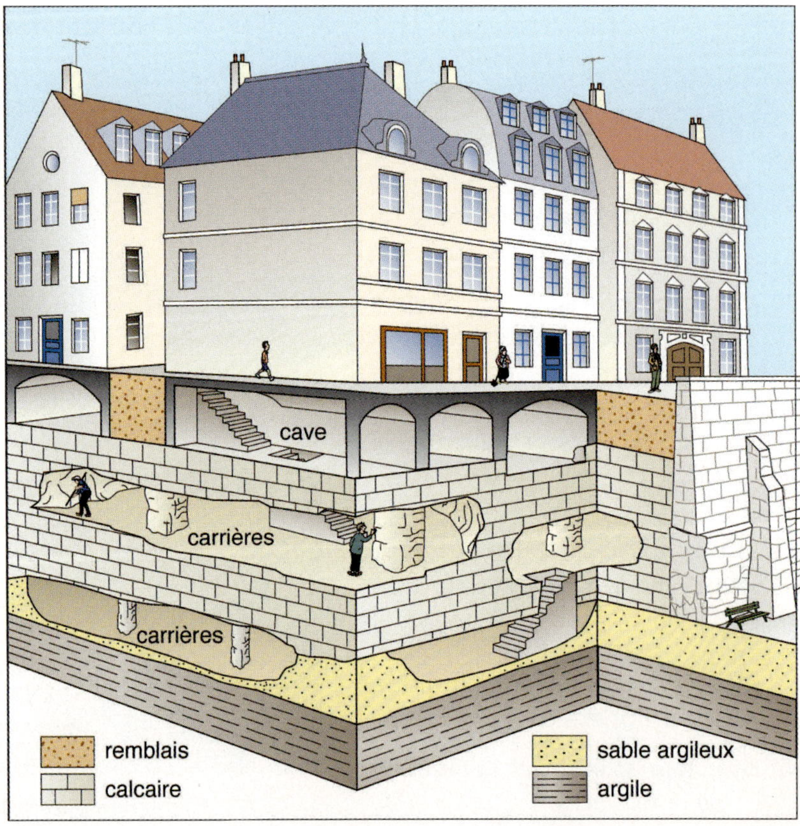

Doc. 1 **Coupe du sous-sol dans la ville de Laon.**

Entraîne-toi seul

9 Inondation et érosion

Les périodes de fortes pluies peuvent être à l'origine d'inondations : le niveau de l'eau monte, la rivière sort de son lit et envahit alors les terrains et les habitations ▶ Doc. 1. Cette situation est favorisée lorsque des sédiments s'accumulent sur le fond des rivières avant l'inondation. Pour comprendre cette accumulation, on a mesuré la hauteur d'eau ruisselant sur deux types de sol après une averse ▶ Doc. 2.

Doc. 1 Des habitations inondées après une crue.

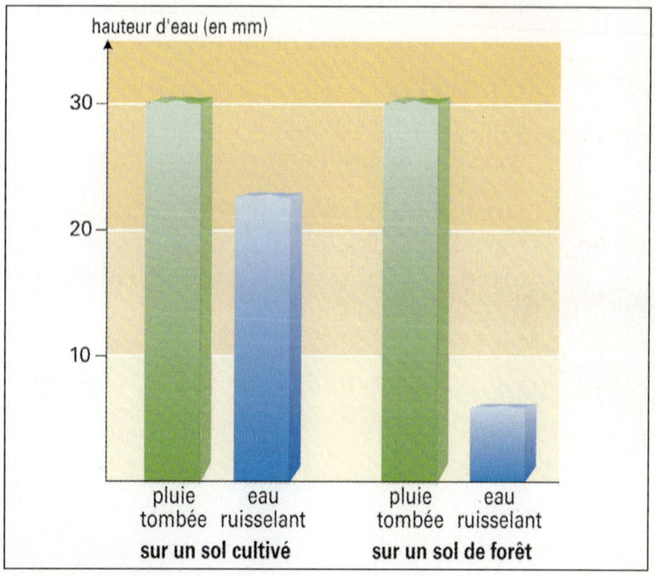

Doc. 2 Relevé de hauteurs d'eau.

Questions

I **a)** Compare la quantité d'eau de pluie tombée et celle ruisselant sur un sol de forêt ▶ Doc. 2.

Ra **b)** Explique la différence.

I **c)** Compare les quantités d'eau ruisselant sur un sol de forêt et sur un sol cultivé.

Ra **d)** Propose une explication à cette différence.

C **e)** Indique sur quel sol l'érosion est la plus importante.

Ra **f)** Sachant que, dans cette région, une partie des terres ont été déboisées, explique pourquoi les inondations sont fréquentes.

Coups de pouce

- Pense que l'eau ruisselant provient de l'eau de pluie. Trouve alors ce qu'est devenue la quantité d'eau qui manque.
- Recherche une différence dans la végétation.
- Pense à un agent qui favorise l'érosion.
- Mets en relation l'information sur le déboisement et la réponse à la question **e**.

Réponses

a) La quantité de pluie tombée est supérieure à celle ruisselant sur un sol de forêt.

b) Le sol absorbe une partie de l'eau.

c) La quantité d'eau ruisselant sur un sol cultivé est supérieure à celle ruisselant sur un sol de forêt.

d) Le sol de la forêt absorbe une plus grande quantité d'eau que le sol cultivé.

e) L'eau étant un agent d'érosion, ce phénomène est plus important sur un sol cultivé.

f) Si des terres ont été déboisées, cela facilite l'érosion du sol. Des particules se déposent sur le fond de la rivière et comblent celui-ci, ce qui peut entraîner des inondations quand les pluies sont fortes.

MÉTHODE 1

L'ExAO

L'ExAO, ou **Expérimentation Assistée par Ordinateur,** permet de réaliser des manipulations complexes et demandant l'intégration de nombreuses données. Elle permet également d'automatiser les mesures et de sauvegarder les résultats.

Les éléments d'une chaîne ExAO

Toute chaîne ExAO comprend les éléments suivants :

- **Un capteur :** il mesure une grandeur physique (quantité de dioxygène, température...) et la convertit en courant électrique.
- **L'interface :** elle convertit le courant électrique en signaux informatiques qu'elle transmet à l'ordinateur.
- **Un logiciel ExAO installé sur l'ordinateur :** il traite les signaux reçus et les restitue à l'écran sous forme de chiffres ou de graphiques (ou de tableaux de valeurs).

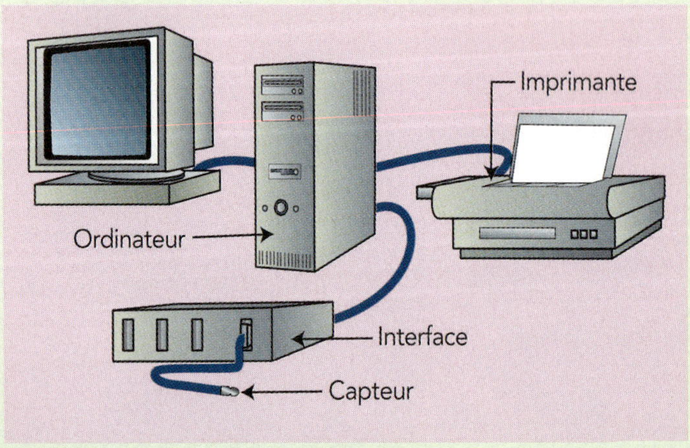

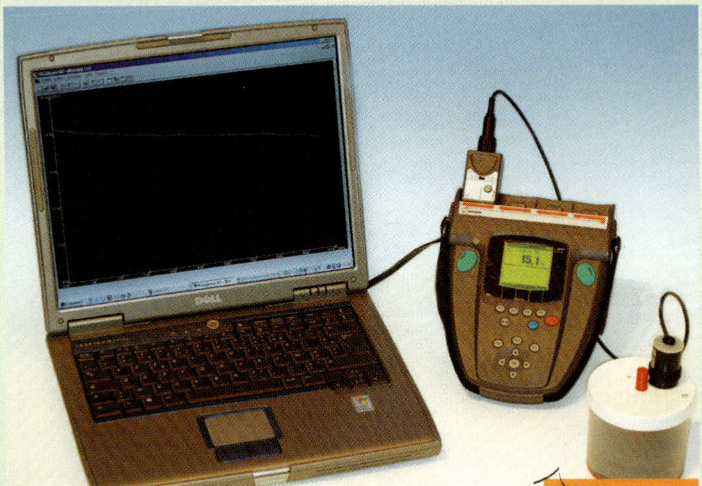

Chap. 1, p. 14

Une grande diversité de capteurs pour de multiples expériences

Grandeur mesurée par le(s) capteur(s)	
■ quantité de dioxygène dans un milieu en présence d'un être vivant	■ mise en évidence de la respiration chez un animal ou un végétal ■ l'oxygénation du milieu par les végétaux
■ température + quantité de dioxygène	■ teneur en dioxygène d'un milieu selon sa température
■ rythmes cardiaques et respiratoires, volumes d'air au cours de la respiration	■ les modifications observées à l'échelle de l'organisme pendant l'effort
■ teneurs en gaz dans l'air inspiré et expiré	■ les échanges gazeux respiratoires

Construire et analyser un graphique

Un graphique permet d'étudier une grandeur qui varie en fonction d'une autre. Il se construit à partir d'un tableau. Chaque couple de valeurs du tableau correspond à un point de la courbe.

Dans l'exemple proposé, nous devons, à partir du tableau ci-dessous, construire le graphique qui représente la variation de la teneur en dioxygène en fonction de la température Chap. 2, p. 35.

Température (en °C)	2	4	6	8	10	12	14	16	18	20	22	24
Teneur en dioxygène dissous (en mg par litre d'eau)	13,6	12,6	12,0	11,2	10,8	10,2	9,8	9,3	8,9	8,6	8,0	7,8

Construis deux axes perpendiculaires

L'axe vertical correspond à la grandeur étudiée par l'expérimentateur (ici, la teneur en dioxygène dissous). L'axe horizontal correspond à la grandeur que l'observateur fait varier (ici, la température). Légende les axes sans oublier les unités.

Grandeur étudiée : axe vertical

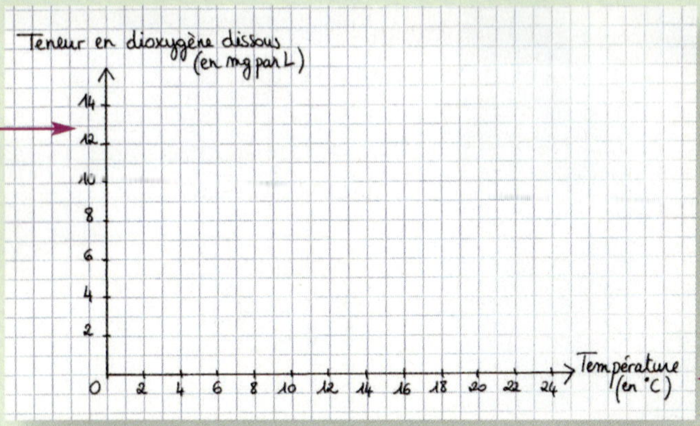

Grandeur connue : axe horizontal

Gradue les axes

Pour graduer les axes, choisis une échelle en tenant compte des valeurs maximales. Prends le point 0 comme repère. L'intervalle entre deux graduations d'un même axe doit toujours avoir la même valeur.

Trace les points de la courbe

Pour chaque couple de valeurs, trace des pointillés horizontaux et verticaux. L'intersection des pointillés correspond à un point de la courbe, représenté par une croix. Quand tu as placé l'ensemble des points, relie-les entre eux à main levée, sans utiliser de règle. N'oublie pas de donner un titre au graphique.

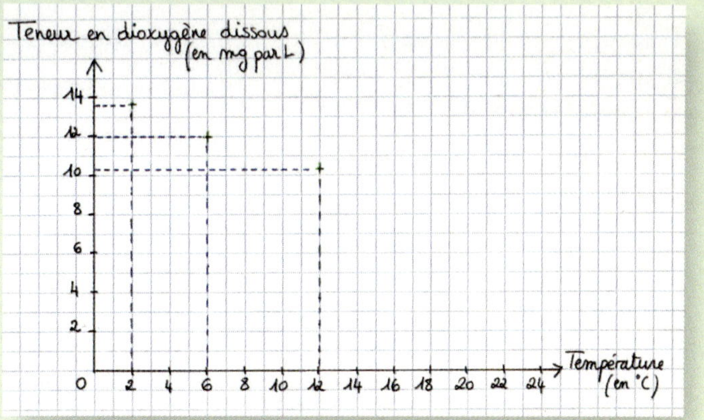

Courbe tracée sans règle

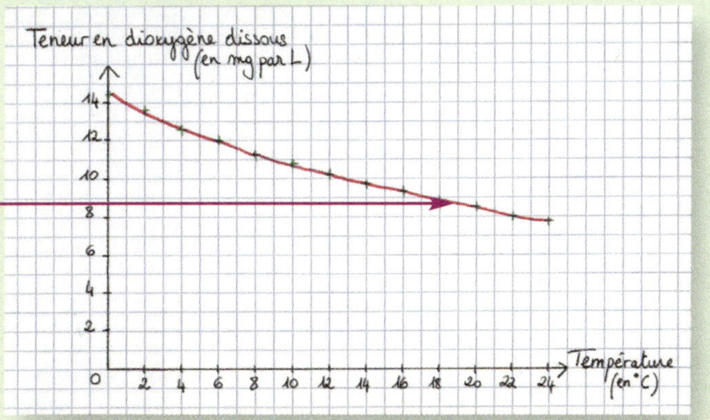

Analyse le graphique

Décris alors la variation de la grandeur étudiée pour chaque partie de la courbe (augmente, diminue, reste constante).

Exemple : La teneur en dioxygène diminue lorsque la température augmente.

Dissection de l'appareil

La dissection de la souris nous permet d'observer les organes de son appareil digestif.

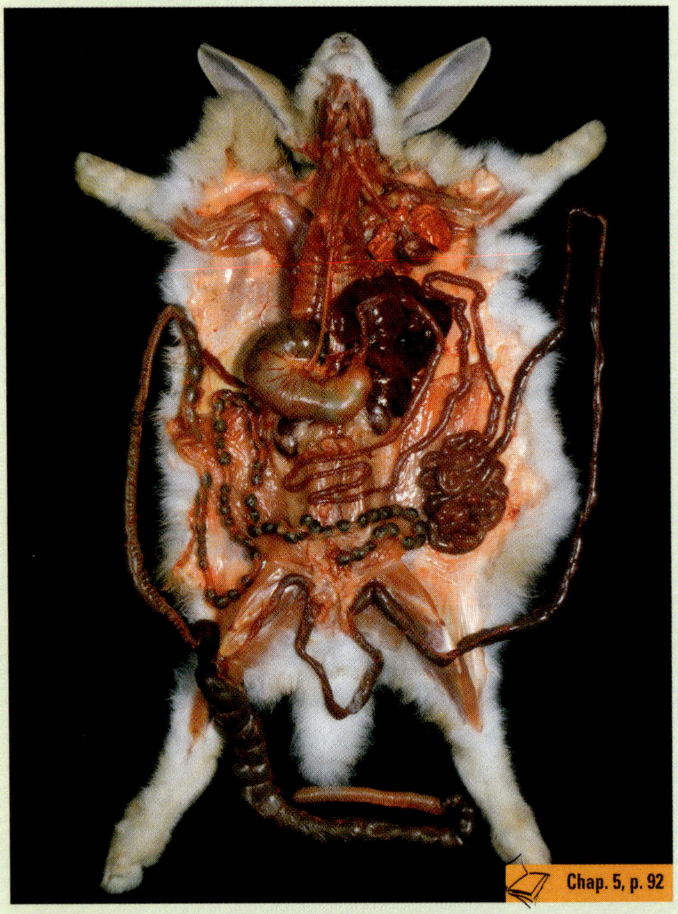

Chap. 5, p. 92

Exemple de la dissection de l'appareil digestif d'un lapin.

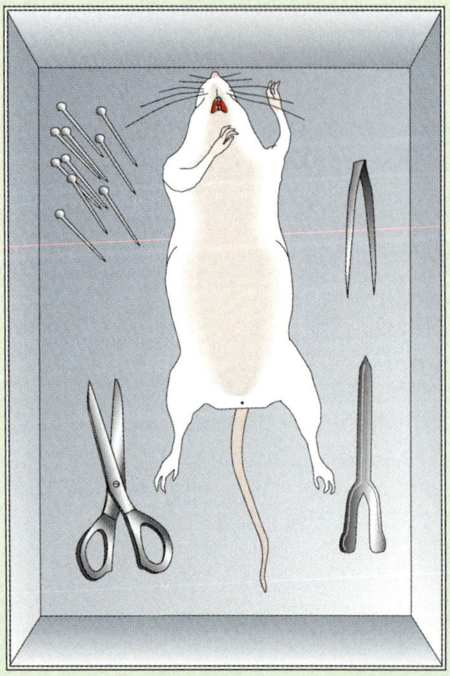

Matériel nécessaire

- 1 souris
- 1 cuvette à dissection
- 1 pince
- 1 paire de ciseaux
- 1 sonde cannelée
- Des épingles

Protocole

- Fixe la souris sur le dos à l'aide d'épingles dans les pattes.
- Soulève la peau avec une pince fine, puis avec les ciseaux réalise une incision (boutonnière) au-dessus de l'orifice urinaire.
- Introduis dans ce trou la sonde cannelée et fais-la remonter jusqu'au voisinage de la bouche.
- Découpe la peau selon le modèle 1 (étape A puis B et C) en faisant glisser l'extrémité des ciseaux dans la rainure de la sonde.
- Décolle la peau et rabats-la sur les côtés. Fixe-la à l'aide d'épingles.

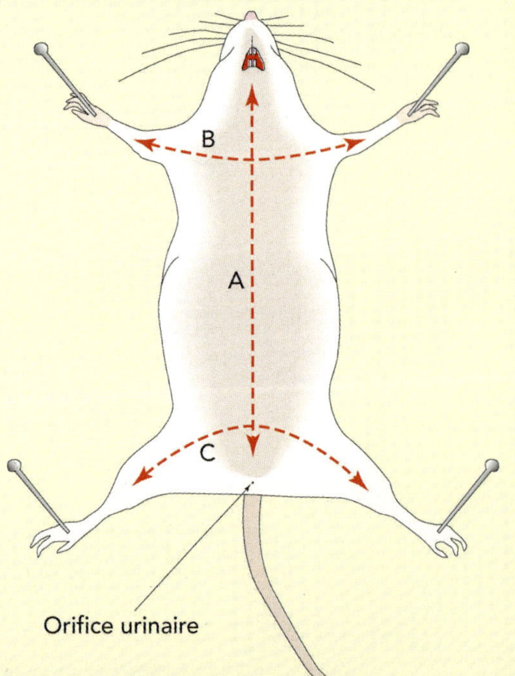

Incision de la peau (modèle 1)

digestif d'une souris

MÉTHODE 3

- Incise la paroi musculaire abdominale et introduit la sonde cannelée.
- Découpe les muscles avec les ciseaux et la sonde selon le modèle 2 (étape A).
- Découpe, puis enlève la partie ventrale de la cage thoracique selon le modèle 2 (étapes B, C, D et E).
- Soulève le cœur et coupe les vaisseaux sanguins.
- Tire sur les poumons et dégage la trachée afin de la couper le plus haut possible : tu peux observer en dessous l'œsophage.

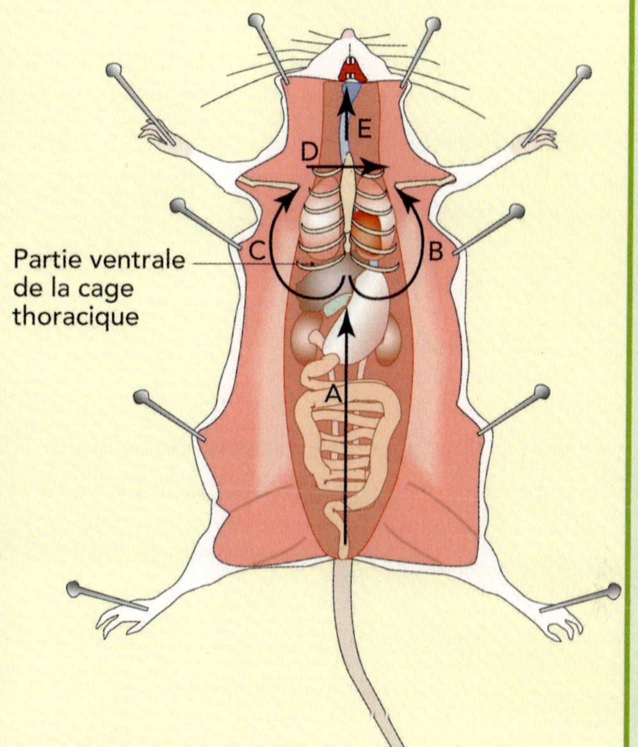

Incision de la paroi musculaire (modèle 2)

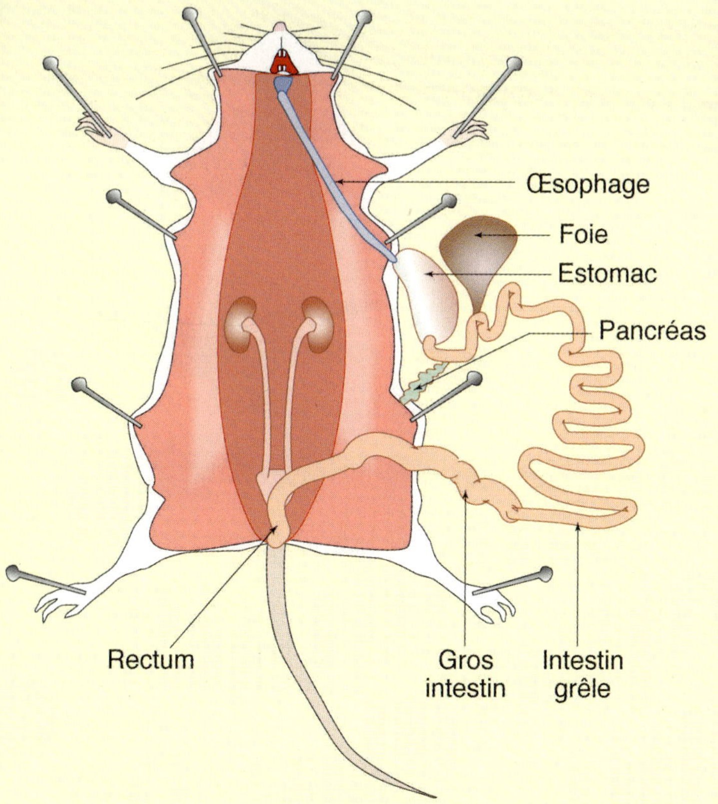

- Dégage avec précaution l'intestin pour le dérouler : sectionne la membrane reliant les replis.
- Déroule les organes de l'appareil digestif sur le côté de l'animal et identifie-les à partir de la dissection d'un autre animal.

MÉTHODE 4

Réaliser et observer une préparation au microscope

Le microscope est un instrument d'optique qui permet d'avoir une image grossie d'un objet. On ne peut observer que des éléments pouvant être traversés par la lumière, donc très fins.

Avant d'observer, il faut donc préparer l'objet qui va être déposé sur une lame transparente. On peut observer une coupe mince de roche, les cellules prélevées sur un organe, une feuille, les ailes d'un insecte...

Pour préparer la lame de verre

- Dépose l'objet à observer au milieu de la lame.
- Dépose dessus une goutte d'eau ou de colorant.
- Recouvre l'ensemble par une lamelle sans laisser de bulles d'air : place d'abord un côté de la lamelle contre la lame, puis rabats doucement la lamelle sur la lame.

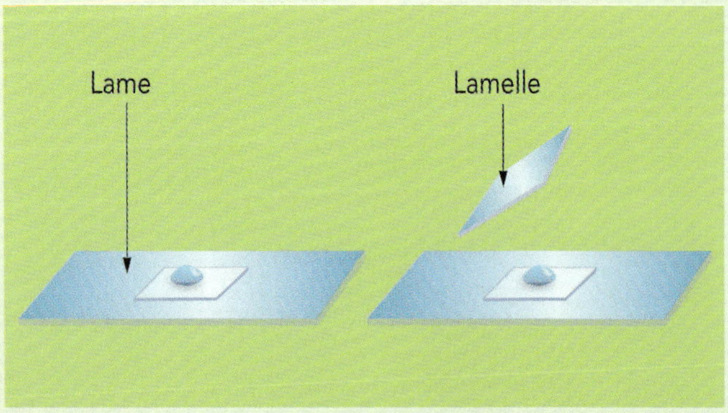

Pour observer au microscope optique

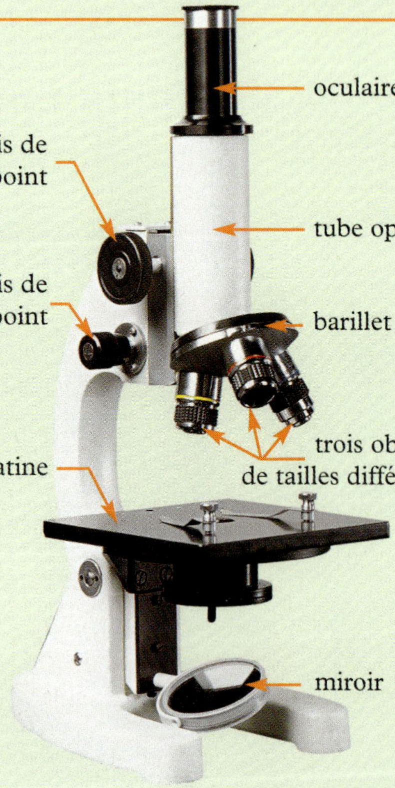

Prépare l'observation

- Vérifie que le petit objectif est placé dans l'axe du tube optique car l'observation commence toujours par le faible grossissement.
- Branche le microscope si l'éclairage est électrique, sinon oriente le miroir pour envoyer de la lumière sur la préparation.
- Descends le tube optique à l'aide de la grosse vis de mise au point.

Réalise l'observation

- Pose la lame portant l'objet à observer sur la platine au-dessus du trou.
- Allume l'éclairage ou oriente le miroir pour amener le maximum de lumière sur la lame de verre.
- Regarde d'un œil dans l'oculaire et fais la mise au point jusqu'à obtenir une image nette. Pour cela, remonte le tube optique en tournant lentement la grosse vis de mise au point.
- Explore la préparation en la déplaçant doucement d'avant en arrière, de droite à gauche.
- Une fois que tu as trouvé l'objet à observer sur la lame, change ensuite de grossissement en tournant le barillet pour changer d'objectif. Le changement d'objectif doit toujours se faire du plus faible grossissement vers le plus fort. Effectue ensuite une nouvelle mise au point à l'aide de la petite vis.

Calcule la valeur du grossissement de ton observation

- Utilise la formule suivante :

grossissement de l'observation = grossissement de l'oculaire x grossissement de l'objectif

Faire un dessin d'observation

Un dessin d'observation permet de représenter fidèlement une observation faite à l'œil nu, au microscope, à la loupe binoculaire ou sur une photo. Il permet de conserver une trace de l'observation.

Prépare la feuille

- **1.** Prends une feuille blanche, un crayon à papier bien taillé et une gomme propre. Il ne faut jamais utiliser de stylo, ni de couleur.
- **2.** Trace au crayon une marge de 5 cm de chaque côté de la feuille : il y a donc 4 marges à tracer. Note au crayon, dans la case en haut à gauche, ton nom, ton prénom et ta classe.

Trace le dessin

- **3.** Réalise le dessin dans la grande case, au milieu de la feuille avec des traits fins et continus (les raccords ne doivent pas être visibles). Respecte les proportions de ce que tu observes. Pour gommer sans laisser de traces, n'appuie pas sur le crayon.

Ajoute les légendes

- **4.** Pour chaque légende, trace un trait horizontal entre l'élément à nommer et la marge verticale. Les traits de légende doivent tous s'arrêter au niveau de la marge et ne doivent pas se couper en deux. Les mots de légende sont écrits en lettres minuscules, sans article.
- **5.** Précise le grossissement au crayon dans la case en bas à droite.
- **6.** Indique le titre au crayon dans la case du milieu, en bas. Le titre ne doit pas comporter les termes *dessin*, ni *observation* ; il doit être souligné d'un trait.

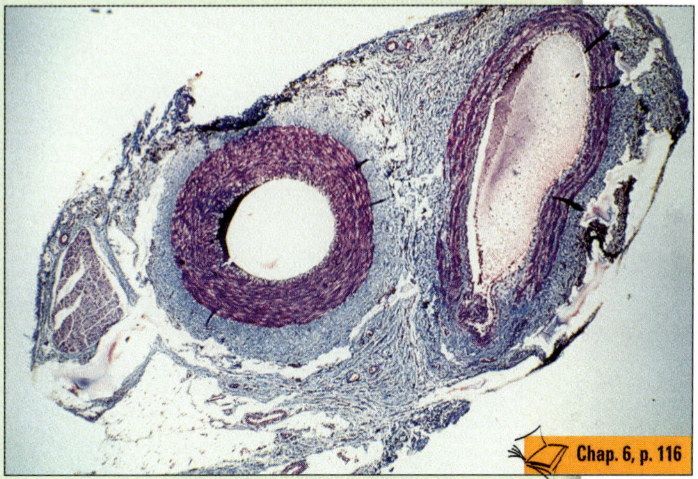
Chap. 6, p. 116

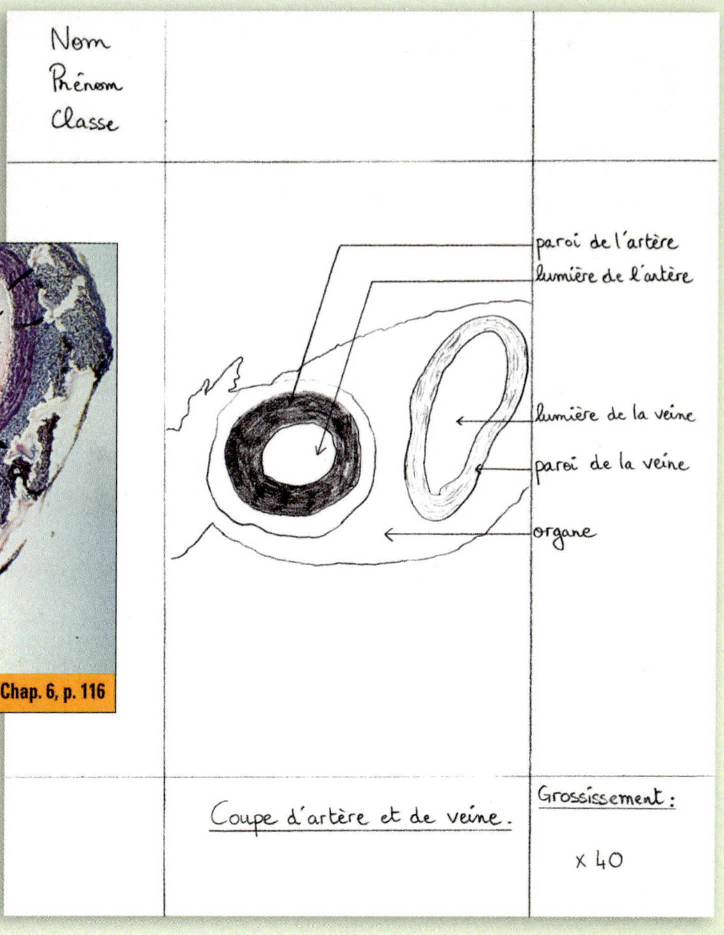

MÉTHODE 5

MÉTHODE 6

Faire un exposé

La préparation d'un exposé comporte plusieurs étapes dont l'une d'elles est la recherche de documents. Afin de comprendre comment réaliser un exposé, prenons comme exemple le thème : « Le risque d'inondation en France ».

Étape 1 : définir précisément le sujet

- Commence par repérer les mots-clés du sujet. N'hésite pas à rechercher leur définition dans un dictionnaire.
- Ensuite, pose-toi des questions sur ce sujet. Elles te permettront d'orienter tes recherches de documents, puis de construire ton exposé. Ainsi tu définiras mieux les points à aborder et les limites du sujet.

• Quelles zones en France sont soumises à un fort risque d'inondation ?
• Quelles sont les conséquences des inondations sur les paysages ?
• Quelles sont les causes des inondations et comment les éviter ?

Étape 2 : rechercher des documents

- Le CDI ou la bibliothèque sont les meilleurs endroits pour trouver des informations et pour préparer l'exposé. Tu peux également trouver des informations sur Internet.
- Une fois que tu as trouvé un ouvrage, utilise l'index, généralement situé à la fin. Dans l'index, tous les mots-clés, classés par ordre alphabétique, renvoient à des pages contenant ces mots. Tu peux aussi utiliser le sommaire de l'ouvrage pour chercher une information. N'hésite pas à demander de l'aide aux documentalistes !
- Pense à conserver la référence (nom de l'ouvrage, éditeur) des ouvrages consultés, ainsi que les adresses des sites Internet visités.

Étape 3 : construire le plan de l'exposé

- Relève les idées principales pour construire le plan de ton exposé. Regroupe ces idées en trois ou quatre parties. Chacune des parties devra répondre à une question posée par le sujet.
- Trouve un titre qui résume chaque partie.

Étape 4 : rédiger l'exposé

- Pour chaque partie de ton plan, résume les informations trouvées dans les livres et sur Internet. Ne recopie pas des paragraphes entiers !
- Écris une introduction à ton exposé où tu y définis les mots-clés du sujet. Termine l'exposé par une conclusion qui résume les idées principales et par une ouverture.

Sur le risque d'inondation en France, tu peux suivre le plan suivant :

I - Les causes des inondations et les zones à risque fort

II - Les conséquences des inondations sur les paysages

III - Les moyens permettant de prévenir les inondations

Trouver des informations sur Internet

Pour rechercher efficacement des informations sur Internet, il faut savoir utiliser un annuaire Internet ou un moteur de recherche. Recherchons par exemple des informations sur les inondations en France.

Recherche à partir d'un annuaire Internet

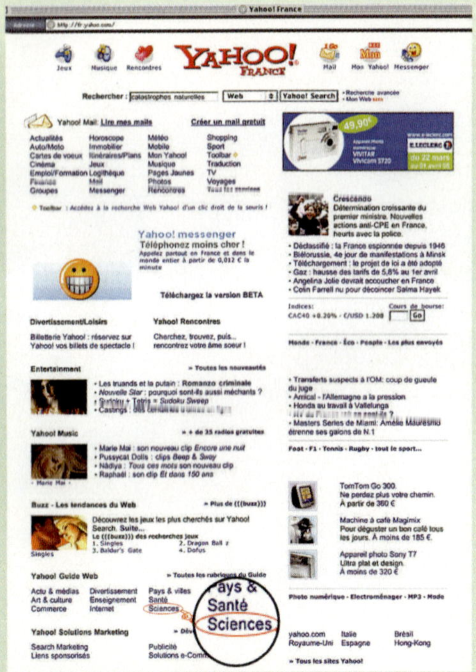

Un annuaire (ou répertoire) Internet présente des listes de sites classés par rubriques. En sélectionnant des catégories de plus en plus précises, tu accèdes à des sites répertoriés sur le thème de tes recherches.

Afin de récupérer des informations sur le thème des inondations en France, tu peux, par exemple, aller dans la rubrique « Yahoo ! Guide Web » sur la page d'accueil de yahoo.fr en tapant comme adresse : http://fr.yahoo.com

Il faut alors suivre le chemin suivant en cliquant sur les différents groupes de mots :

Sciences > Sciences de la Terre > Catastrophes naturelles > Inondations.

Il existe de nombreux autres annuaires Internet comme par exemple :

http://www.tiscali.fr

http://www.dmoz.fr

Recherche à partir d'un moteur de recherche

Un moteur de recherche permet de trouver toutes les pages Internet contenant un mot ou un groupe de mots. Si ta recherche se fait à partir d'un groupe de mots, il faut les écrire entre guillemets.

Pour le thème des inondations en France, tu peux aussi lancer une recherche avec les mots-clés *« inondations »*, *« France »* ou *« inondations en France »*, par exemple sur google.fr, en tapant l'adresse : http://www.google.fr

Il existe de nombreux moteurs de recherche, comme par exemple :

http://www.lycos.fr

http://www.hotbot.fr

http://www.altavista.com

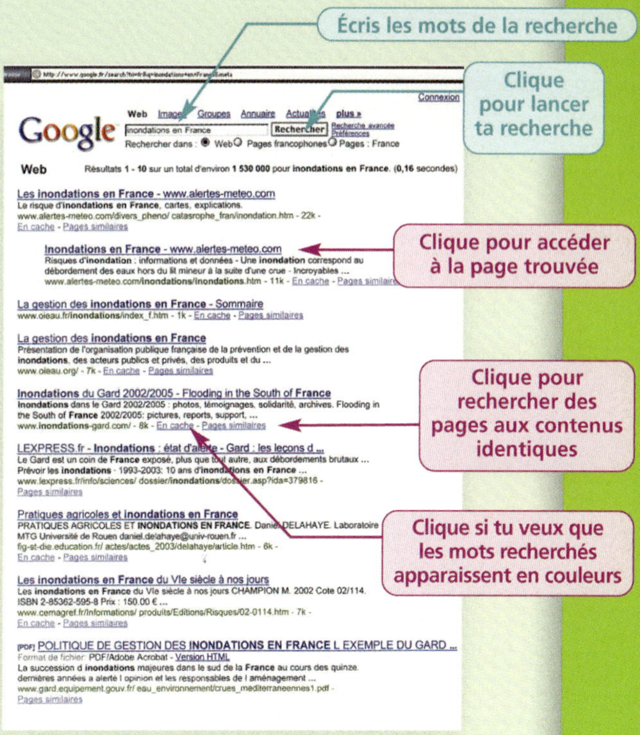

MÉTHODE 8

Clé d'identification de quelques fossiles

Certaines roches sédimentaires contiennent des restes ou des traces d'êtres vivants : ce sont des **fossiles.** En effet, au moment de leur mort, ces organismes ont été enfouis et conservés dans des **sédiments** qui se sont lentement transformés en **roche sédimentaire.**
Afin d'identifier un fossile rencontré dans une roche, tu peux utiliser cette clé d'indentification.

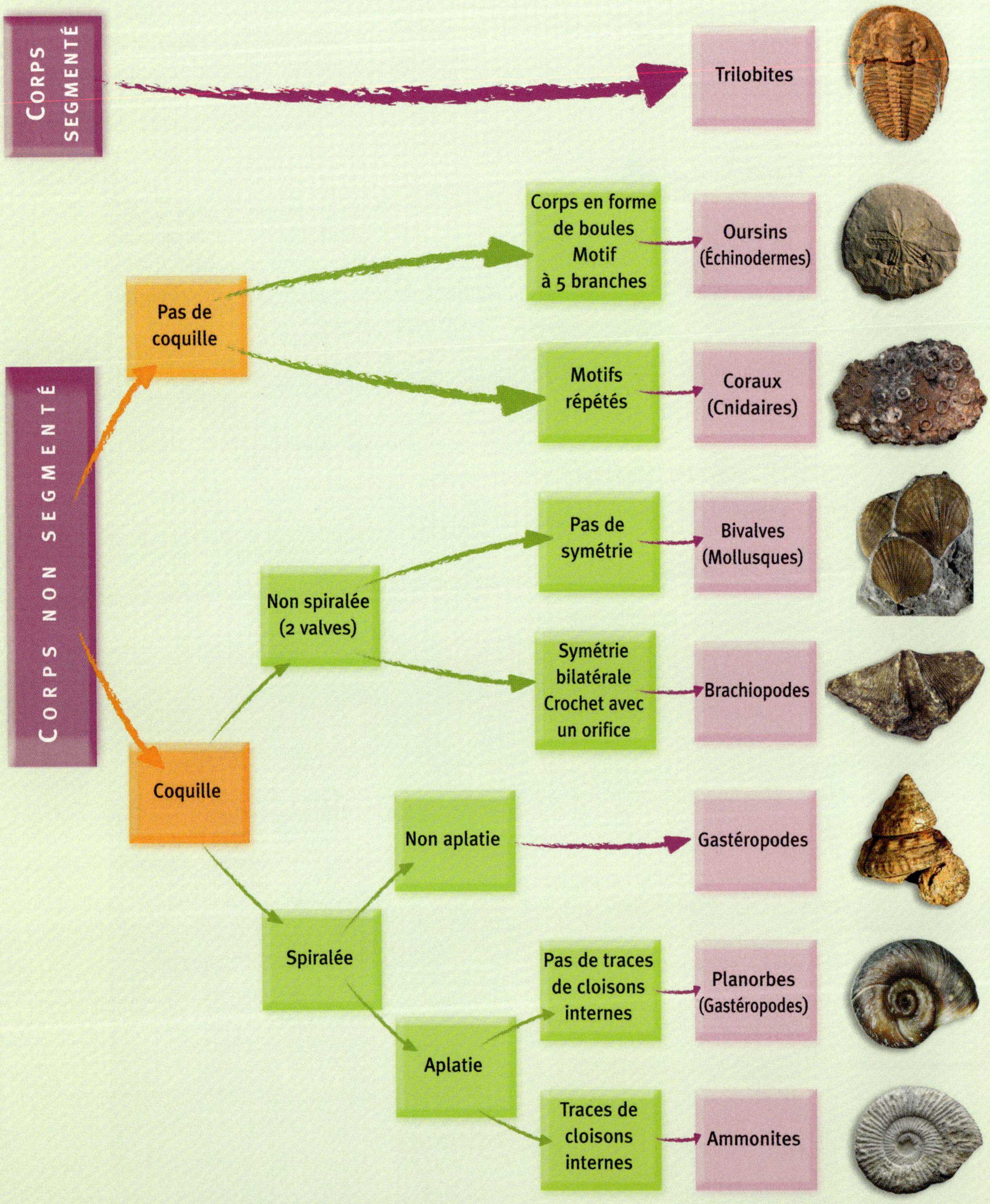

Clé d'identification de quelques roches

Les paysages présentent une grande diversité de roches que l'on peut identifier grâce à leurs caractéristiques.

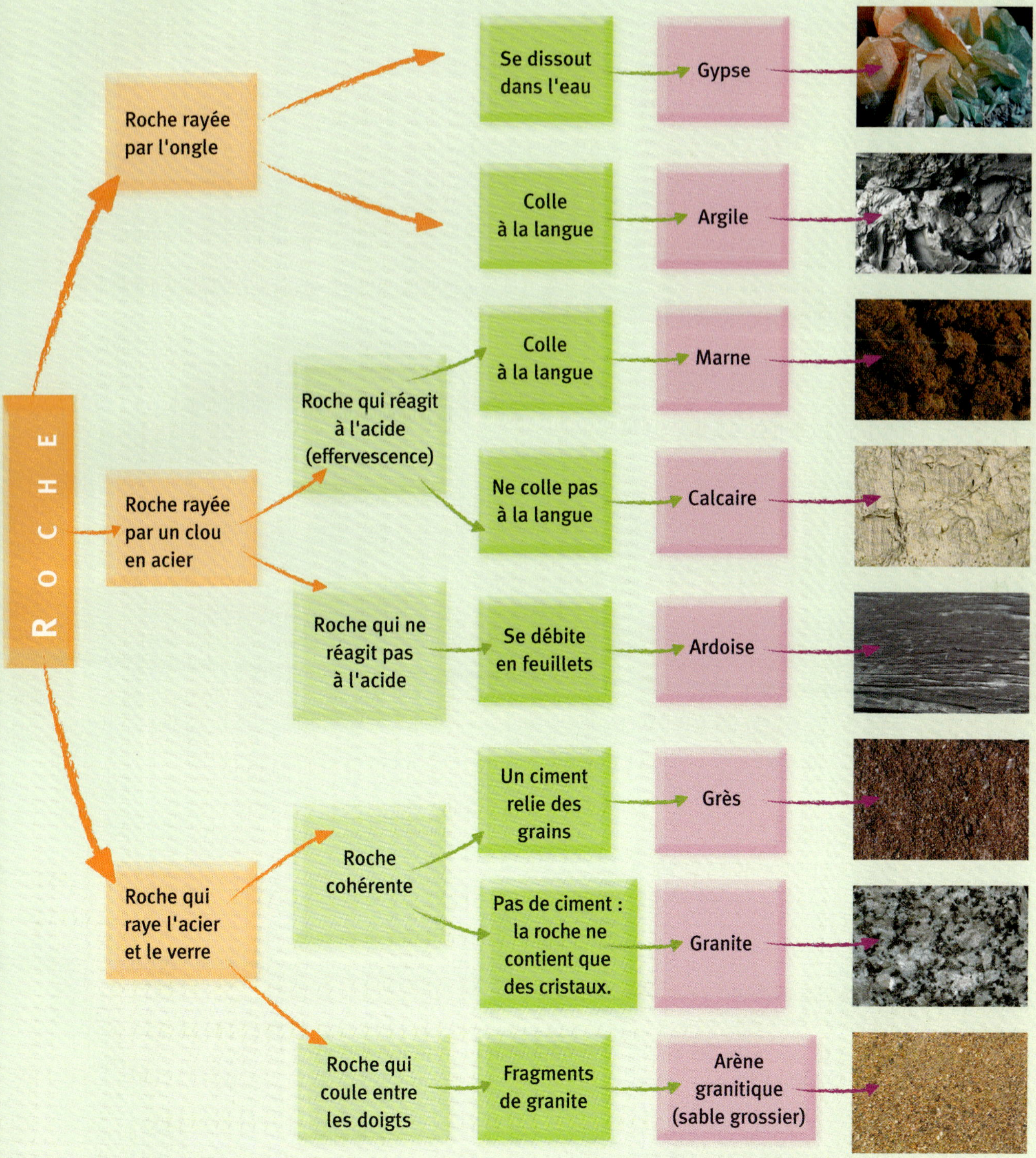

Lexique

A

Absorption intestinale : passage des nutriments de l'intestin grêle au sang.
Actualisme : principe selon lequel les formes anciennes ressemblant aux formes actuelles ont les mêmes mode et milieu de vie.
Affaissement : baisse du niveau du sol.
Affleurement : endroit où les roches du sous-sol sont visibles à la surface (*verbe : affleurer*).
Agent d'érosion : élément qui érode les roches.
Altération : transformation d'une roche.
Alvéoles : petits sacs remplis d'air au niveau desquels se font les échanges entre l'air et le sang.
Ammonite : fossile du groupe des mollusques.
Amont : partie d'un cours d'eau située vers sa source (on remonte le courant).
Appareil digestif : ensemble des organes permettant la digestion.
Apnée : arrêt provisoire des mouvements respiratoires.
Apport énergétique : quantité d'énergie apportée à l'organisme par les aliments.
Arène granitique : sable à gros grains.
Artère : vaisseau sanguin dans lequel le sang circule du cœur vers les organes.
Asphyxie : arrêt de la respiration par manque de dioxygène pouvant entraîner la mort.
Asthme : maladie entraînant des difficultés repiratoires.
Athérome : dépôt sur la paroi interne d'une artère.
Aval : partie d'un cours d'eau située vers son embouchure (on descend le courant).

B

Bol alimentaire : ensemble des aliments présents dans chacun des organes du tube digestif.
Branchie : organe respiratoire présent chez les animaux aquatiques.
Bronche : conduit respiratoire amenant l'air dans chacun des poumons.
Bronchiole : conduit aérien issu de la ramification des bronches.

C

Caecum : partie du gros intestin.
Cage thoracique : ensemble délimité par les côtes et renfermant les poumons.
Calcite : minéral, constituant principal des roches calaires.
Cancérigène : se dit d'une substance qui favorise les cancers.
Capillaire sanguin : vaisseau sanguin très fin situé à l'intérieur des organes.
Carrière : lieu de prélèvement des matériaux du sous-sol.
Cœur : organe mettant le sang en mouvement.
Cohérent(e) : se dit d'une roche qui n'est pas friable.
Compaction : tassement des constituants d'une roche.
Comportement respiratoire : comportement des animaux qui leur permet de prélever et rejeter les gaz respiratoires dans un milieu donné.
Coupe longitudinale : coupe réalisée dans la longueur de l'organe.
Cristal : élément d'une roche, de forme et de couleur particulières.

D

Débit sanguin : volume de sang traversant un organe pendant une unité de temps (par exemple, une minute).
Décantation : dépôt de particules au fond de l'eau.
Dépense énergétique : quantité d'énergie utilisée pour le fonctionnement de l'organisme.
Digestion : fonction du corps permettant de réaliser la transformation des aliments en nutriments.
Dioxyde de carbone : gaz rejeté dans l'air ou dans l'eau au cours de la respiration, produit par l'activité des organes.
Dioxygène : gaz contenu dans l'air ou dans l'eau, prélevé lors de la respiration.
Dissection : séparation des différentes parties d'un organisme.
Dissous : se dit d'un gaz mélangé et réparti dans l'eau.
Drain : tube recueillant de l'eau pour l'évacuer ailleurs.

E

Eaux usées : eaux évacuées des habitations ou des usines et chargées en polluants.
Échange de gaz : transfert de gaz entre deux milieux, l'organisme et l'air ou le poumon et le sang.
Énergie : existe sous plusieurs formes (chaleur, mouvement) et permet l'activité.
Enzyme : substance chimique fabriquée par l'appareil digestif et permettant de transformer les aliments lors de la digestion.
Érosion : dégradation, usure des roches (*verbe : éroder*).
Excrétion : élimination par l'organisme de certains déchets comme l'urée (*adjectif : excrété*).
Expiration : sortie d'air de l'organisme.

F

Falun : sable riche en coquilles.
Fente de rétraction : fracturation d'un sol lorsqu'il se dessèche.
Fossile : trace ou reste d'anciens êtres vivants.
Fossilisation : formation d'un fossile.
Friable : se dit d'une roche qui s'effrite sous l'effet du frottement.

G

Glissement de terrains : mouvement des roches et du sol plus ou moins importants.
Glucose : nutriment appartenant à la catégorie des glucides.

I

IMC : Indice de Masse Corporelle, permettant de calculer si le poids d'un individu est normal.
Infarctus : altération d'un organe par obstruction d'une artère.
Inspiration : entrée d'air dans l'organisme.
Irrigation sanguine : apport de sang aux organes par des vaisseaux (*verbe : irriguer*).

K

Kilojoule : unité de la valeur énergétique (symbole = kJ). Une autre unité est la kilocalorie (kCal). 1 kCal = 4,18kJ.

L

Lagune : étendue d'eau entre la mer et la terre.
Larve : premier stade de développement de l'animal, dont la forme est différente de l'adulte.

M

Maladie cardio-vasculaire : maladie du cœur ou des vaisseaux sanguins.
Matériau : matière utilisée dans la construction ou la fabrication.
Milieu (de vie) : lieu et conditions de vie d'un être vivant.
Mine : endroit où on extrait un métal ou une roche.
Minéral : élément constituant les roches.
Modelé (d'un paysage) : ensemble des formes du relief.
Mollusque : animal au corps mou et possédant une coquille.
Mouvements respiratoires : alternance d'expirations et d'inspirations.
Myocarde : muscle cardiaque.

N

Nutriment : élément permettant de nourrir les organes et provenant de la digestion des aliments.

O

Obésité : maladie caractérisée par un surpoids important.
Oreillette : cavité dans la partie supérieure du cœur.
Organe : partie du corps qui accomplit une fonction (cerveau, muscle…).
Oxygénation : enrichissement en dioxygène.
Oxymètre : appareil mesurant la concentration en dioxygène d'un milieu.

P

Perfusion : injection lente et continue d'une solution nutritive dans le sang.
Pollution : dégradation d'un milieu par les activités humaines et qui entraîne souvent un changement du peuplement par les êtres vivants.
Poumon : organe respiratoire présent en particulier chez les vertébrés et permettant de respirer dans l'air.

R

Rein : organe permettant l'élimination de déchets du sang comme l'urée.
Respiration : échange de gaz caractérisé par le prélèvement de dioxygène et le rejet de dioxyde de carbone.
Ride : ondulation laissée sur le sable par le mouvement de l'eau.
Roche sédimentaire : roche formée par le dépôt des sédiments.
Ruisseler : couler à la surface du sol.
Rythme cardiaque : nombre de battements cardiaques par minute.
Rythme respiratoire : nombre de mouvements respiratoires par minute.

S

Salinité : quantité de sel (dans de l'eau de mer par exemple).
Sédimentation : dépôt de sédiments.
Sédiments : ensemble de particules qui se déposent après avoir été transportées.
Sous-sol : ensemble des roches présentes sous le sol.
Stigmates : orifices situés dans la cuticule des insectes et permettant le passage des gaz respiratoires.
Strates : couches de roches superposées.
Surface d'échange : surface dont les caractéristiques sont favorables aux échanges de gaz ou de nutriments.

T

Thermographie : technique montrant les différences de température à l'intérieur de l'organisme.
Torrent : cours d'eau à forte pente.
Trachée : conduit respiratoire permettant la circulation de l'air entre la gorge et les bronches chez les vertébrés.
Trachées : organes respiratoires des insectes, permettant de respirer dans l'air.
Tube digestif : ensemble des organes traversés par les aliments au cours de la digestion.

U

Urée : déchet résultant de l'activité des organes.

V

Valeur énergétique : quantité d'énergie apportée par un aliment.
Veine : vaisseau sanguin dans lequel le sang circule des organes vers le cœur.
Ventricule : cavité dans la partie inférieure du cœur.
Versant : chacune des deux pentes d'un relief.
Villosité intestinale : repli de la paroi intestinale qui augmente la surface d'absorption des nutriments.
Voies respiratoires : ensemble des conduits dans lesquels circule l'air.

Crédits photographiques

8-9 : P. Fosenbauer ; **10hd** : D. Geoff/GPL/Bios ; **10hg** : S. Sautereau/Grandeur Nature/Hachette Filipacchi ; **10bd** : M. Ruegner/IMAGESTATE/GHFP ; **10bg** : D. Reinhard/Bios ; **11h** : P. Allard/Réa ; **11b** : Ciot/BSIP ; **12** : T. Seguin/Andia ; **13hd** : Seitre/Bios ; **13hg** : P. Danna/Phone ; **13b** : P. de Wilde/Hoaqui ; **18g** : P. Huguet/Bios ; **18d** : Bios ; **19h** : J. Bricout/Bios ; **19m** : JP Saussez/Hoaqui ; **20h** : J.M. Labat/Y. Lanceau/Phone ; **22hd, 22bg** : G. Lacz/Sunset ; **22hg** : Animals-Animals/Sunset ; **22mg** : W. Meinderts/Bios ; **22md** : Horizon Vision/Sunset ; **22bd** : M. Rey ; **22-23** : W. Otto/Sunset ; **23hg** : Silvestris/Sunset ; **23hd** : M. Philips/Sunset ; **23md** : Archiv Berlin/Sunset ; **23mg** : Wildlife Belgique/Sunset ; **26h** : Sunset/FLPA ; **26b** : Sunset/GL Production ; **27h** : T. Lafranchis/Bios ; **27b** : K. Howard/Sunset ; **29** : J.C. Revy/ISM ; **30h** : O. Gautier/Bios ; **30b** : N. Petit/Bios ; **32** : F. Feve/Bios ; **33h** : J.J. Cournut/Sunset ; **33m** : M. Loup/Bios ; **33b** : J.M. Prevot/Colibri ; **34h** : G. Lopez/Bios ; **34b** : Sunset/FLPA ; **35** : www.viviersdefrance.com ; **36d** : M. Loup/Bios ; **36g** : S. Dhote/Bios ; **38hg** : J. M. Prevot/Colibri ; **38mg** : P. Rotiel/Colibri ; **38d** : M. Jolyot/Rea ; **38hm** : D. Bringard/Bios ; **38bm** : A. Berly/Bios ; **38-39** : C. Thiriet/Hoaqui ; **38-39** : G. Sioen/Rapho ; **39hd** : Svt-Académie de Rouen ; **39bd** : Milkins C./OSF/Bios ; **39m** : B. Decouet/Rea ; **39g** : Betermin/Andia ; **40** : M. Bulton /Bios ; **41** : F. Michel/BRGM im@gé ; **44h** : P. Brousse/Sunset ; **44b** : R. Damoret/Rea ; **44m** : J. Breton/Bios ; **45h** : M. Gunther/Bios ; **45b** : Société des Eaux de Marseille ; **47g** : G. Lacz/Sunset ; **47d** : Sunset/FLPA ; **49** : G. Lacz/Sunset ; **50-51** : R. Hamilton Smith/Corbis ; **52hd** : Alixon/Taxi/Gettyimages ; **52hg** : P. Rousseau/CIT'images ; **52bd** : R. Maas/Gettyimages ; **53h** : Mehau Kulyk/S.P.L./Cosmos ; **53b** : Deloche/ BSIP ; **54** : Drabbin /Zefa/Corbis ; **55h** : Popperfoto/Presse Sports ; **55bg** : CMSP Bishop/ BSIP ; **55bd** : A. Cooper/Corbis ; **56-57** : S. Carmona/Corbis ; **57h** : Photo researchers/BSIP ; **57b** : P. Sittler/Rea ; **59** : Phototake/Kunkel/BSIP ; **60** : R. Labas/INRA ; **61** : Inserm/Serimedis ; **62g** : Polarfrance ; **62d** : M. Stockman/Gettyimages ; **63** : T. Kinsman/BSIP ; **66h** : Platriez/BSIP ; **66b** : Abeles/BSIP ; **67h** : M. Jung/Laif-Rea ; **67b** : P. Kroll ; **71** : S. Cordier/Phone ; **72** : P. Tournaire ; **73h** : D. England/Getty Images ; **73m** : Mendil/BSIP ; **73bd** : M. Meadows/BSIP ; **73bg** : Overton/BSIP/Phototake ; **74** : R. Margaillan/Uwpress.com ; **75hd** : Zephyr/SPL/Cosmos ; **75hg** : Cosmos ; **76h** : Innerspace Imaging/SPL/Cosmos ; **76bg** : Boucharlat/BSIP ; **76bd** : J. Cavallini/BSIP ; **77hg** : BSIP Photo Researchers ; **77hd** : Kuntel/BSIP Phototake ; **77md** : Ima/BSIP ; **78d** : PIR/ BSIP ; **78g** : M. Dohrn/S.P.L./Cosmos ; **79** : Biophoto Associates/ BSIP ; **80** : Inserm ; **81** : P. Etcheverry/Colibri ; **84** : Coll. ES/Keystone France ; **85** : May/BSIP ; **90 : B.** Scmidt/Stone ; **91hg** : Vem/ BSIP ; **91hd** : Free Pl/Bsip ; **91b** : J. Braigrie/The Image Bank ; **91mg** : Altrendo images/Gettyimages ; **91md** : G. Vanderelst/gettyimages ; **92g** : J.-M. Labat/Bios ; **93hg** : A. Pol/ISM ; **93hm** : Sovereign/ISM ; **93hd** : Biophoto Associates/BSIP ; **93mg** : T. Pichard/ BSIP ; **93md** : Sovereign/ISM ; **94** : Inra Nantes ; **95** : Collection Roger-Viollet ; **96d** : Serieis.Chartier/BSIP ; **96g** : M. Depardieu/Inserm ; **97hg** : Biophoto Associates/BSIP ; **97m** : Manfred P. Kage - Okapia/ISM ; **97hd** : Manfred Kage/BSIP ; **98** : Andia ; **99** : A. Rossi /AgenceImages ; **101h** : Chagnon/BSIP ; **101m** : Gamour International/Age Fotostock/Hoaqui ; **104h** : Collection Roger-Viollet ; **104b** : L. Lessin/BSIP ; **105h** : H. De Cherisey/Bios ; **105b** : Barrelle/BSIP ; **106h** : D. Macdonald/Age fotostock/Hoaqui ; **106b** : R. E Daemmrich/Gettyimages ; **107h** : M. Clackson/Gettyimages ; **107b** : J. Nicholls/Corbis ; **112** : /SPL/Cosmos ; **113hg** : A. Devouard/Rea ; **113hd** : P. Allard/Rea ; **113b** : Vem/BSIP ; **114g** : Beranger/BSIP ; **114b** : /SPL/Cosmos ; **114hd** : Southern Illinois/BSIP ; **115** : Sovereign/ISM ; **116g** : A. Pol/ISM ; **116d** : CNRI/SPL/Cosmos ; **119h** : D. Varty/ISM ; **119b** : Zephyr/SPL ; **120h** : S. Madec/Ecole vétérinaire de Nantes ; **120g** : S. Nishinaga/SPL/Cosmos ; **121** : S. Allen/BSIP ; **122h** : J. Cavallini/BSIP ; **122bg** : Vem/BSIP ; **122bd** : Biophoto Associates/BSIP ; **123** : A. Pasieka/SPL/Cosmos ; **126** : M. Harmel/Gettyimages ; **127h** : Boyer/Roger-Viollet ; **127b** : L. Mulvehill/BSIP ; **129** : C. Scott/BSIP ; **130** : CNRI/SPL/Cosmos ; **132-133** : P. Frutier/Altimage ; **134hg** : J. Pierre/Hemispheres images ; **134hd** : Ant Photo Library/Sunset ; **134bd** : Archives de Melun ; **134bg** : M. Vidal/Mairie de Brou ; **135hg** : Hulton Archive/Gettyimages ; **135hd** : Pesek Ludek/S.P.L. ; **135b** : DR ; **136** : M. Amme/Laif-Rea ; **137h** : E. Baret/Sunset ; **137m** : E. Baret/Sunset ; **137b** : Rex Interstck/Sunset ; **138h** : Y. Arthus-Bertrand/Altitude ; **138b** : Diagentur/Sunset ; **139h,139b** : F. Lechenet ; **140hg** : B. Merle/Photononstop ; **142g** : B. Merle/Photononstop ; **143** : F. Lechenet ; **144g** : Y. Lemanour/Photononstop ; **144hd** : Claudie/Sunset ; **144bd** : J.M. Brunet/Sunset ; **148h** : J. Brun/Hachette Photos ; **148b** : P. Roy/Hachette Photos ; **149h** : J.-L. Franchomme ; **149b** : J.-E.Pasquier/Rapho ; **151h** : J.C. Muñoz/Age Fotostock/Hoaqui ; **151b** : M. Gunther/Bios ; **152h** : G. Lansard/Francedias.com ; **152b** : Erskine/AgenceImages ; **154** : Y. Arthus-Bertrand/Altitude ; **155h** : Y. Arthus-Bertrand/Altitude ; **155m** : D. Delfino/Bios ; **155b** : J. Breton/Bios ; **156-157** : D. Saulnier/Sunset ; **156h** : Spot Image/Geo Espace ; **156b** : B. Tessier ; **158** : P. Royer/Hoaqui ; **159** : M. Thiry/Mines de Paris ; **160g** : H. Conge/ISM ; **160d** : H. Hughes/Hemisphères Images ; **161g** : B. Tessier ; **161d** : D.R. ; **164** : Planetobserver.com/Hachette Photos ; **165h** : F. Lechenet ; **165b** : B. Mazodier/Sunset ; **167h** : P. Fosenbauer ; **167g** : Royalty-Free/Corbis ; **167d** : /D.R. ; **168h** : L. Olivier/Francedias.com ; **168b** : C. Tremel ; **169** : A. Felix/Hoaqui ; **170** : C. Butler/SPL/Cosmos ; **171h** : J. Cancalosi/AGEfotostock/Hoaqui ; **171m** : G. Panero ; **171b** : A. Edwards/Gettyimages ; **172hg** : G. Vignard ; **172hd** : J.M.Labat/Y. Lanceau/Phone ; **172bd** : B. Riou/Musée de Paléontologie de la Voulte-sur-Rhône ; **172bg** : R. Maier/Sunset ; **173hg** : B. Riou/Musée de Paléontologie de la Voulte-sur-Rhône ; **173d** : M. Fasol/Rea ; **174hg, 174b** : G. Vignard ; **174hd** : C. et B. Baranger/Colibri ; **175hd** : F. Gohier/Hoaqui ; **175hg** : G. Vignard ; **176hg** : G. Bouysset ; **176hm** : Paleo Aquitania ; **176hd, 176bg, 176bm** : G. Vignard ; **176md** : N. Podevigne ; **176bd** : Paleo Aquitania ; **178g, 178hd, 178md** : Réserve naturelle écologique de l'Essone ; **179a** : J-L & F Ziegler/Bios ; **179b** : G. Lacz/Bios ; **179c** : D. Bugeaud ; **179d** : Oliv/Bios ; **179e** : L. Limpalaër ; **182h** : M. Gunther/Bios ; **182b** : Paleo Aquitania ; **183** : F. Latreille/Cerpolex ; **186** : Animals Animals/Sunset ; **188** : De Richemond/Andia ; **189h** : C. Courteau/Bios ; **189m** : Gamma ; **189b** : Ely Bruce/Oregonian/Gamma ; **190hg** : Deschamps/Andia ; **190hd** : Mattes/Andia ; **190bg** : Crié/Andia ; **190bd** : X. Paco/Bios ; **191d** : P. Flossy/Phone ; **192hg** : Gisos ; **192hd** : Ecomusée des mines de fer de Lorraine ; **192** : Extrait © IGN-Paris 2006/Autorisation n° 80-6042 ; **193** : AREVA ; **193g** : D. Delfino/Sunset ; **194** : J.L. Perez ; **195g** : J.L. Durville ; **195** : Archives Office National des Forêts/Service RTM des Hautes-Alpes ; **198** : Extrait du Schwazerbergbuch ; **199** : J.L. et F. Ziegler /Bios ; **201** : Musée de l'Ardoise. TRELAZE ; **203** : E. Dessons/Gamma ; **206** : J.-M. Labat/Bios ; **208** : Jeulin ; **209** : CNRI/SPL/Cosmos ; **211** : Royalty-Free/Corbis ; **212a** : F. Gohier/Phone ; **212b** : Targa/Age Fotostock/Hoaqui ; **212c** : Albert J. Copley/Age Fotostock/Hoaqui ; **212d** : J.-C. Revy/Ism ; **212e** : D. Bringard/Bios ; **212f** : Académie de Caen ; **212g** : F. Gilson/Bios ; **212h** : N. Calvo/Phone ; **213a** : D. Delfino/Sunset ; **213b** : S. Lenain/Bios ; **213c** : M. Gunther/Bios ; **213d** : J-L & F Ziegler/Bios ; **213e** : Musée de l'Ardoise. TRELAZE ; **213f** : X. Paco/Bios ; **213g** : Animals-Animals/Sunset.